计算机类专业基础课
黑马程序员系列教材

黑马程序员

U0733172

After Effects
2020
任务驱动教程

◀◀◀

黑马程序员　主编

中国教育出版传媒集团
高等教育出版社·北京

内容提要

本书是高等职业教育计算机类专业基础课黑马程序员系列教材之一。

After Effects 是一款图形视频处理软件，主要用于对图形、视频进行动画制作和效果合成。本书是面向 After Effects 初学者的一本入门教材，以项目化的方式、通俗易懂的语言，详细讲解了应用 After Effects 软件进行动画制作和效果合成的相关知识与技能。

本书共分为 9 个项目。项目 1 讲解了 After Effects 的基础知识，包括 After Effects 简介、After Effects 界面、After Effects 初始化设置、After Effects 工作流程等；项目 2～项目 7 分别讲解了利用图层和关键帧、形状和路径、蒙版和轨道遮罩制作动画，制作文字及三维动画，利用内置效果制作动画，它们是 After Effects 的核心；项目 8 讲解了 After Effects 的一些第三方插件，利用这些插件能够快速地做出炫酷的动画效果；项目 9 为综合实战项目，结合前面讲解的知识，带领读者制作一个宣传视频。

本书配有数字课程、微课视频、授课用 PPT、教学大纲、教学设计和习题等丰富的数字化教学资源，读者可发邮件至编辑邮箱 1548103297@qq.com 获取。此外，为帮助学习者更好地学习掌握本书中的内容，黑马程序员还提供了免费在线答疑服务。本书配套数字化教学资源明细及在线答疑服务使用方式说明详见封面二维码。

本书可以作为高等职业院校及应用型本科院校数字媒体相关专业的影视后期课程的教材，也可以作为影视后期等行业人员及动画制作爱好者的自学参考书。

图书在版编目（C I P）数据

After Effects 2020 任务驱动教程 / 黑马程序员主编 . -- 北京：高等教育出版社，2023.4（2025.7重印）
ISBN 978-7-04-059340-2

Ⅰ.①A… Ⅱ.①黑… Ⅲ.①图像处理软件 – 高等职业教育 – 教材 Ⅳ.①TP391.413

中国版本图书馆 CIP 数据核字（2022）第 157634 号

After Effects 2020 Renwu Qudong Jiaocheng

| 策划编辑 | 傅　波 | 责任编辑 | 傅　波 | 封面设计 | 张　志 | 版式设计 | 于　婕 |
| 责任绘图 | 李沛蓉 | 责任校对 | 刁丽丽 | 责任印制 | 刘弘远 | | |

出版发行	高等教育出版社	网　　址	http://www.hep.edu.cn
社　　址	北京市西城区德外大街 4 号		http://www.hep.com.cn
邮政编码	100120	网上订购	http://www.hepmall.com.cn
印　　刷	天津鑫丰华印务有限公司		http://www.hepmall.com
开　　本	787mm×1092mm　1/16		http://www.hepmall.cn
印　　张	21.25		
字　　数	500 千字	版　　次	2023 年 4 月第 1 版
购书热线	010-58581118	印　　次	2025 年 7 月第 2 次印刷
咨询电话	400-810-0598	定　　价	59.50 元

前言 »»»

党的二十大报告指出："青年强，则国家强。当代中国青年生逢其时，施展才干的舞台无比广阔，实现梦想的前景无比光明"。国家为当代青年的发展提供了广阔的空间和助力。如何培养当代青年，已成为各大院校殊为关心的问题。面对每天不绝于眼耳的各类媒体输出，在提高当代青年技术能力的同时，加强思想政治教育，树立良好的文化价值观已成为亟待解决的问题。为此，本书设立两条学习线路——技能学习线路和思政学习线路。

1.技能学习线路：掌握 After Effects 的操作

随着视频生态圈的逐渐建立，人们更习惯于通过视频来获取信息与知识，因此，社会上的视频制作从业者越来越多。随着数码影像技术的飞速发展，以及软、硬件设备的迅速普及，从业者的水平在不断提升，所产出的作品质量也在不断提高。目前，制作动画的这项技能也逐渐被大众迫切需要。After Effects 经过不断地发展，在众多的后期动画软件中独具特性。本书以图层、关键帧、形状、路径、蒙版、遮罩、文字、三维、特效等知识为学习线路，帮助读者掌握 After Effects 的操作。

2.思政学习线路：立德树人，树立良好的文化价值观

本书将弘扬民族自豪感、创新、探索、坚韧不拔、民族优秀传统文化、知行合一等思政内容和 After Effects 案例相融合，在帮助读者在学习知识技能的同时，潜移默化地树立正确的文化价值观，塑造一批有思想、有能力的当代青年。

为什么要学习本书

如果一本书对其主要内容讲解得不够透彻，任务与知识点匹配度不高，对于零基础或者基础薄弱的读者来说，学完整本书后，往往只是学会了软件的操作、工具的使用，而不能做到学以致用，更不能完整地做一个项目。本书通过理论、项目和实战相结合的方式，帮助想从事影视后期工作的读者从基础到深入，真正做到学以致用。

如何使用本书

本书依托于"项目—任务"式编写体例讲述相关知识点，并通过实际操作，帮助读者掌握任务中的技能点。

在结构的编排上本书分为 9 个项目，每个项目的具体介绍如下。

项目 1 讲解 After Effects 的基础知识。学习完本项目，读者能够充分认识 After Effects 是什么、知道 After Effects 能做什么，掌握 After Effects 的基本操作，为后面的操作奠定一定的基础。

项目 2 讲解图层和关键帧的使用方法。学习完本项目，读者能够制作简单的关键帧动画。

项目 3 讲解形状和路径的相关知识。学习完本项目，读者能够使用形状的布尔运算、中继器等知识完成基本图形的创建，并能通过路径制作路径动画。

项目 4 讲解蒙版和遮罩的应用。学习完本项目，读者能够熟悉蒙版和遮罩的作用、差异，并通过蒙版和遮罩制作动画。

项目 5 讲解文字的相关知识。学习完本项目，读者能够在 After Effects 中创建文字，并制作文字动画。

项目 6 讲解三维和灯光的相关知识。学习完本项目，读者能够在 After Effects 中设置摄像机和灯光。

项目 7 讲解 After Effects 的内置效果。学习完本项目，读者能够使用 After Effects 中的内置效果制作一些特效动画。

项目 8 讲解 After Effects 第三方插件的安装与使用。学习完本项目，读者能够掌握第三方插件的安装、使用方法。

项目 9 是一个综合实战项目。读者可以按照书中的思路和步骤进行制作，也可自行拓展，以便学以致用。

总之，本书以"项目—任务"的形式讲述相关知识技能，语言通俗易懂，内容丰富，知识技能涵盖面广，非常适合课堂教学应用以及动画制作的初学者或爱好者阅读学习。

致谢

本书的编写和整理工作由传智播客教育科技股份有限公司旗下 IT 教育品牌黑马程序员团队完成，主要参与人员有王哲、孟方思等。全体团队成员在这本书的编写过程中付出了很多辛勤的汗水，在此一并表示衷心的感谢。

意见反馈

尽管编写团队付出了最大的努力，但书中难免会有不妥之处，欢迎各界专家和读者朋友们批评指正。在阅读本书时，如发现任何问题可以发送电子邮件至 itcast_book@vip.sina.com。再次感谢广大读者对我们的深切厚爱与大力支持！

黑马程序员

2023 年 1 月于北京

目录 ▸▸▸

项目 1

初识 After Effects

学习目标

◆ 了解 After Effects，能够完成 After Effects 初始化设置。
◆ 掌握 After Effects 的使用方法，能够完成素材文件的导入和导出。

项目介绍

    随着数字媒体技术的不断发展，一些图形视频处理软件也像雨后春笋般地出现。After Effects 以其便捷的操作和强大的功能成为图形视频处理中不可或缺的软件。虽然 After Effects 功能强大，但是一些刚刚接触 After Effects 的初学者，对于 After Effects 却还缺乏基本的认识。本项目将从初学者的角度出发，通过体验 After Effects 以及高效使用 After Effects 两个任务，带领读者了解 After Effects。

PPT：项目 1　初识 After Effects

教学设计：项目 1 初识 After Effects

PPT

任务 1-1　体验 After Effects

在正式的学习之前，本任务先对 After Effects 基础知识进行简单介绍，并带领读者完成 After Effects 初始化设置。旨在让读者对 After Effects 有一个初步的认识和体验。通过本任务的学习，可以帮助读者建立一个学习 After Effects 的整体思路。

实践微课 1-1：
任务 1-1　体验
After Effects

■ 任务目标

知识目标	● 了解 After Effects 功能和作用，能够结合工作场景进行举例说明
	● 熟悉 After Effects 的界面模块，能够知道每个界面模块的功能
	● 了解 After Effects 的工作流程，能够说出每个流程的主要步骤
	● 了解 After Effects 支持的文件格式，能够说出各类格式的主要特点
技能目标	● 掌握 After Effects 初始化设置的方法，能够按要求设置工作区和暂存盘

■ 任务分析

本任务重点是让初学者体验 After Effects，能够完成 After Effects 初始化设置。可以按照以下思路完成本任务。

① 将工作区设置为标准模式。

② 将软件磁盘缓存位置和媒体缓存位置均设置为 D 盘。

■ 知识储备

理论微课 1-1：
After Effects 简介

1. After Effects 简介

在正式开始学习 After Effects 之前，初学者肯定有很多疑问。例如，After Effects 是什么？学了 After Effects 能做什么？ 学了 After Effects 就业前景如何？ After Effects 难学吗？下面将对 After Effects 进行简单介绍，解答初学者心中的困惑。

（1）After Effects 是什么

After Effects 简称"AE"，是一款图形视频处理软件，主要用于对图形、视频进行动画的制作和效果的合成。After Effects 由 Adobe 公司（一家软件公司，Photoshop、Premiere 等图像、动画制作软件均是该公司的产品）开发，因此该软件也被称为 Adobe After Effects，本书统一称为 After Effects。图 1-1 所示为 After Effects 的标志（Logo）。

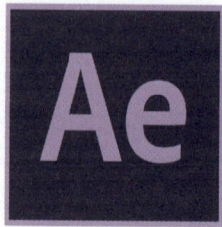

图 1-1　After Effects 的标志（Logo）

随着技术的不断发展，After Effects 的技术团队也在不断对软件进行功能优化。After Effects 以每年更新一次的频率，经历了多次版本更新，例如 After Effects CS6 、After Effects CC 2015、After Effects CC 2018、After Effects 2020、After Effects 2021 等。

After Effects 版本众多，因此一些初学者往往会困惑于学哪个软件版本——"软件版本是不是最新的？ ""这个旧版本还有人用吗？ "，其实这些问题大可不必担心。首先，After Effects 很多版本都有数量众多的用户群；其次，新版本虽然会有功能上的更新，但核心功能和旧版本基本一致；再次，After Effects 使用的插件（插件是可以增加或增强软件功能的辅助性的程序）是和版本匹配的，一款新版本的 After Effects 往往需要一定时间后才会出现与之完全匹配的插件。因此无论使用新版本还是旧版本，均不会影响日常工作和学习。

本书所有的示例均采用 Adobe After Effects 2020 版本。

（2）学了 After Effects 能做什么

"学了 After Effects，能做什么？"这是每一个 After Effects 初学者最关心的问题。作为一款功能强大的图形视频处理软件，After Effects 的应用领域非常广泛。根据目前的行业需求，After Effects 主要用于片头制作、特效合成、动效设计、宣传包装几个方面，具体介绍如下。

① 片头制作。在影视剧及短视频中，使用 After Effects 制作出具有视觉冲击力的片头，既能展示作品的特点和风格，也能给观众带来良好的视觉体验。图 1-2 所示为某影视公司片头。

图 1-2 某影视公司片头

② 特效合成。特效合成是 After Effects 最强大的功能。特效合成是指将现实拍摄中不易实现的场景，如自然灾害、宇宙空间以及一些超越人体极限的动作等，通过软件来实现。图 1-3 所示为电影中的特效合成。

③ 动效设计。动效设计主要是指 UI（用户界面）动效和 MG（动态图形）动画。其中 UI 动效主要是针对手机、平板电脑等移动设备 App（应用程序）的动画效果设计。UI 动效设计可以通过模拟真实操作设备的动态效果，进行演示。UI 动效设计效果如图 1-4 所示。

图 1-3 电影中的特效合成

图 1-4　UI 动效设计效果

　　MG 动画主要是将文字、图形等信息动画化，从而达到更好传递信息的目的。MG 动画融合了动画设计、平面设计、广告创意设计等多种设计形式，使动画和品牌的广告完美融合在一起，既具有趣味性又有利于展现商业价值。MG 动画效果如图 1-5 所示。

图 1-5　MG 动画效果

　　④ 宣传包装。宣传包装一般是将企业、商品或公众人物作为样本，通过 After Effects 软件以极具冲击力的表现形式，将声音、画面、文字结合在一起，直观地将信息展现给用户。企业宣传片效果如图 1-6 所示。

图 1-6　企业宣传片效果

（3）学了 After Effects 就业前景如何

根据 After Effects 的应用领域，掌握了 After Effects 将来可以从事 AE 动画设计制作、影视后期制作、界面动效设计等工作，After Effects 相关招聘岗位及需求如图 1-7~ 图 1-9 所示。

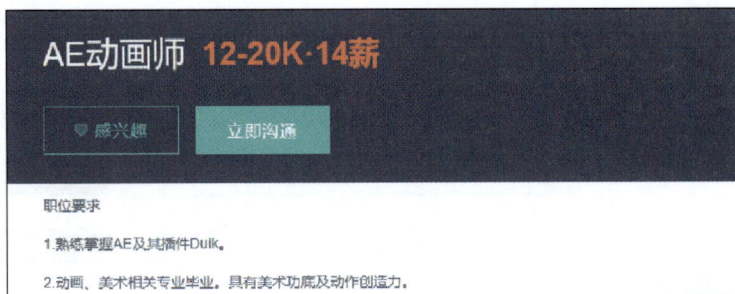

图 1-7　After Effects 相关招聘岗位及需求 1

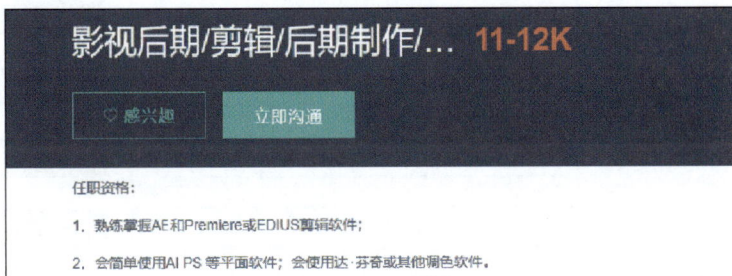

图 1-8　After Effects 相关招聘岗位及需求 2

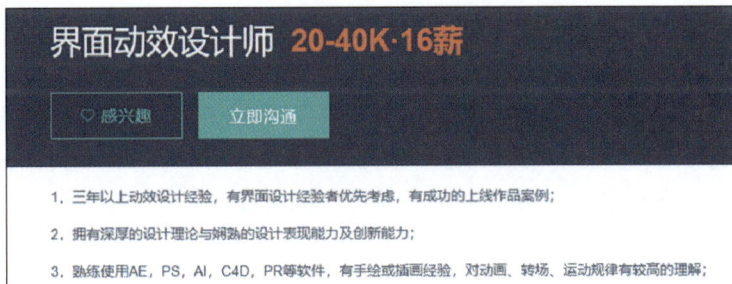

图 1-9　After Effects 相关招聘岗位及需求 3

从以上招聘岗位及需求中可以看到，After Effects 都是一项需要掌握的技能。

（4）After Effects 难学吗

"After Effects 是不是特别难学？"许多刚刚接触 After Effects 的初学者都会有这样的顾虑。其实完全不用把 After Effects 想得太难。学习 After Effects 就和玩游戏一样。在刚接触一款游戏的时候，玩家对游戏也是非常陌生的，但可以抱着"玩"的心态去研究游戏玩法，慢慢就对游戏非常熟悉了。同样在学习 After Effects 时，也可以把它当成一款游戏，抱着"玩"的心态，去使用这个软件，多加练习，那么学习 After Effects 将是非常简单的。

除了有一个好的学习心态外，还需要有一些正确的学习方法，如系统学习、动手操作、抓住重点，这样学习 After Effects 就能事半功倍。

① 系统学习。学习知识如果不系统，就很难厘清知识之间的逻辑关系，学习者也会一头雾

水，身心疲倦。一些 After Effects 软件的初学者，往往容易出现这样的问题，因此可以参照本书开展学习，按照系统化的模块，循序渐进地学习知识。本书的知识学习思路如图 1-10 所示，初学者可以按照这个思路学习本书。

图 1-10　知识学习思路

② 动手操作。在学习 After Effects 过程中一定要敢于尝试。After Effects 中有很多参数设置选项，初学者通过视频教程或图书的确可以了解这些参数设置选项的用法，但更好的办法是结合书中给出的项目任务，自己动手，观察具体效果，以迅速加深对工具的理解。

③ 抓住重点。After Effects 的内容非常多，如果要把每一个知识模块理解透彻是需要大量时间的。许多知识模块在实际工作中应用很少，因此初学者在学习 After Effects 时，一定要抓住重点知识和核心内容，快速掌握 After Effects，做出符合需求的作品。

以上就是学习 After Effects 的一些方法。如果能保持一个好的心态，再按照正确的方法学习，学好 After Effects 也就轻而易举了。

多学一招 /After Effects 版本命名规律

After Effects 的版本虽然众多，但是这些版本的命名都是遵循一定规律的。以"Adobe After Effects CS6"版本和"Adobe After Effects CC 2019"版本为例，在这两个版本中，"Adobe"是公司名称，"After Effects"是软件名称，"CS6"和"CC 2019"是版本编号。

CS 是 Creative Suite（创意套装）的缩写，可以理解为 Adobe 公司出品的单机系列版本，该版本系列命名方式以数字递进，例如 CS1、CS2、CS3。After Effects 最后一个 CS 系列版本是 CS6。

CC 是 Creative Cloud（创意云）的缩写，可以理解为 Adobe 公司出品的在线系列版本，该系列版本的命名方式以年份递进，例如 CC 2018、CC 2019。值得一提的是，自 2019 年 10 月起，After Effects 命名方式发生了改变，如 After Effects 2020、After Effects 2021。截至 2021 年 8 月，After Effects 最新版本是 After Effects 2021。

2. After Effects 界面

想要熟练操作 After Effects，首先要了解 After Effects 界面各个功能模块的作用。下面以 After Effects 2020 为例（后面的 After Effects 均指 After Effects 2020），详细讲解软件的界面构成。

安装完成 After Effects 后，双击启动图标，即可打开软件。首先展示给用户的是 After Effects 的主页（也被称为"欢迎页面"），如图 1-11 所示。

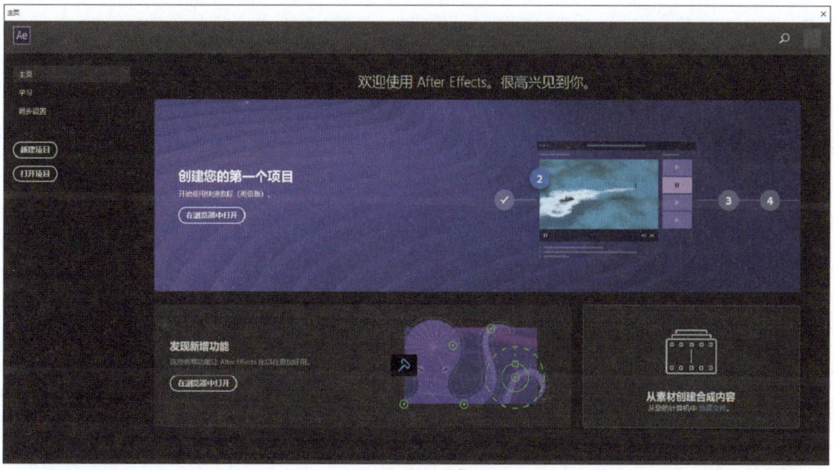

理论微课 1-2：
After Effects 界面

图 1-11　After Effects 的主页

After Effects 主页用于展示 After Effects 宣传信息和一些操作按钮。通常不在主页上做任何操作，直接单击右上角"×"关闭该页面即可。关闭主页之后，就可以看到 After Effects 的工作界面了。在菜单栏中依次选择"窗口"→"工作区"→"标准"选项，设置工作区为标准模式。标准模式是 After Effects 最常用的工作界面模式。

After Effects 的标准工作界面分为应用程序信息栏、菜单栏、工具栏、项目面板、查看器面板、分组面板和时间轴面板 7 个模块。After Effects 标准工作界面的结构如图 1-12 所示。

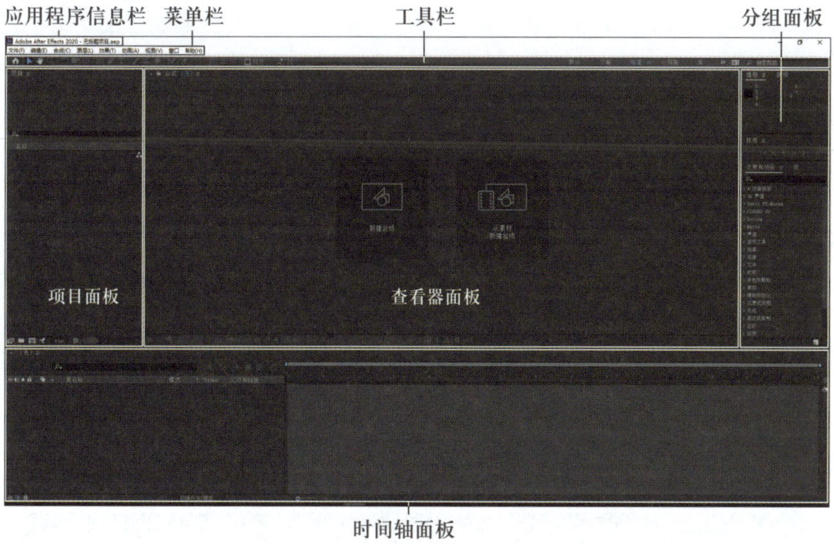

图 1-12　After Effects 标准工作界面的结构

这里只需要知道这些模块的主要功能即可，关于这些模块的详细用法，将会在后面的项目任务中逐一进行讲解。After Effects 标准工作界面各模块主要功能介绍如下。

（1）应用程序信息栏

应用程序信息栏位于软件界面的最上方，用于显示软件的名称和版本以及当前的项目名称。应用程序信息栏的示例如图 1-13 所示。

图 1-13　应用程序信息栏的示例

（2）菜单栏

菜单栏位于应用程序信息栏下方，用于在 After Effects 中执行一些操作命令选项。包含了"文件""编辑""合成""图层""效果""动画""视图""窗口""帮助"9 个菜单选项。这 9 个菜单选项包含了 After Effects 绝大多数功能。菜单栏示例如图 1-14 所示。

图 1-14　菜单栏示例

单击每个菜单选项，都会弹出对应的子菜单，用户可以根据实际需要，自行选择子菜单中的选项。

（3）工具栏

工具栏位于菜单栏下方，可以使用工具栏中的工具绘制、编辑 After Effects 中的元素。工具栏可以分为左边的工具选择区域和右边的界面设置区域两部分，具体介绍如下。

① 工具选择区域。工具选择区域包含了各种工具选项，例如选取工具、抓手工具等。工具选择区域的示例如图 1-15 所示。

图 1-15　工具选择区域的示例

在图 1-15 所示的各种工具选项中，单击任意工具图标，即可选中对应的工具。在工具栏的某些工具图标上可以看到一个小三角符号▪，表示该工具下还有隐藏的工具。按住鼠标左键不放就会弹出隐藏的工具选项。如图 1-16 所示为钢笔工具中的隐藏工具。

单击图 1-16 所示的隐藏的工具图标，即可选择隐藏的工具。此外，当选中某一工具时，在工具选择区域会出现和该工具相关的选项菜单。工具选项菜单用于设置工具的一些参数，参数不同，工具的功能效果也不同。需要注意的是，在 After Effects 中，并不是所有工具都具有选项菜单。对于没有选项菜单的工具，可以直接使用。

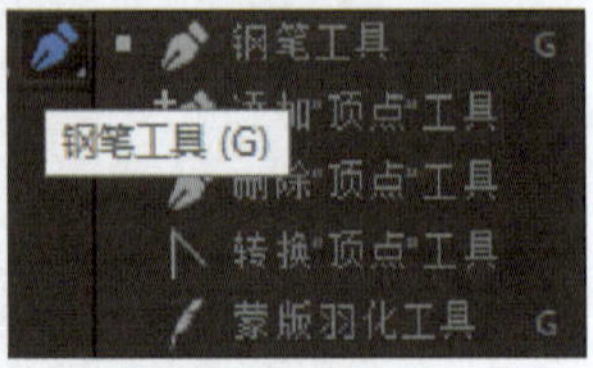

② 界面设置区域。界面设置区域包含了工作区设置选项和操作面板选项。用户可以在界面设置区域修改工作区模式以及添加不同功能的操作面板。界面设置区域的示例如图 1-17 所示。

图 1-16　钢笔工具中的隐藏工具

图 1-17　界面设置区域的示例

（4）项目面板

项目面板位于 After Effects 界面的最左侧，主要用于组织和管理素材，所有导入 After Effects 中的素材都显示在项目面板中。项目面板的示例如图 1-18 所示。

项目面板分为两部分，其中上半部分是素材信息区域，下半部分是素材列表区域，具体介绍如下。

① 素材信息区域。素材信息区域用于显示素材的基本信息。素材类型不同，显示的信息内容也不同。例如，选中视频素材，在素材信息区域即可显示该素材的尺寸、帧数、时长、编码格式等信息。但选中图像素材只显示图像的尺寸信息。图像素材信息的示例如图 1-19 所示。

图 1-18　项目面板的示例 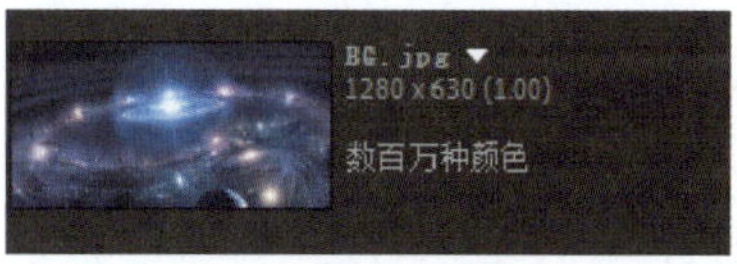　　　　　图 1-19　图像素材信息的示例

② 素材列表区域。素材列表区域用于存放导入 After Effects 的各类素材或软件创建的合成，如图像素材、视频素材、预合成等。在素材列表区域可以查看各类文件的名称、类型、大小、媒体持续时间、文件路径等信息。素材列表区域的示例如图 1-20 所示。

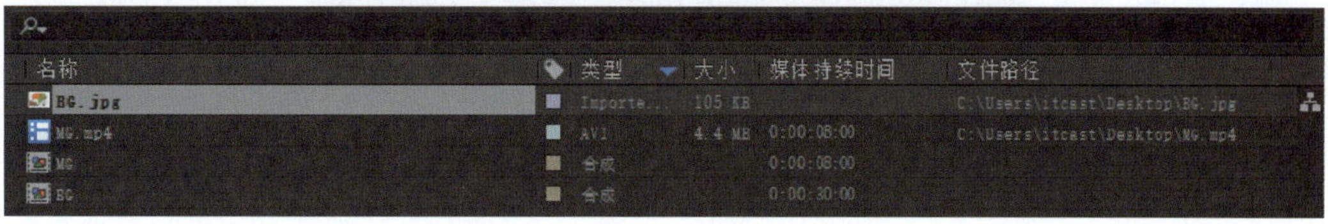

图 1-20　素材列表区域的示例

项目面板区域的大小是可以自行调整的。将鼠标指针置在项目面板和查看器面板的交界，当鼠标指针变为 ，拖动即可改变项目面板大小。

（5）查看器面板

查看器面板除了可以用于预览素材和最终的合成效果外，还是工具操作的区域。可以在查看器面板完成元素的绘制、调整等操作。查看器面板的示例如图 1-21 所示。

查看器面板示例中主要包括选项栏、视图区域和设置栏 3 部分，具体介绍如下。

① 选项栏。选项栏用于显示预览文件名称和文件类型，位于查看器面板的顶部。图 1-22 是被查看文件名称和文件类型的示例。

单击某个文件名选项，视图区域就会展示对应文件的预览图。

图 1-21　查看器面板的示例

图 1-22　被查看文件名称和文件类型的示例

② 视图区域。视图区域用于展示文件的预览效果。在项目面板或图层编辑区（具体位置见时间轴面板介绍）双击需要查看的文件，即可在视图区域显示对应文件的预览图。视图区域可预览多个类型的文件，如图层文件、合成文件、素材文件等。

③ 设置栏。设置栏提供了各种选项，用于设置文件的各种属性和预览效果。文件类型不同，设置栏中的选项也不同。合成文件和素材文件设置栏选项的对比如图 1-23 所示。

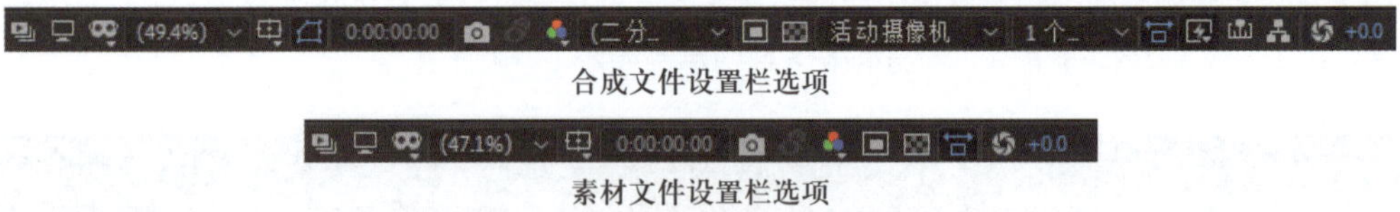

合成文件设置栏选项

素材文件设置栏选项

图 1-23　合成文件和素材文件设置栏选项的对比

可以看出，合成文件设置栏中的选项多于素材文件设置栏。

（6）分组面板

分组面板主要用于存放一些经常使用的面板，如字符面板、段落面板、效果面板和预设面板。当将 After Effects 工作区设置为"标准"后，分组面板中会自带一些面板，如信息面板、音频面板、预览面板等。图 1-24 是分组面板的示例。

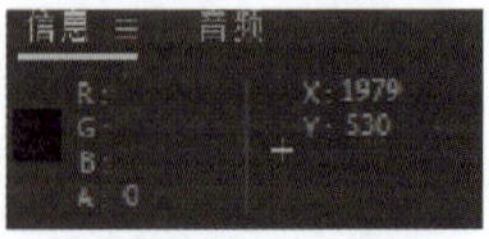

图 1-24　分组面板的示例

如果工作中需要其他面板，可以在菜单栏的"窗口"菜单中，选择更多的面板。当在"窗口"菜单中选择新的面板后，该面板会自动添加到分组面板中。

分组面板和项目面板一样也可以通过拖曳的方式调整面板区域的大小。此外分组面板中的子面板还可以拖曳到其他模块中。下面以音频面板为例，演示调整面板位置的方法，具体步骤如下。

Step1：选中音频面板，将鼠标指针移至音频面板名称的位置。鼠标指针放置位置如图 1-25 所示。

Step2：按住鼠标左键不放，将音频面板拖曳到其他可放置位置。可放置位置会出现颜色标示。选择合适位置，放开鼠标左键，即可将音频面板设置到对应位置。图 1-26 是将音频面板放置在查看器面板左侧的效果。

图 1-25　鼠标指针放置位置　　　　图 1-26　将音频面板放置在查看器面板左侧的效果

在 After Effects 中所有可移动的面板都可以采用类似移动音频面板的方式，变换位置。

（7）时间轴面板

时间轴面板是 After Effects 较为重要的面板，编辑素材、添加特效、制作动画等工作都是在该面板中进行的。时间轴面板的示例如图 1-27 所示。

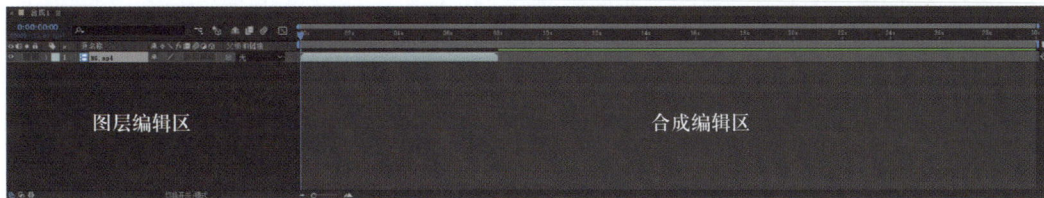

图 1-27　时间轴面板的示例

可以看出，时间轴面板包含图层编辑区和合成编辑区两部分，具体介绍如下。

① 图层编辑区。图层编辑区主要用来放置和编辑各种类型的图层。可以在图层编辑区对图层进行新建、删除、隐藏、变换等操作。关于图层的相关知识将会在项目 2 中详细讲解，这里了解

即可。

② 合成编辑区。合成编辑区主要用来设置和拼合素材，形成最终的效果（如动画、视频等）。在合成编辑区，可以对素材进行一系列操作，如调整关键帧、设置出点和入点、修剪素材和切分图层等。

多学一招 / 面板最大化显示

将鼠标指针移动到界面的某个面板上，将输入法换成英文状态，按 ~ 键，可以使该面板迅速最大化；再次按 ~ 键可以使面板恢复到初始状态。最大化显示面板的示例如图 1-28 所示。

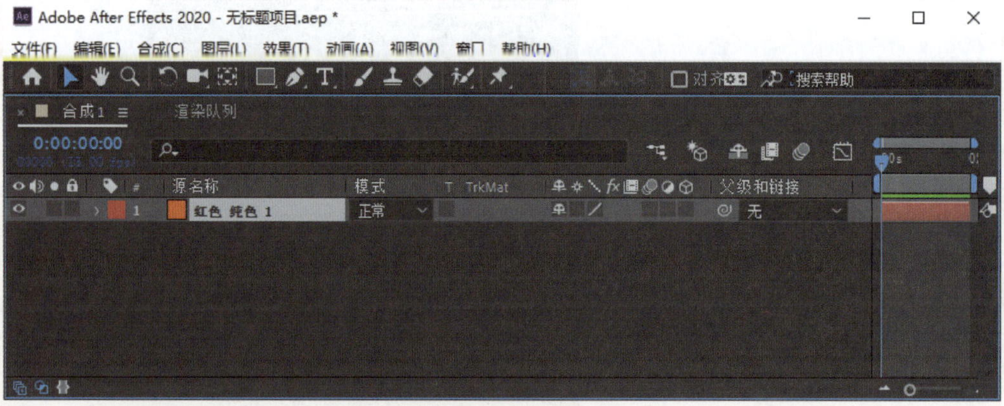

图 1-28　最大化显示面板的示例

理论微课 1-3：
After Effects 初始
化设置

3. After Effects 初始化设置

在使用 After Effects 时，为了操作更方便，通常都会对软件做一些初始化设置。所谓初始化设置就是首次使用或软件恢复默认设置后对软件进行的一些基础设置。After Effects 的初始化设置通常包含工作区的设置和文件缓存设置两个部分，具体介绍如下。

（1）工作区的设置

在 After Effects 中，整个软件界面都是工作区。为了配合不同的特效制作场景，After Effects 提供了多个工作模式，如标准模式、动画模式、文本模式等，这些工作模式的差别在于界面组成模块不同。在使用 After Effects 时，通常选择标准模式。

在菜单栏中依次选择"窗口"→"工作区"→"标准"选项，可以设置工作区为标准模式，如图 1-29 所示。

此外，如果在使用 After Effects 时不小心将工作区域的某些模块删除，可以在菜单栏中依次选择"窗口"→"工作区"→"将'标准'重置为已保存的布局"选项，恢复初始样式。

（2）文件缓存设置

由于 After Effects 在工作过程中会产生许多临时文件，占用较大的磁盘空间，所以在刚开始使用 After Effects 时就要给它设置一个较大的磁盘缓存空间。这样可以有效避免 After Effects 在工作时，因磁盘空间不足出现卡顿或无法保存文件的情况。

在 After Effects 菜单栏中依次选择"编辑"→"首选项"→"媒体和磁盘缓存"选项，打开媒体和磁盘缓存界面，如图 1-30 所示。

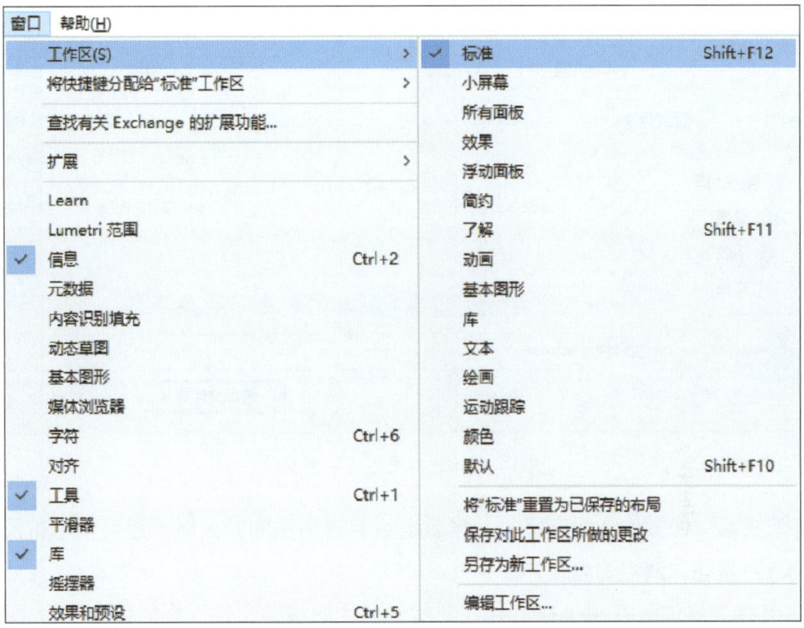

图 1-29 设置工作区为标准模式

在媒体和磁盘缓存界面中，需要为磁盘缓存和媒体缓存设置缓存路径，具体方法如下。

① 磁盘缓存。磁盘缓存主要用于存放运行 After Effects 产生的临时文件。可以在图 1-30 中单击上方的"选择文件夹"按钮，弹出选择文件夹对话框，如图 1-31 所示。

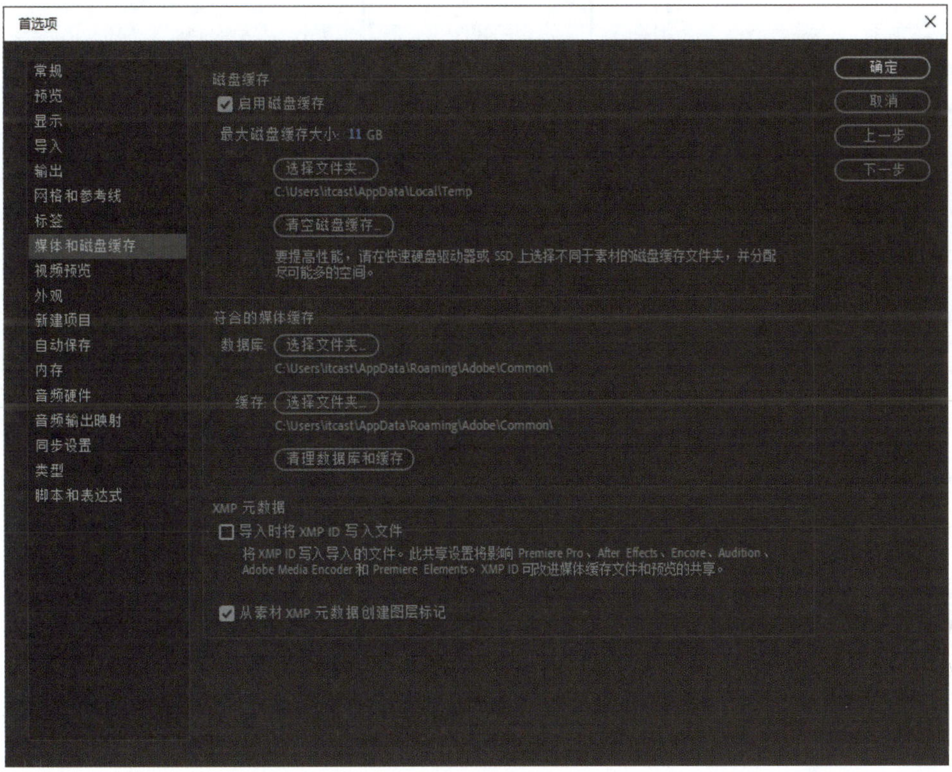

图 1-30 媒体和磁盘缓存界面

图 1-31　"选择文件夹"对话框

可以选择任意文件夹作为缓存路径。当磁盘缓存占用空间较大时，还可以单击图 1-30 中的"清空磁盘缓存"按钮，清空磁盘缓存。

② 媒体缓存。媒体缓存用于存放导入素材时产生的缓存文件。媒体缓存包含"数据库"和"缓存"两个选项，同样可以通过单击"选择文件夹"按钮和"清理数据库和缓存"按钮，来设置缓存路径和清理缓存。

在设置缓存路径时，可以将磁盘缓存和媒体缓存设为相同缓存路径。当设置好缓存路径后，会在路径文件夹中生成对应的子文件夹。文件夹结构关系如图 1-32 所示。

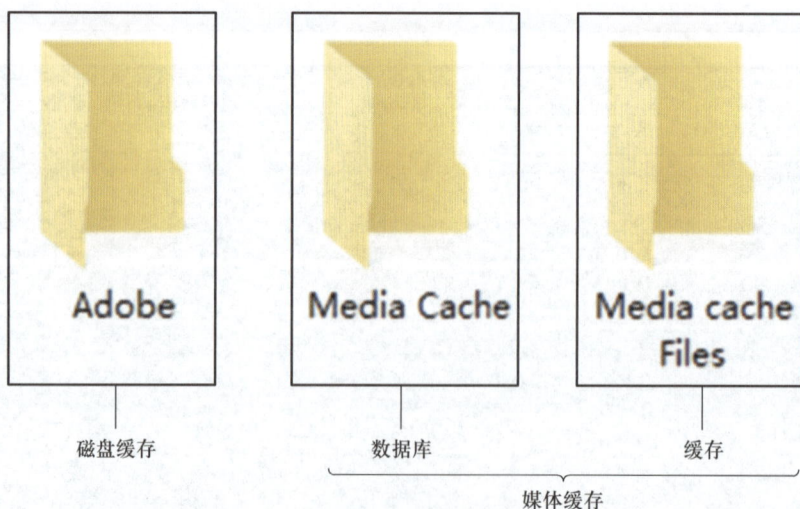

图 1-32　文件夹结构关系

在文件夹结构关系中，"Adobe"为磁盘缓存对应文件夹，"Media Cache"为媒体缓存中"数据库"对应文件夹，"Media Cache Files"为媒体缓存中"缓存"对应文件夹。

4. After Effects 工作流程

在使用 After Effects 时，遵循 After Effects 的工作流程，有序地进行动画、视频制作，可以提高工作效率。After Effects 的工作流程主要包括创建项目、创建合成、导入素材、编辑素材、导出文件 5 个步骤，具体介绍如下。

理论微课 1-4：
After Effects 工作
流程

（1）创建项目

在 After Effects 中，工作流程的第 1 步就是创建项目。所谓项目其实就是一个扩展名为"".aep""的 After Effects 文件。在这个文件中会存储项目中所有的素材、合成图像、应用特效。

（2）创建合成

创建好项目之后，就可以创建合成了。合成用来存放所有动画、图层和特效。在 After Effects 中，每个合成均有自己的时间轴，可以在时间轴上完成各种动画和特效的制作。创建的合成会显示在项目面板的素材列表区域中。

（3）导入素材

导入素材既可以在创建合成之前，也可以在创建合成之后。但在使用 After Effects 时，通常会先创建合成，再导入素材。只有想用素材生成合成时，才会先导入素材。After Effects 中的素材包括音频、视频、图像等。导入的素材会显示在项目面板的素材列表区域中。

（4）编辑素材

编辑素材是指对素材进行调整和添加特效等一系列工作。这个流程也是 After Effects 较为重要的一个流程，一些绚丽效果都是在这个流程中制作的。

（5）导出文件

导出文件是 After Effects 工作流程的最后一步。可以在导出文件时，设置文件质量、格式和路径。

5. After Effects 支持的文件格式

使用 After Effects 进行图形视频处理时，经常会用到各种各样的素材文件。After Effects 支持多种文件格式。这些文件格式归纳起来，可以分为 4 类——图像类文件、视频类文件、音频类文件和 After Effects 源文件，具体介绍如下。

理论微课 1-5：
After Effects 支持
的文件格式

（1）图像类文件

常用的图像类文件包括 JPEG、PNG、GIF、PSD 等格式文件，具体介绍如下。

① JPEG 格式文件是一种有损压缩的图像格式文件，该格式文件最大的特点是体积小，支持色彩位数多（色彩位数越多颜色越细腻），同时也能保持较好的图像品质，但不支持背景透明和动态图像。

② PNG 格式文件是一种无损压缩的图像格式文件，主要用于制作背景透明或半透明的图像，但支持色彩位数少。

③ GIF 格式文件是一种有损压缩的图像格式文件，主要用于制作动态图像。GIF 格式文件支持色彩位数也相对较少，图像品质一般。

④ PSD 格式文件是图像设计软件 Photoshop 的专用格式文件，使用该格式文件保存的图像不会进行自动压缩。PSD 格式文件最主要的特点是可以保存 Photoshop 的图层、通道、路径、样式，便于对文件进行二次编辑。

（2）视频类文件

常用的视频类文件包括 AVI、MP4、FLV 等格式文件，具体介绍如下。

① AVI 格式文件视频画面质量好，可以在多个平台使用，但和其他视频格式文件相比，AVI 格式文件体积相对庞大。

② MP4 格式文件视频画面质量也很好，同时由于较高的压缩率，该格式文件体积也相对较小。相比于 AVI 格式文件，MP4 格式文件几乎在所有播放器都能播放，具有更好的兼容性。

③ FLV 格式文件体积小巧，加载速度极快，但是视频画面质量一般。

（3）音频类文件

常用的图像类文件包括 MP3、WAV 等格式文件，具体介绍如下。

① MP3 格式文件压缩率较高，因此音质一般，但该格式文件体积小巧，被各大平台广泛应用，是目前主流的音频格式。

② WAV 格式文件是一种无损压缩文件，因此文件体积较大，但该格式文件音质较好，适合保存或编辑音乐素材时使用。

（4）After Effects 源文件

After Effects 源文件是指在 After Effects 中完成编辑制作并保存的文件。After Effects 源文件是一个文件扩展名为".aep"的文件，该文件可以包含图像、视频、音频等各类素材。从网站上下载的一些模板素材，就是扩展名为".aep"的 After Effects 源文件。After Effects 源文件可以直接用对应版本的 After Effects 打开，并进行编辑。

🕐 **多学一招** /After Effects 支持的其他文件格式

除了前面列举的格式外，After Effects 还支持其他文件格式，具体见表 1-1。

表 1-1　After Effects 支持的其他文件格式

类型	文件格式
图像类	AI、PDF、EPS、BMP、TGA、FLM、TIFF、DXF、PIC、PCK、SGI、RPF
视频类	WMV、M4V、SWF、MPG、3GP、MOV
音频类	AIF、M4A、MIDI、AAC

■ **任务实现**

根据任务分析思路，"任务 1-1 体验 After Effects"的具体实现步骤如下。

Step1：启动 After Effects，启动成功后关闭 After Effects 的主页。

Step2：在菜单栏中依次选择"窗口"→"工作区"→"标准"选项，设置工作区为标准模式。

Step3：在计算机中选择较大的磁盘空间，本书选择 D 盘。在 D 盘新建文件夹，文件夹名称可自定义（推荐英文和数字），本书命名为"ae2020"。

Step4：在 After Effects 菜单栏中依次选择"编辑"→"首选项"→"媒体和磁盘缓存"选项，打开媒体和磁盘缓存界面，如图 1-33 所示。

Step5：单击磁盘缓存中的"选择文件夹"按钮，将磁盘缓存路径设置为"D：\ae2020"。设置完成后的磁盘缓存路径如图 1-34 所示。

Step6：按照 Step5 的方式，将媒体缓存中"数据库"和"缓存"的路径设置为"D：\ae2020"。"数据库"和"缓存"设置完成后的路径如图 1-35 所示。

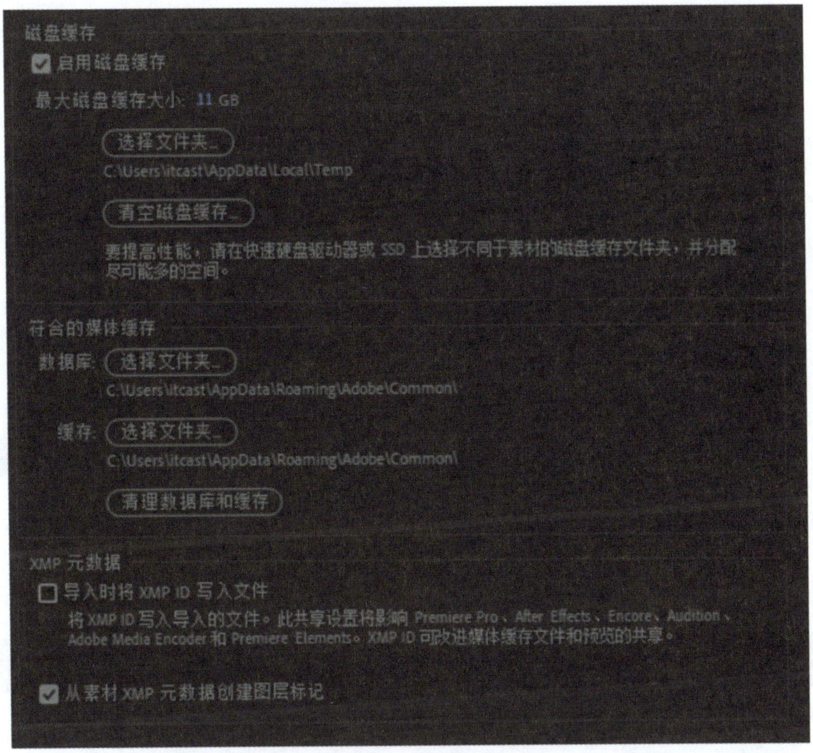

图 1-33　媒体和磁盘缓存界面

图 1-34　设置完成后的磁盘缓存路径

图 1-35　"数据库"和"缓存"设置完成后的路径

至此 After Effects 初始化设置完成。

任务 1-2　高效使用 After Effects

实践微课 1-2:
任务 1-2　高效
使用 After Effects

小马奔跑动画
效果

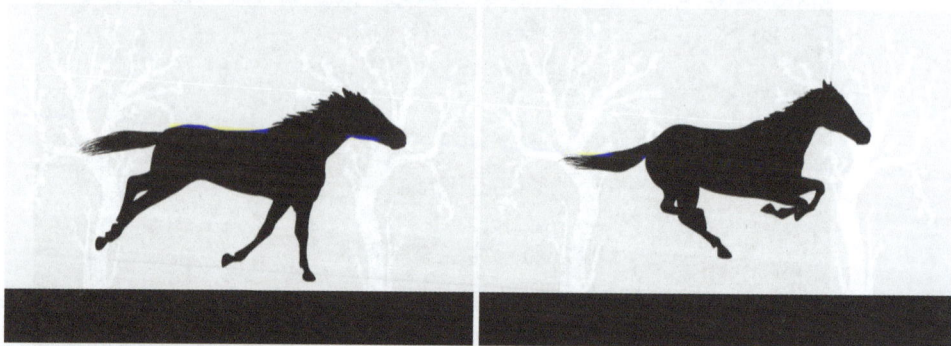

　　对 After Effects 有了初步认识之后，就可以熟悉软件的基础操作了。本任务将通过一个小马奔跑的案例系统讲解 After Effects 的基础操作，包括创建和保存项目、创建和设置合成、导入和编辑素材、预览和导出文件。通过本任务的学习，能够更加高效地使用 After Effects，为后续深入学习 After Effects 打下坚实的基础。小马奔跑的效果如图 1-36 所示。扫描二维码，查看动画效果。

图 1-36　小马奔跑的效果

■ 任务目标

技能目标	● 了解 After Effects 项目创建和保存的方法，能够使用不同的方法创建和保存项目 ● 掌握 After Effects 合成创建和设置的方法，能够正确设置合成参数 ● 熟悉素材的导入和编辑技巧，能够通过多种方式导入和编辑素材 ● 掌握 After Effects 文件预览和导出的方法，能够在软件中预览文件，并设置正确的导出格式

■ 任务分析

　　本任务重点是让初学者掌握 After Effects 的基础操作。任务由背景和小马两部分构成，可以按照以下思路完成小马奔跑任务。

① 创建一个 After Effects 项目。

② 根据背景图像尺寸创建合成。

③ 导入小马的序列帧图像。

④ 导入背景图像。

⑤ 创建小马的素材图层和背景图像的素材图层。

⑥ 对比素材，调整工作区域结尾位置。

⑦ 导出 QuickTime 格式的视频文件。

■ 知识储备

1. 创建和保存项目

创建项目是使用 After Effects 进行工作的第 1 步,在 After Effects 中的所有操作结果都会保存在这个创建的项目中。同时在项目制作过程中,也要及时保存项目,以避免出现误操作或因软件自身问题而造成损失。本节将详细讲解创建和保存项目的方法。

理论微课 1-6:
创建和保存项目

(1)创建项目

常用的创建项目方法有以下两种。

① 自动创建。启动 After Effects 后,After Effects 会自动创建一个项目。

② 菜单选项创建。在 After Effects 菜单栏中选择"文件"→"新建"→"新建项目"选项(或按 Ctrl+Alt+N 快捷键),即可创建一个项目。菜单选项创建项目的示例如图 1-37 所示。

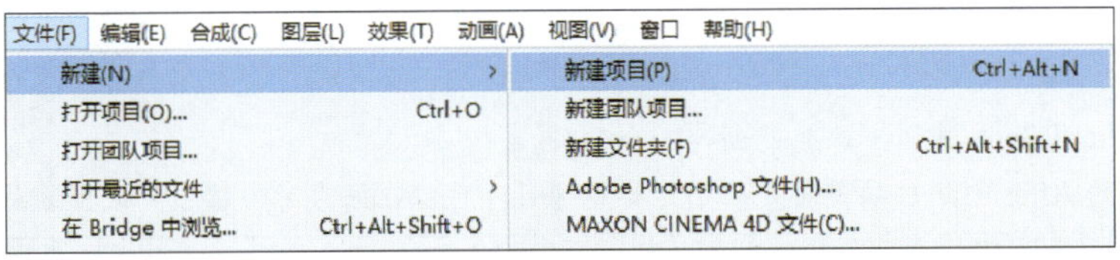

图 1-37 菜单选项创建项目的示例

(2)保存项目

After Effects 提供了几个用于保存项目的选项,具体介绍如下。

① 保存。在 After Effects 菜单栏中选择"文件"→"保存"选项(或按 Ctrl+S 快捷键),即可保存项目。如果是一个新建的项目,选择"保存"选项时,会打开"另存为"对话框,在"另存为"对话框中可以设置项目的名称和格式。如果是已保存的项目,选择"保存"选项时,系统会直接保存,并覆盖当前项目。

② 另存为。保存项目时,若不覆盖当前项目,可以选择"文件"→"另存为"选项(或按 Ctrl+Shift+S 快捷键),将修改后的项目存储为一个新项目。每次选择"另存为"选项时,都会弹出"另存为"对话框,如图 1-38 所示。

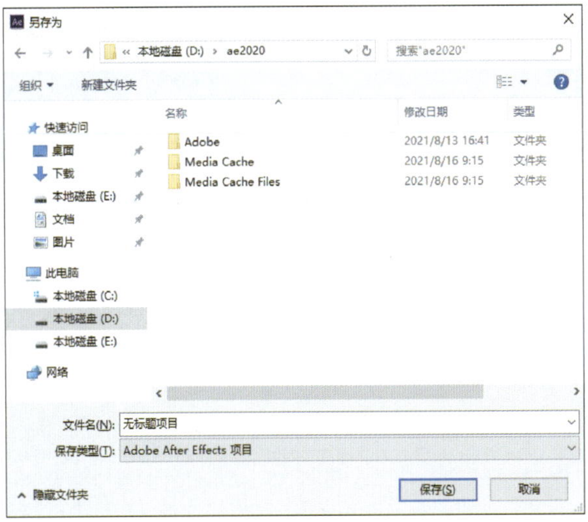

图 1-38 "另存为"对话框

需要注意的是，在保存项目时，还会涉及软件版本的问题。高版本 After Effects 可以打开低版本 After Effects 制作的项目，但低版本 After Effects 无法打开高版本 After Effects 制作的项目。如果需要使用低版本 After Effects 打开高版本 After Effects 制作的项目，就需要对项目进行降版保存。

选择"文件"→"另存为"选项，打开"另存为"子菜单，如图 1-39 所示。

在图 1-39 所示的"另存为"子菜单中，可以选择"将副本另存为 CC（16.x）"或"将副本另存为 CC（15.x）"选项。其中 CC（16.x）版本的项目可以使用 After Effects CC 2019 及以上版本打开。CC（15.x）版本的项目可以使用 After Effects CC 2018 及以上版本打开。

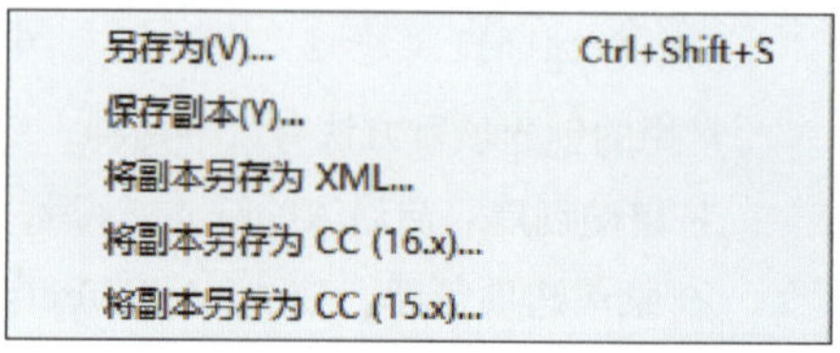

另存为(V)...	Ctrl+Shift+S
保存副本(Y)...	
将副本另存为 XML...	
将副本另存为 CC（16.x）...	
将副本另存为 CC（15.x）...	

图 1-39 "另存为"子菜单

注意：

① 在 After Effects 中，一次只能新建一个项目。
② 新建的 After Effects 项目都是一个无标题项目，可以在保存时为该项目设置名称。

多学一招 / 打包工程（文件）

After Effects 项目使用的素材都是链入到 After Effects 项目中的，如果素材丢失就没法正常显示，因此在制作 After Effects 项目时，最好新建一个素材文件夹存放搜集的所有素材。如果在制作前没有将素材统一存放，可以在 After Effects 项目制作完成后，通过打包工程（文件）的方式，让 After Effects 自动存放素材。After Effects 工程（文件）通常也被称为源文件，是 After Effects 直接生成的文件。

打包工程（文件）的方法十分简单，完成项目后，可以选择"文件"→"整理工程（文件）"→"收集文件"选项，如图 1-40 所示。

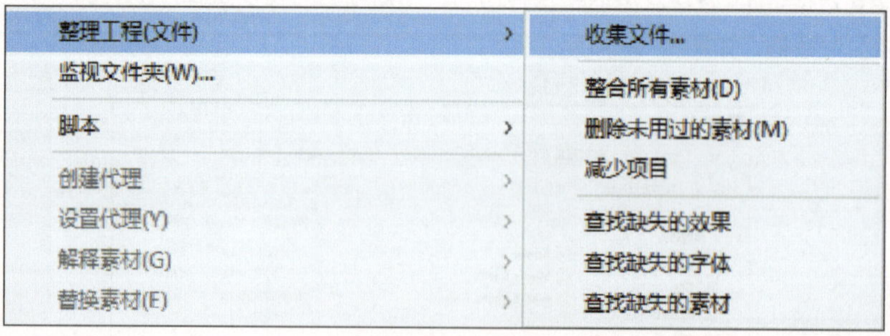

整理工程(文件)	>	收集文件...
监视文件夹(W)...		
脚本	>	整合所有素材(D)
		删除未用过的素材(M)
创建代理	>	减少项目
设置代理(Y)	>	
解释素材(G)	>	查找缺失的效果
替换素材(E)	>	查找缺失的字体
		查找缺失的素材

图 1-40 "收集文件"选项

选择"收集文件"选项，会打开"收集文件"对话框，如图 1-41 所示。

在"收集文件"对话框中设置收集源文件为"全部"，其他不做设置，单击"收集"按钮，将文件收集到文件夹中，并设置存放位置。收集到的文件夹的示例如图 1-42 所示。

在收集到的文件夹的示例中，包含"（素材）""示例""示例报告"等文件夹和文件，具体介绍如下。

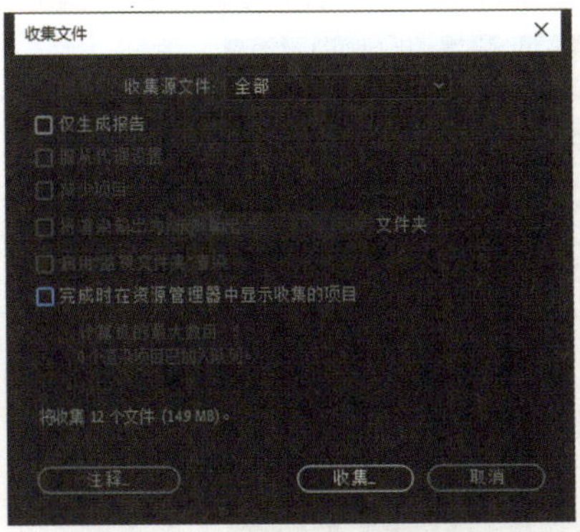

图 1-41　"收集文件"对话框

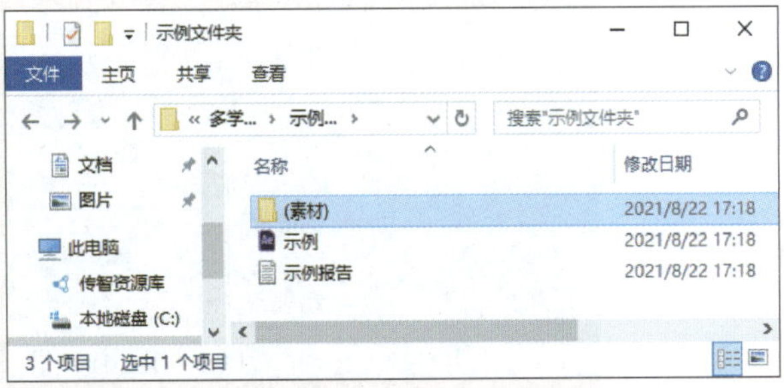

图 1-42　收集到的文件夹的示例

① "（素材）"：存放素材的文件夹。不建议修改里面的素材位置，如果修改，会出现素材读取错误的问题。

② "示例"：源文件，可用 After Effects 打开编辑。

③ "示例报告"：包含创建工程文件的一些信息，如时间、项目名等。

2. 创建和设置合成

After Effects 的各种编辑操作必须在合成中进行，因此需要创建一个合成，才能开始真正的编辑工作。此外在创建合成时，还需要对合成的参数进行设置，以满足不同应用场景的需求。本节将详细讲解创建和设置合成的方法。

理论微课 1-7：
创建和设置合成

（1）创建合成

常用的创建合成方法有以下几种。

① 使用菜单选项创建。在 After Effects 菜单栏中选择"合成"→"新建合成"选项（或按 Ctrl+N 快捷键）来创建合成，该方法可以创建多个合成。

② 使用功能按钮创建。单击项目面板底部的"新建合成"按钮，可以创建多个合成，如图 1-43 所示。

"新建合成"按钮

图 1-43　新建合成按钮

③ 拖曳素材创建。项目面板无合成时，在项目面板中选中素材，将素材拖曳到"图层编辑区"，After Effects 自动新建一个和素材参数匹配的合成，但该方法只能创建项目的首个合成。因此通常会拖曳素材到"新建合成"按钮上，After Effects 会自动新建一个和素材参数匹配的合成，使用该方法可以创建多个合成。

值得一提的是，在 After Effects 中，一个项目可以包含多个合成，并且项目中的合成内部也可以再嵌套合成。

（2）设置合成

在使用菜单选项和功能按钮创建合成时，均会弹出合成设置面板，如图 1-44 所示。

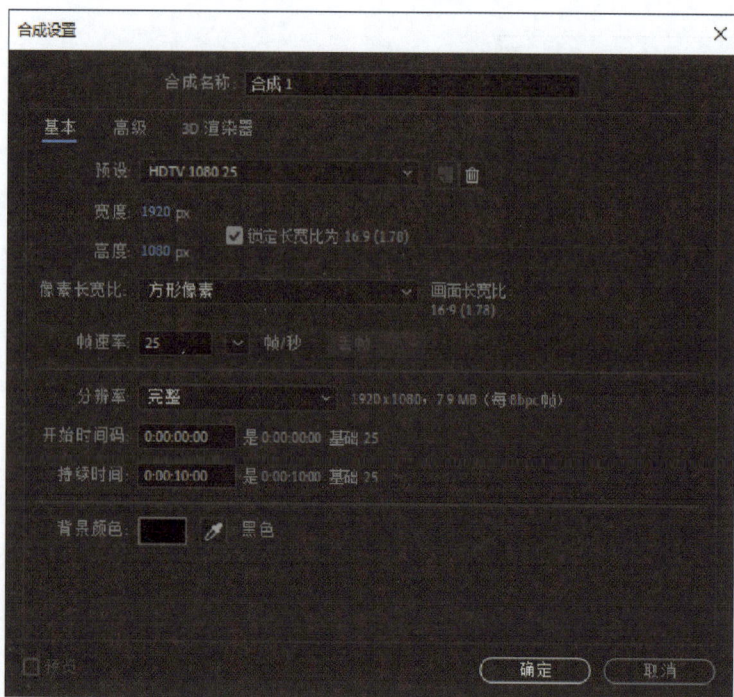

图 1-44　合成设置面板

在合成设置面板中，不是所有的参数都需要设置，列举一些需要设置的基本参数，具体介绍如下。

① "合成名称"用于对合成进行命名，方便后期管理合成。

② "预设"包含匹配不同平台的一些参数选项，用户可以自行定义，例如 NTSC 为美国、加拿大采用的电视制式，PAL 为中国、德国采用的电视制式，HDTV 为高清电视视频格式。

③ "宽度"用于设置合成的宽度，单位是像素（px）。

④ "高度"用于设置合成的高度，单位是像素（px）。

⑤ "锁定长宽比为"复选框勾选后，在调整合成的宽度或高度时，另一个参数值会根据长宽比进行相应变化。

⑥ "像素长宽比"的下拉选项中，计算机选择方形像素，电视采用 PAL 或 NTSC。

⑦ "帧速率"指的是每秒播放的静态画面数。PAL 帧速率为 25 帧 / 秒，NTSC 为 29.97 帧 / 秒（可写为 30 帧 / 秒）。通常设置为 25 帧 / 秒，也可根据实际需要自行定义帧速率。

⑧ "分辨率"用于设置在该面板中预览时的画质，通过降低分辨率可以提高预览画面的播放速度。分辨率越完整，画面越清晰，但预览时越容易造成画面卡顿。

⑨ "开始时间码"指合成开始的时间点，默认从 0 开始，不需要手动设置。

⑩ "持续时间"代表合成的时长，"0：00：10：00"对应的时间单位分别为"小时：分钟：秒：帧"。可以在输入时对持续时间进行简写。例如 10 帧可以直接输入"10"，1 秒 20 帧可以直接输入"1.20"。以此类推，可以通过点分隔，输入小时和分钟的数值。

⑪ 背景颜色用于设置合成的背景颜色，默认为黑色。通常使用默认颜色即可。

合成参数设置完成之后，单击"确定"按钮，时间轴面板会被激活。激活后的时间轴面板如图 1-45 所示。

图 1-45　激活后的时间轴面板

激活后时间轴面板功能非常强大，增加了很多功能选项。关于这些功能选项的详细操作将会在项目 2 中配合图层讲解，这里只需了解一些基础功能模块。

① 当前时间用于显示合成编辑面板中时间指示器的位置。可以在此处单击，输入一个精确的数字来移动时间指示器的位置。在当前时间中，包含两行数字——按时间显示和按帧显示，如图 1-46 所示。按 Ctrl 键同时单击可切换显示模式。

② 时间导航器用于调整时间标尺的刻度。按住 Alt 键，滚动鼠标滚轮，可以缩放时间标尺的刻度。调整合成编辑面板底部的时间导航器缩放条也可以调整时间标尺的刻度，如图 1-47 所示。

图 1-46　当前时间显示模式

图 1-47　时间导航器缩放条

此外，当时间标尺的刻度不是最小时，按住 Shift 键滚动鼠标滚轮，可以移动时间导航器。

③ 时间标尺用于显示工作区域范围。调整时间标尺工作区域开头和工作区域结尾，可改变工作区域。值得一提的是在时间标尺的下方，有一条绿色的"线"，这条"线"代表渲染进程。渲染进程指的是软件生成图像这一过程的进度情况。在预览文件时，可以通过这条线观察渲染情况。"线"是连续的表示渲染完成，间断表示渲染未完成。

④ 时间指示器用于标记文件当前时间的位置。并且该时间位置对应的效果图会显示在查看器面板中。用鼠标拖曳，可以直接改变时间指示器的位置。按 PageUp（或 PgUp）键，可以向前单帧移动时间指示器；按 PageDown（或 PgDn）键，可以向后单帧移动时间指示器。

如果想要调整已经创建完成的合成参数，可以在菜单中选择"合成"→"合成设置"选项（或按 Ctrl+K 快捷键），打开合成面板，进行调整。

3. 导入和编辑素材

在项目制作过程中用到的外部素材需要先导入项目中，才能使用。同时对于导入项目中的素材也可以进行编辑操作，使素材符合制作需求。本节将详细介绍导入和编辑素材的方法。

理论微课 1-8：
导入和编辑素材

（1）导入素材

导入素材的常用方法有以下 3 种。

① 使用菜单选项导入。选择"文件"→"导入"→"文件"选项（或按 Ctrl+I 快捷键），即可打开"导入文件"对话框，如图 1-48 所示。

在"导入文件"对话框中，选择需要导入的素材，单击"导入"按钮，即可将素材导入到项目面板。按住 Shift 键单击可以同时选中多个素材进行导入。

图 1-48 "导入文件"对话框

② 使用项目面板导入。在项目面板素材列表区域空白处双击，同样可以打开"导入文件"对话框，再选择素材进行导入。

③ 拖曳导入。在素材文件夹中，选中需要导入的素材，拖曳到项目面板中即可。

需要注意的是，在导入不同类型的文件时，导入对话框中的参数设置也会有所不同。根据参数设置方式，可以将导入素材归纳为以下 3 类。

① 导入常规素材。常规素材是指除序列帧和分层图像文件外的素材，主要包括音频、视频、图像等。导入常规素材时，不需要修改导入文件对话框中的参数。

② 导入序列帧图像。序列帧图像由多个单张图像构成，并且图像命名是连续的。导入序列帧图像时不需要选中所有图像，只要选中第 1 个图像，就会激活面板中的导入序列选项。导入 JPEG 图像序列帧的示例如图 1-49 所示。

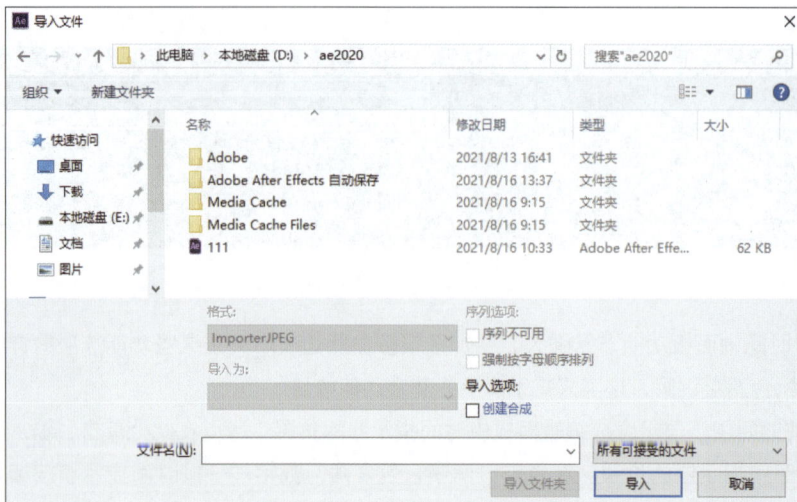

图 1-49 导入 JPG 图像序列帧的示例

导入的图像格式不同，"导入序列选项"的名称也不同。可以选择"01"图像，勾选"ImporterJPEG 序列"复选框，单击"导入"按钮，即可将"01-10"这 10 张图像以序列的形式导入 After Effects 中。导入后的图像会以序列的形式显示在 After Effects 项目面板中，如图 1-50 所示。

图 1-50　导入后的图像

③ 导入分层图像文件。分层图像包含多个图层，每个图层包含的元素均是分层图像的一部分，如 PSD 文件、AI 文件都可以作为分层图像文件。下面以导入 PSD 分层图像文件为例，进行具体演示。导入 PSD 分层图像文件时，After Effects 会自动弹出分层图像参数面板，如图 1-51 所示。

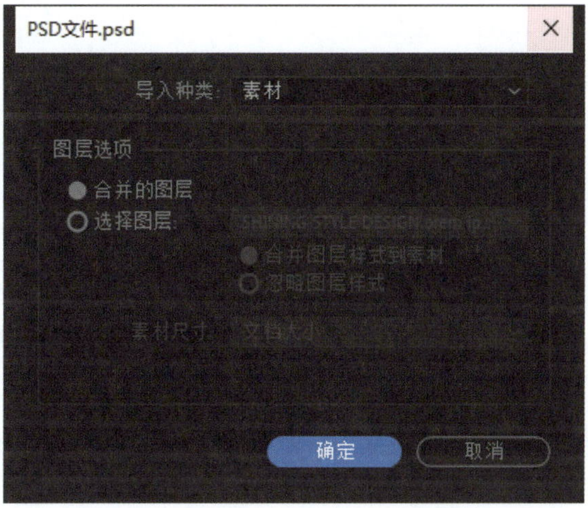

图 1-51　PSD 文件分层图像参数面板

在图 1-51 中，"导入种类"分为 3 种，分别为"素材""合成""合成 - 保持图层大小"。

①"素材"用于将图层合并为一层或选择某一层导入。

②"合成"用于导入所有的图层，并创建一个合成，每个图层大小和新建合成的大小一致。

③"合成 - 保持图层大小"用于导入所有的图层，并创建一个合成，每个图层大小和原始的 PSD 文件中的图层大小一致。

需要注意的是，在选择"合成"或"合成 - 保持图层大小"时，可以在图层选项中选择"可编辑的图层样式"或"合并图层样式到素材"，如图 1-52 所示。

图 1-52　图层选项

对图 1-52 中图层选项的解释如下。

● "可编辑的图层样式"会保留素材中的图层样式，保留的图层样式可以在 After Effects 中进行编辑。在导入 PSD 文件后，选中该单选按钮后，可以在图层属性中直接编辑图层样式，如图 1-53 所示。

● "合并图层样式到素材"会将所有图层样式合并，在 After Effects 中将不能编辑图层样式。

在导入 PSD 文件后，选中该单选按钮后，会隐藏图层样式。在菜单栏中选择"图层"→"图层样式"→"转换为可编辑样式"选项，可显示图层样式。

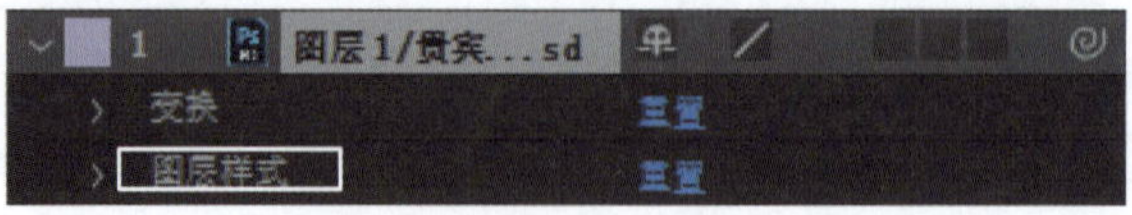

图 1-53　图层样式的示例

（2）编辑素材

编辑素材是指对素材进行的一系列修改工作，让素材符合制作需求。编辑素材主要包括解释素材、替换素材和修剪素材，具体介绍如下。

① "解释素材"用于修改素材的属性，让素材和合成匹配，如修改素材的帧速率、Alpha 通道等。在项目面板中，选中需要编辑的素材，右击，会弹出素材选项菜单，如图 1-54 所示。

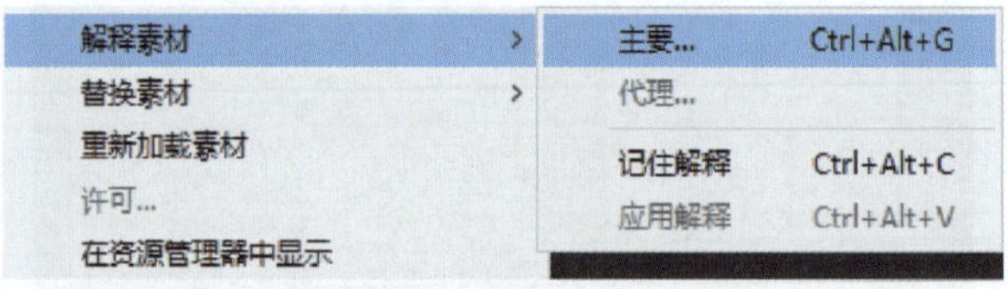

图 1-54　素材选项菜单

在素材选项菜单中，选择"解释素材"→"主要"选项，会打开解释素材面板，如图 1-55 所示。

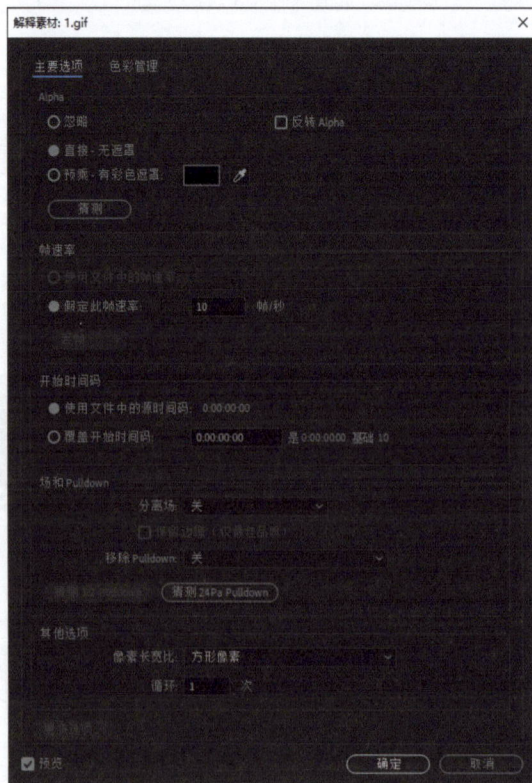

图 1-55　解释素材面板

解释素材面板主要用于修改素材属性，在该面板中包含了很多参数。素材类型不同，解释素材面板的可编辑参数也不同，对常用参数的解释如下。

a."Alpha"参数。对于一些带有透明效果的素材，可以通过 Alpha 参数来调整素材属性。正确解释素材的 Alpha 属性可以让素材呈现良好的视觉效果。Alpha 中包含一些选项具体介绍如下。

● "忽略"用于将素材显示为完全不透明。

● "反转 Alpha"用于将素材不透明区域和透明区域进行反转。

● "直接 - 无遮罩"用于直接显示素材的不透明区域、半透明区域、透明区域。

● "预乘 - 有彩色遮罩"用于去除半透明区域的杂乱颜色。在颜色设置区域添加要去除的杂乱颜色，半透明区域会将其自动过滤掉。

b."假定此帧速率"用于修改素材的帧速率，使素材帧速率和合成帧速率一致。

c."循环"适用于视频素材或动画素材，可以调整这些素材的循环次数。循环次数调整后，素材的时长也会发生相应的变化。

② "替换素材"参数。当源文件中的素材丢失或不可用时，可以替换该素材。选中需要替换的素材，右击，在弹出的快捷菜单中，选择"替换素材"→"文件"选项（或按 Ctrl+H 快捷键），如图 1-56 所示。

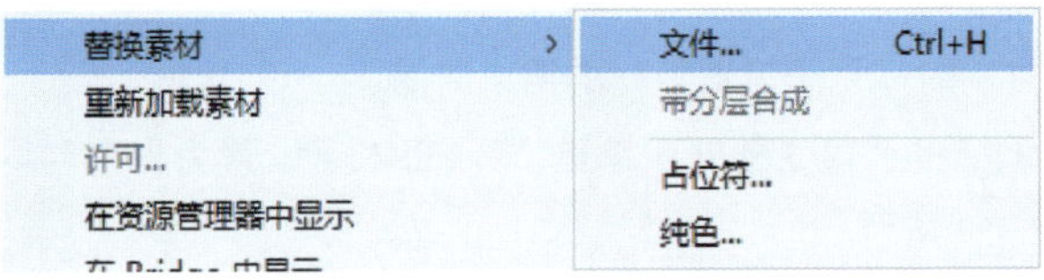

图 1-56　"文件"选项

打开的替换素材文件对话框，如图 1-57 所示。

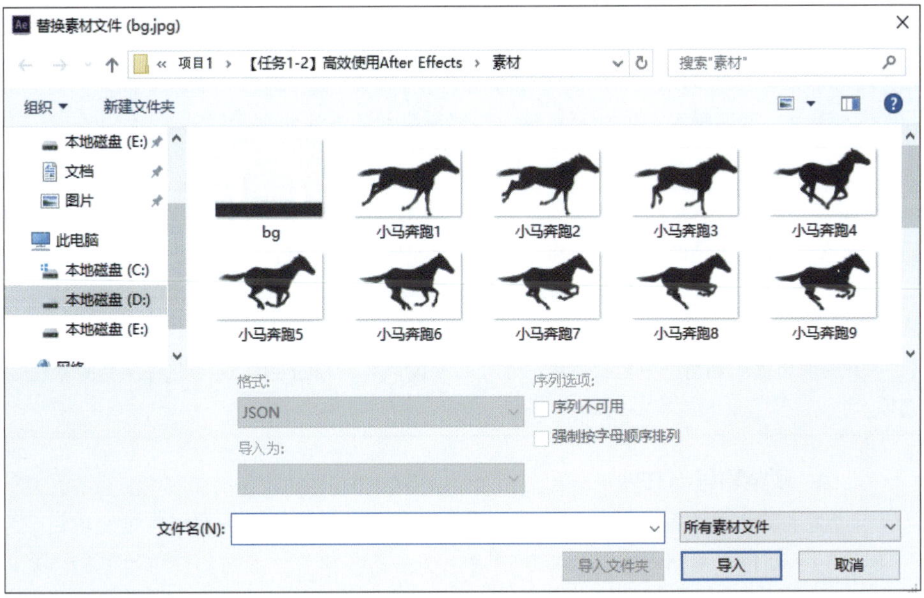

图 1-57　"替换素材文件（bg.jpg）"对话框

在替换素材文件对话框中选择需要的素材导入，即可完成素材替换。

③ "修剪素材"是指在合成面板中，对一些有特定时长的素材进行的一系列修改和编辑工作。特定时长的素材包括视频、音频、序列帧等一些自身带有时间的素材。双击带有时间的某个素材，即可在查看器面板打开素材预览图，素材预览图下方有时间标记、时间标尺、将入点设置为当前时间、将出点设置为当前时间。序列帧素材的示例如图 1-58 所示。

● 可以拖曳时间标记到某个位置，然后单击 "{" 将入点设置为当前时间或单击 "}" 将出点设置为当前时间。

● 时间标尺用于显示素材时长和时间刻度。

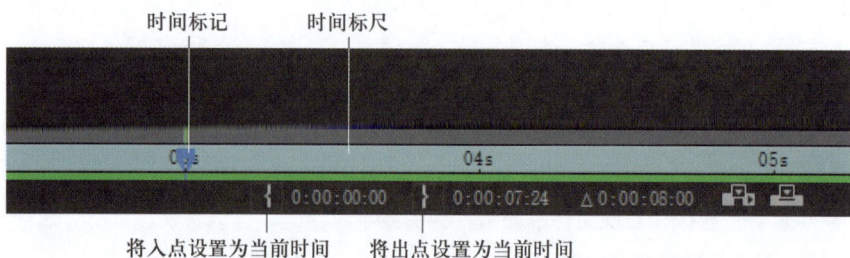

图 1-58　序列帧素材的示例

● 将入点设置为当前时间用于设置素材的开始时间。
● 将出点设置为当前时间用于设置素材的结束时间。

例如，将时间标记拖曳至第 3 秒处，单击 "{" 将入点设置为当前时间，此时第 3 秒之前的素材将被修剪，如图 1-59 所示。

图 1-59　修剪后的素材示例

需要注意的是，修剪的素材并不是直接被删除了，当向左拖曳第 3 秒入点位置的素材，可以还原被修剪的素材。后面学习图层时，也可以用修剪素材的方法修剪图层。

此外在解释素材、编辑素材和替换素材的过程中，如果出现操作失误，可以通过 Ctrl+Z 快捷键还原上一步操作，按多次，可以还原多步操作。Ctrl+Z 快捷键也适用于 After Effects 其他失误操作的还原。如果想要恢复还原的操作，可以按 Ctrl+Shift+Z 快捷键。

 注意：

当多个图像的格式相同，并且按照统一序号的方式命名，After Effects 才会将这些图像默认为序列帧图像。

---

4. 预览和导出文件

为了防止最终制作的效果出现问题，在制作项目过程中，要经常预览项目效果。同时，一个项目完成后也需要根据用途导出为合适的格式。本节将详细讲解预览和导出文件的方法。

理论微课 1-9：
预览和导出文件

（1）预览文件

单击选中查看器面板或时间轴面板，按空格键或小键盘上的 0 键可以对图层或合成效果进行

播放预览。其中按空格键会从当前时间指示器的位置进行预览，按 0 键会从初始时间（第 0 秒）
开始预览。

如果需要逐帧预览图层或合成效果时，可以采用单帧移动时间指示器的方法。即按 PageUp
（或 PgUp）键，向前逐帧预览；按 PageDown（或 PgDn）键，向后逐帧预览。

（2）导出文件

在菜单中选择"合成"→"添加到渲染队列"选项（或按 Ctrl+M 快捷键），可以将制作好的
项目添加到渲染队列中。此时时间轴面板中会增加"渲染队列"选项卡。"渲染队列"选项卡如图
1-60 所示。

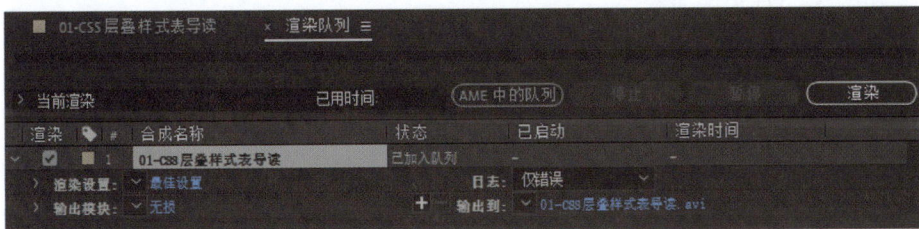

图 1-60　"渲染队列"选项卡

对图 1-60 中的常用选项介绍如下。

① "渲染设置"用于设置导出文件的质量，一般默认"最佳设置"即可。

② "输出模块"用于设置导出文件的格式、大小等，一般选择"无损"模式输出。单击"无
损"选项会弹出"输出模块设置"对话框，如图 1-61 所示。

图 1-61　"输出模块设置"对话框

在"输出模块设置"对话框中，"格式""通道""调整大小""裁剪"和"格式选项"是较为常用的选项，其他选项按照默认参数设置即可。对常用的选项解释如下。

● "格式"用于设置输出的文件格式，包括 AVI、QuickTime、JPEG 序列等格式。如果 After Effects 制作的内容还需要导入其他软件中进行编辑，一般选择 AVI、Targa、QuickTime 等格式。导出文件的可选格式如图 1-62 所示。

● "通道"用于设置文件的颜色模式。如果文件不带有透明或半透明效果，设置为 RGB 模式；如果带有透明或半透明效果，设置为"RGB+Alpha"模式。

● "调整大小"用于设置导出文件的尺寸。默认尺寸和合成大小一致，勾选"调整大小"前的复选框后可以进行详细设置。

● "裁剪"用于裁剪画面的尺寸，可以通过顶部、左侧、底部、右侧的参数值裁切文件。

● 格式选项。视频区域内的格式选项，用于设置视频的编码格式；音频区域内的格式选项，用于设置音频的编码格式。

③ "输出到"用于设置导出文件的路径。可以单击"输出到"右侧的下拉列表框，在弹出的对话框中指定文件的输出路径。

需要注意的是，After Effects 默认会将完整的合成文件全部导出。如果想要导出合成中的某一段内容，可以在时间标尺中自定义工作区域的开头和结尾。设置工作区域开头和结尾的两种方法介绍如下。

● 粗略设置。将鼠标指针放在时间标尺工作区域开头位置，待鼠标指针变为"⬅"，如图 1-63 所示，此时按住鼠标左键不放拖曳鼠标，至合适位置松开，即可完成工作区域开头位置的设置。工作区域结尾设置方法和工作区域开头类似。

使用格式工厂压缩视频

图 1-62　导出文件的可选格式　　　　图 1-63　工作区域开头位置

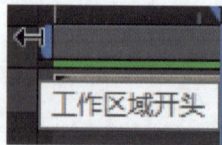

● 精确设置。拖动时间指示器至某一位置，按 B 键设置工作区域开头位置，按 N 键设置工作区域结尾位置。

■ **任务实现**

根据任务分析思路，"任务 1-2 高效使用 After Effects"的具体实现步骤如下。

Step1：启动 After Effects，按 Ctrl+S 快捷键保存项目，将项目命名为"任务 1-2 高效使用 After Effects"。

Step2：选择"合成"→"新建合成"选项（或按 Ctrl+N 快捷键），在弹出的"合成设置"对话框中设置合成名称为"小马奔跑"、宽度为 610 px，高度为 427 px、帧速率为 24 帧 / 秒、分辨率为"完整"、持续时间为 30 秒。单击"确定"按钮完成合成的创建，合成参数设置的具体数值如图 1-64 所示。

图 1-64　合成参数设置的具体数值

Step3：选择"文件"→"导入"→"文件"选项（或按 Ctrl+I 快捷键），即可打开导入文件对话框，选中"小马奔跑 1.png"素材，并勾选"PNG 序列"复选框，如图 1-65 所示。单击"导入"按钮，导入小马序列帧图像。

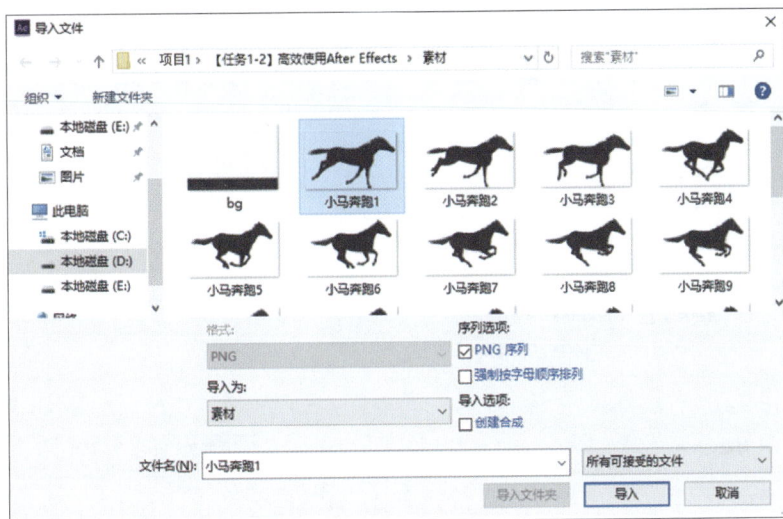

图 1-65　导入小马序列帧图像

Step4：按 Ctrl+I 快捷键，导入"bg.jpg"素材，作为背景。此时项目面板包含 3 个文件，如图 1-66 所示。

图 1-66　项目面板包含 3 个文件

Step5：首先选中"小马奔跑"的 PNG 序列，拖曳到图层编辑区域，生成素材图层。然后选中"bg.jpg"拖曳到图层编辑区域，生成素材图层。

Step6：拖曳时间标尺，将第 16 帧处设置为工作区域结尾，如图 1-67 所示。

Step7：在菜单中选择"合成"→"添加到渲染队列"选项（或按 Ctrl+M 快捷键），打开"渲染队列"界面。

Step8：单击"无损"，在弹出的"输出模块设置"面板中设置格式为 QuickTime，其他参数保持默认即可，如图 1-68 所示。

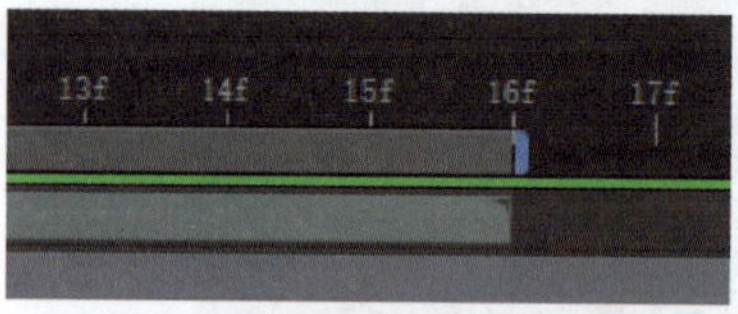

图 1-67　设置为工作区域结尾

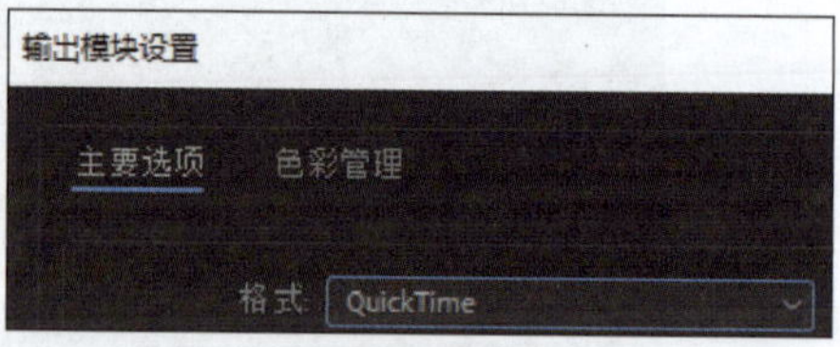

图 1-68　设置格式为 QuickTime

Step9：单击"输出到"右侧的文字，弹出"将影片输出到"对话框，如图 1-69 所示。单击"保存"按钮，完成导出文件路径的设置。

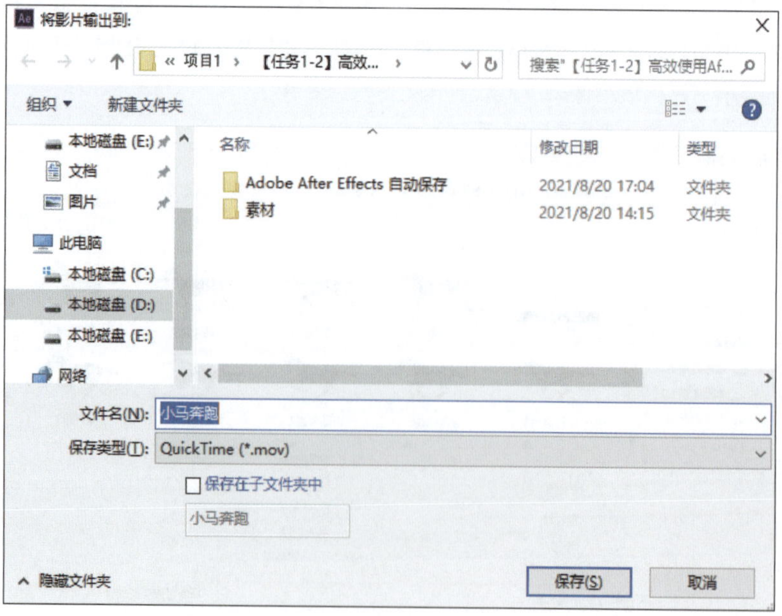

图 1-69　"将影片输出到"对话框

Step10：单击时间轴面板中的"渲染"按钮，渲染文件，如图 1-70 所示。渲染完成后，文件会自动保存到所设置的路径位置。

图 1-70 "渲染"按钮

至此，小马奔跑案例完成。

项目小结

项目 1 包括两个任务，其中任务 1-1 的目的是让初学者对 After Effects 有一个初步的认识。完成此任务，初学者能够简单了解 After Effects，并完成 After Effects 初始化设置。任务 1-2 的目的是让初学者掌握 After Effects 一些基础操作。完成此任务，初学者可以在 After Effects 中进行创建和保存项目、创建和设置合成、导入和编辑素材、预览和导出文件等操作。

通过对项目 1 的学习，初学者能够体验 After Effects 的用法，掌握 After Effects 一些基本操作，为后续学习 After Effects 打下坚实的基础。

项目实训：导出宣传片

学习完前面的内容，接下来请根据要求完成项目实训。

要求：请结合前面所学知识，运用给出的素材导出一个 QuickTime 格式的宣传片。宣传片效果如图 1-71 所示。扫描二维码，查看动画效果。

宣传片

图 1-71 宣传片效果截图

项目 2 >>>>>
利用图层和关键帧制作动画

学习目标

◆ 掌握图层和关键帧的基础操作，能够运用图层和关键帧完成海浪翻涌动画的制作。
◆ 掌握图表编辑器的使用，能够运用图表编辑器完成打台球动画。

项目介绍

在 After Effects 中，创建动画的一切操作都会围绕图层和关键帧展开。为图层设置关键帧，可以使图层中的元素产生位移、旋转、缩放等动画效果。那么什么是图层，什么是关键帧，该怎么利用图层和关键帧制作动画呢？本项目将通过制作海浪翻涌动画和打台球动画两个任务，详细讲解图层和关键帧的相关知识。

PPT：项目 2 利用图层和关键帧制作动画

教学设计：项目 2 利用图层和关键帧制作动画

PPT

📄

任务 2-1 海浪翻涌动画

实践微课 2-1：任务 2-1 海浪翻涌动画

海浪翻涌动画

在 After Effects 中，可以使用图层分层堆叠静止的画面，并使用关键帧制作动画。本任务将制作一个海浪翻涌动画，通过本任务的学习，读者能够掌握图层和关键帧的基础知识。海浪翻涌动画的效果如图 2-1 所示。扫描二维码，查看动画效果。

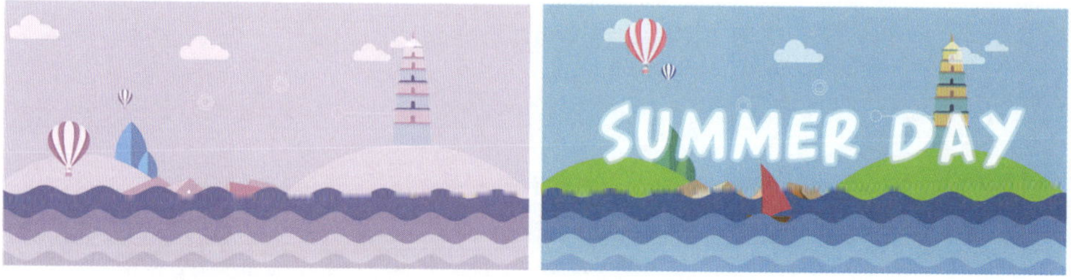

图 2-1 海浪翻涌动画的效果

任务目标

知识目标	• 了解图层，能够说出图层的概念和分类 • 了解图层的混合模式，能够说出混合模式的混合原理 • 了解图层样式，能够说出不同图层样式的效果 • 了解帧和关键帧，能够说出帧和关键帧的概念及作用
技能目标	• 掌握图层的基本操作，在制作动画时，能够选择图层、排列图层 • 熟悉图层的变换属性，能够快速打开图层的任意属性 • 掌握关键帧的基本操作，能够创建、移动、删除关键帧

任务分析

海浪翻涌动画中静态元素是一个 PSD 格式的分层素材，在分层素材中，包含文字、背景、水流、帆船、热气球、云朵和装饰 7 大元素。PSD 格式的分层素材示例如图 2-2 所示。

可以为不同元素制作出不同的运动效果，如平移、旋转等。此外，为了增添画面的氛围，还可以为画面添加变色效果。为了方便操作，将制作任务分为 8 部分。具体介绍如下。

1. 制作水流动画

水流从左向右移动，可以为水流所在图层的位置属性设置关键帧。

2. 制作帆船动画

帆船从右向左移动，需要为帆船所在图层的位置属性设置关键帧，在设置关键帧时，要调整帆船的运动轨迹，使帆船在行驶的过程中上下起伏。

3. 制作热气球动画

画面中有两个热气球——大热气球和小热气球，大热气球从下向上移动，小热气球从左向右移动，分别为这两个热气球所在图层的位置属性设置关键帧。

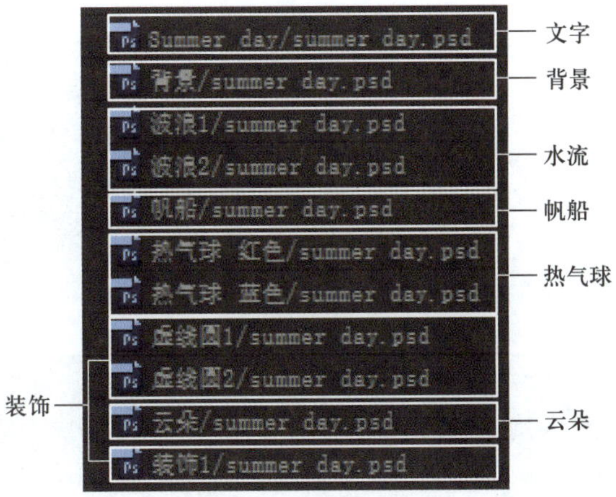

图 2-2　PSD 格式的分层素材示例

4. 制作云朵动画

云朵从左向右移动，并且有不透明度的变化，可以为云朵所在图层的位置属性和不透明度属性设置关键帧。

5. 制作装饰动画

画面中的装饰是由一些虚线圆组成的，装饰为旋转运动，需要为装饰所在图层的旋转属性设置关键帧。

6. 制作文本动画

文本的动画效果为从大到小，从不可见到可见，并且边缘有闪烁效果。需要为文本所在图层的缩放属性和不透明度属性设置关键帧，然后添加图层样式，并为图层样式的参数设置关键帧。

7. 制作变色效果

画面由紫色调变成蓝色调，需要创建一个纯色图层，并为纯色图层设置混合模式，再为纯色图层的不透明度属性设置关键帧。

■ 知识储备

1. 图层概述

在传统绘画中，当完成一幅作品后，发现人物和背景位置不太理想时，只能重新绘制，而不可能将人物的一部分剪下来贴到另外一边。为了解决这类问题，After Effects 提供了图层，使用图层可以将画面中的元素单独存放。这样，当发现元素搭配不理想时，就可以任意进行调整。什么是图层？图层的类型有哪些？下面对图层的相关知识进行讲解。

理论微课 2-1：
图层概述

（1）图层的概念

在 After Effects 中，一幅画面通常是由多个元素构成，如图 2-3 展示的画面就是由多个元素构成的。

图 2-3 看似是一幅画面，但它是由 5 个元素组成的，分别为女孩、石阶、植物、月亮和背景，这些元素都存放在图层中。当改变某个元素的位置时，其他元素不会受到任何影响。

图层可以被看作是一个存放元素的容器。在制作动画时，会将画面的不同元素保存到对应的图层中，并通过多个图层堆叠出一个较为复杂的画面。

图 2-3　多个元素构成的画面

（2）图层的分类

一幅画面中包含多个不同的元素，如图像、文本等。为了存放不同类型的元素，就需要不同类型的图层。After Effects 中包含了多种类型的图层，具体介绍如下。

① 素材图层。当想使用素材时，可创建素材图层。素材图层中的元素既可以是外部导入的素材，如视频、音频、图像等；也可以是内部创建的素材，包括 PSD 格式的素材和 C4D 格式的素材。当在内部创建素材时，After Effects 会打开 Photoshop 软件或 CINEMA 4D 软件，在外部软件中进行编辑。

② 文本图层。当想在动画中添加文字时，可创建文本图层，可以为图层中的文本设置大小、颜色等参数，还可以加载 After Effects 中自带的动画预设。文本图层显示为 **T**。

③ 纯色图层。当想创建一个指定颜色的图层时，可创建纯色图层。纯色图层显示为 ■，其中的颜色部分即为纯色图层的颜色。可以更改纯色图层的颜色，还可以为纯色图层添加效果。

④ 灯光图层。当想为画面中的某些元素添加光影效果时，可创建灯光图层。在 After Effects 中可以设置灯光的位置、方向等参数。灯光图层显示为 ■。

⑤ 摄像机图层。当想查看不同角度的元素时，可创建摄像机图层。可以设置摄像机的景深、光圈等参数。摄像机图层显示为 ■。

⑥ 空对象图层。当想为一个层指定父级，但又不想在画面上看到这个层的实体时，可以创建空对象图层。空对象图层显示为 □。

⑦ 形状图层。当想创建一些形状或路径时，可创建形状图层，可以设置形状图层的填充、描边等参数。形状图层显示为 ★。

⑧ 调整图层。当想通过一个图层来控制该图层下方的所有图层的效果（如为多个图层添加效果）时，可创建调整图层。调整图层显示为 □。

⑨ 内容识别填充图层。使用内容识别填充图层可以从视频中移除不想要的区域。当围绕某个区域绘制蒙版后，在内容识别填充面板中单击"生成填充图层"按钮 ■生成填充图层■，系统会自动分析时间轴中的关联帧，然后将该区域的内容替换成根据其他帧相应内容生成的新内容。内容识

别填充图层显示为 。

图层的类型不同，图层标签的显示颜色也不同，在图层编辑区中单击标签，会弹出标签菜单，在标签菜单中可改变标签的颜色。标签菜单如图 2-4 所示。

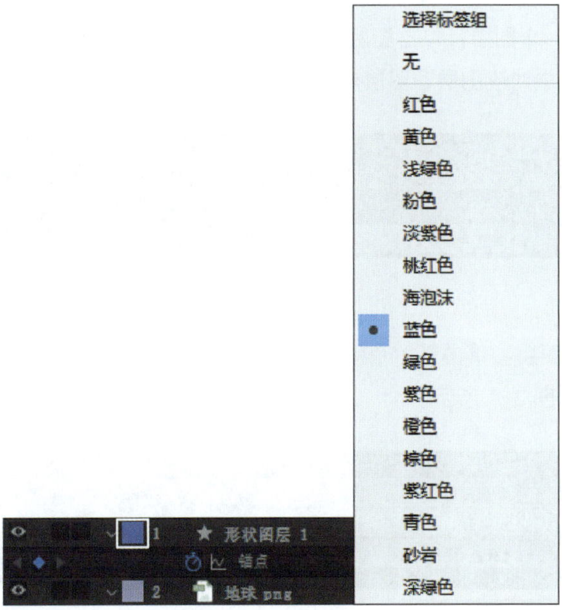

图 2-4　标签菜单

2. 图层的基本操作

在 After Effects 中，可以根据需要对图层进行操作，如新建图层、选择图层、复制图层等。下面对这些基本操作进行讲解。

（1）新建图层

新建图层非常简单，只需要将外部导入的素材拖曳至图层编辑区，此时系统会自动创建素材图层。若想新建文本、纯色等图层，则需要选择"图层"→"新建"选项，在新建图层菜单中选择需要的选项。新建图层菜单如图 2-5 所示。

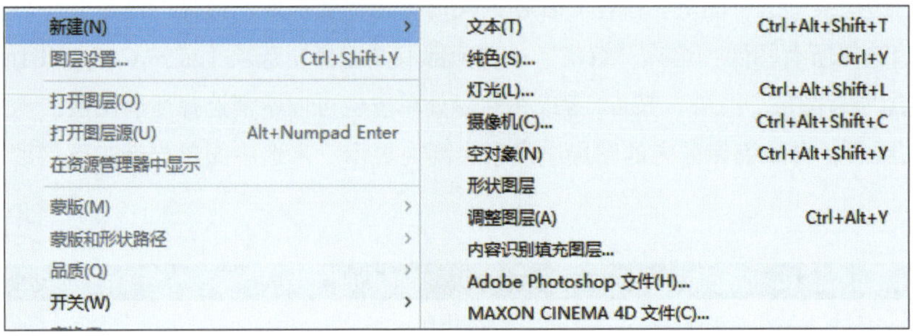

图 2-5　新建图层菜单

在新建图层菜单中，包含了多个不同类型的图层以及创建不同类型图层的快捷键，例如，选择"图层"→"新建"→"纯色"选项（或按 Ctrl+Y 快捷键）可创建纯色图层。可通过不同选项或快捷键创建不同类型的图层。

另外，在时间轴面板中右击，在弹出的快捷菜单中选择"新建"选项，也可以选择对应的选项，从而创建图层。

（2）选择图层

如果想对图层进行编辑，就必须选中该图层，选择图层的方法如下。

① 选择一个图层：单击图层编辑区中需要选择的图层。此外，按键盘上与图层对应的数字也可选中对应图层，图层对应的数字如图 2-6 所示。

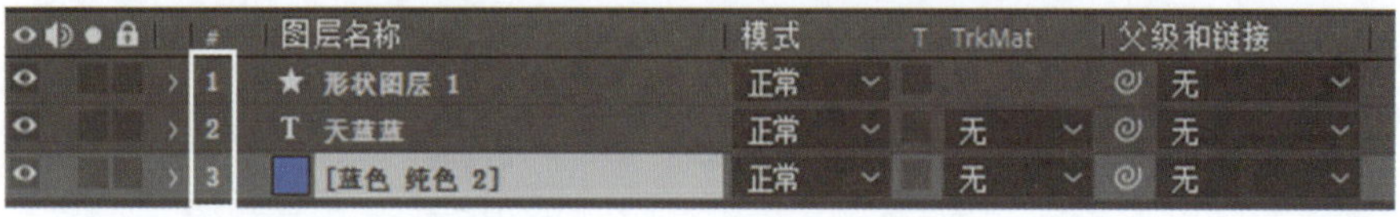

图 2-6　图层对应的数字

② 选择多个连续图层：单击第 1 个图层，然后按住 Shift 键的同时单击最后一个图层。选择多个连续图层的操作如图 2-7 所示。

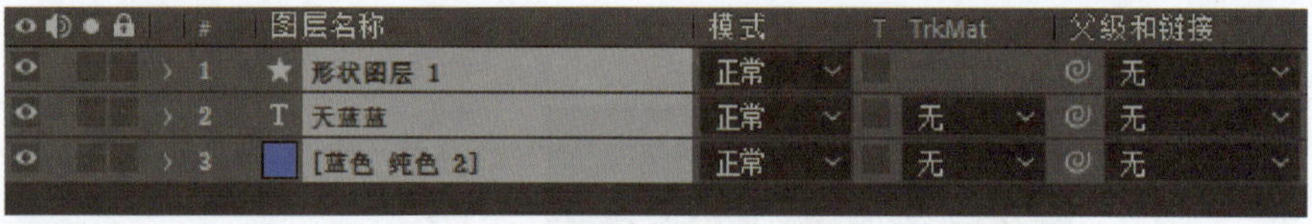

图 2-7　选择多个连续图层的操作

③ 选择多个不连续图层：按住 Ctrl 键的同时单击需要选择的图层。选择不连续图层的操作如图 2-8 所示。

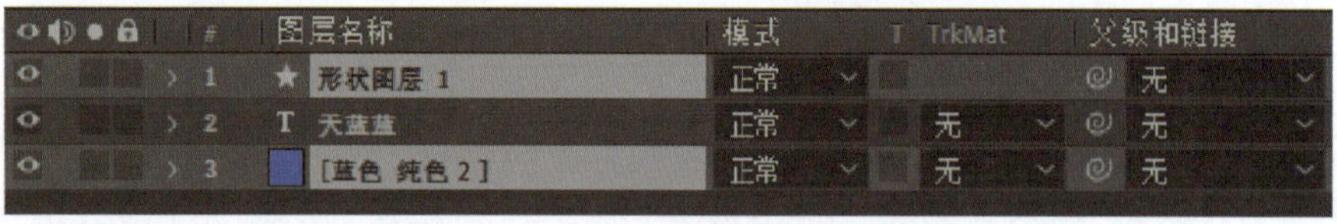

图 2-8　选择不连续图层的操作

④ 取消选择某个选中图层：按住 Ctrl 键的同时单击需要被取消选择的图层。

⑤ 取消选择所有图层：选择"编辑"→"全部取消选择"选项（或按 Ctrl+Shift+A 快捷键）可以取消选择所有图层。此外，按 F2 键或在空白处单击也可以取消选择所有图层。

选择图层后，合成编辑区内的图层进度条会高亮显示。未选中图层与选中图层的对比示例如图 2-9 所示。

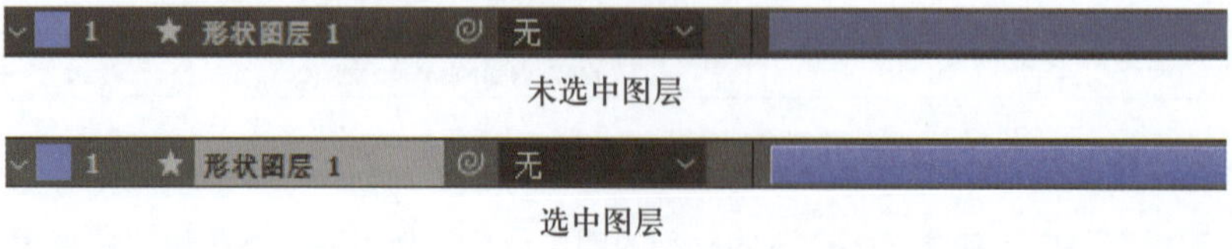

图 2-9　未选中图层与选中图层的对比示例

当然，使用"选取工具" ，在视图区域中也可以对图层进行选择。选中图层后，在视图区域可以看到图层的定界框角点和锚点，如图 2-10 所示。

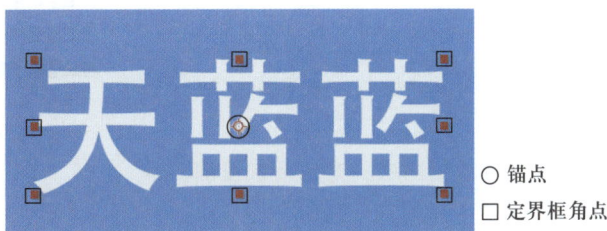

○ 锚点
□ 定界框角点

图 2-10 图层的定界框角点和锚点

值得一提的是，当想隐藏图层的锚点和定界框角点等图层的额外显示内容时，选择"视图"→"显示图层控件"选项（或按 Ctrl+Shift+H 快捷键）即可，再次按 Ctrl+Shift+H 快捷键即可显示。

（3）复制图层

一个合成中经常会包含一些完全相同的元素，若想得到两个相同的元素，可以对这个元素所在的图层进行复制。在 After Effects 中选择"编辑"→"重复"选项（或按 Ctrl+D 快捷键）可快速复制选中的图层。

另外，选中图层后，选择"编辑"→"复制"选项（或按 Ctrl+C 快捷键）可以复制图层；再选择"编辑"→"粘贴"选项（或按 Ctrl+V 快捷键）可以粘贴选中的图层。

使用不同的复制图层方法，新图层的位置不同。前者是分别在选中图层的上方粘贴新图层，而后者是在选中图层中第 1 个图层的上方，粘贴多个图层。

在 After Effects 中，关键帧、形状、路径、文字等均可以采用复制图层的方法进行复制。

（4）排列图层

在 After Effects 中，图层通常是按照创建的先后顺序进行排列的，后创建的图层会排列在上方，覆盖先创建的图层。因此，图层顺序不同，画面效果也不同，不同图层顺序的画面对比如图 2-11 所示。

理论微课 2-4：
图层的基本操作 - 复制图层

理论微课 2-5：
图层的基本操作 - 排列图层

背景在下花在上   背景在上花在下

图 2-11 不同图层顺序的画面对比

若想调整图层顺序，可以直接选择需要调整的图层，按住鼠标左键将选中图层拖曳至某个图层的上方或下方即可。当一个合成中包含多个图层时，使用直接拖曳的方法非常麻烦。此时，选择"图层"→"排列"选项时，会弹出一个列表菜单，如图 2-12 所示。

将图层置于顶层	Ctrl+Shift+]
使图层前移一层	Ctrl+]
使图层后移一层	Ctrl+[
将图层置于底层	Ctrl+Shift+[

图 2-12　调整图层顺序列表菜单

在图 2-12 中，展示了 4 种排列图层的方法及快捷键，具体解释如下。

① "将图层置于顶层"（或按 Ctrl+Shift+] 快捷键）用于将选中图层调整至最顶层。

② "使图层前移一层"（或按 Ctrl+] 快捷键）用于将选中图层向上移动一层。

③ "使图层后移一层"（或按 Ctrl+[快捷键）用于将选中图层向下移动一层。

④ "将图层置于底层"（或按 Ctrl+Shift+[快捷键）用于将选中图层调整至最底层。

理论微课 2-6：
图层的基本操作 - 删除图层

（5）删除图层

在编辑合成时，可能会不小心创建多余的图层，这时可将多余图层删除。删除图层的方法很简单，选中需要删除的图层，选择"编辑"→"清除"选项（或按 Delete 键）即可。

（6）隐藏 / 显示图层

图层存在一定的堆叠关系，若想查看的某个图层恰好处于下方，则可以隐藏处于上方的图层。隐藏 / 显示图层的操作方法有多种，具体如下。

理论微课 2-7：
图层的基本操作 - 隐藏 / 显示图层

① 当想隐藏某个图层时，直接单击图层最左侧的 ● 图标，可以隐藏该图层；此时 ● 图标变为 ■；单击 ■ 可显示该图层。

② 当想隐藏除选中图层外的所有图层时，选择"图层"→"开关"→"隐藏其他视频"选项（或按 Ctrl+Shift+V 快捷键），可以隐藏除选中图层外的所有图层。

③ 当想显示所有被隐藏的图层时，选择"图层"→"开关"→"显示所有视频"选项，可以显示所有被隐藏的图层。

④ 若想单独显示某个图层，可单击"独奏"选项所对应的按钮 ■，当图层单独显示时，会显示 ● 图标。

理论微课 2-8：
图层的基本操作 - 锁定图层

（7）锁定图层

在"查看器"面板中对某个元素进行移动、缩放等操作时，很容易对其他图层中的元素误操作。将图层锁定，能够有效地解决这个问题。在 After Effects 中选择"图层"→"开关"→"锁定"选项（或按 Ctrl+L 快捷键）可以对选中图层进行锁定。这时，图层前方会出现"锁定"图标 🔒，如图 2-13 所示。

图 2-13　"锁定"图标示例

当然，单击某个图层前方的"锁定"图标 🔒 所对应的选框，也可以锁定对应图层。图标所对应的选框示例如图 2-14 所示。

图 2-14　图标所对应的选框示例

若想解锁图层编辑区中所有被锁定的图层时，选择"图层"→"开关"→"解锁所有图层"选项（或按 Ctrl+Shift+L 快捷键），可以解锁所有被锁定的图层。

（8）重命名图层

在新建图层时，图层的名称是由系统定义的，这些名称重复度非常高，如"形状图层 1""形状图层 2"……待图层编辑区中类似图层增多时，找到对应的图层就会变得非常困难。为了更好地管理图层，可以重命名图层，用名称来区分图层。

理论微课 2-9：图层的基本操作 – 重命名图层

在图层上右击，在弹出的快捷菜单中选择"重命名"选项（或按 Enter 键），如图 2-15 所示。图层名称会进入可编辑状态，输入需要的名称，再次按 Enter 键完成输入即可。

（9）图层的预合成

将图层进行预合成的目的是方便管理图层、添加效果等。将图层预合成后，预合成会作为一个合成图层被放置在图层编辑区中。不仅可以对预合成中的单个图层属性进行编辑，还可以对预合成图层的属性进行编辑。

打开	>
显示	>
创建	>
摄像机	>
预合成…	
反向选择	
选择子项	
重命名	Enter

图 2-15　选择"重命名"选项

例如，处理地球的自转和公转时，首先，调整地球图层本身的旋转属性，使其自转；其次，将地球所在图层进行预合成，调整预合成的旋转属性。地球自转和公转的示例效果如图 2-16 所示。

在图 2-16 中，地球围绕着太阳公转的同时也在自转。在图层编辑区中选择需要合成的图层，选择"图层"→"预合成"选项（或按 Ctrl+Shift+C 快捷键），会弹出"预合成"对话框，如图 2-17 所示。

理论微课 2-10：图层的基本操作 – 图层的预合成

图 2-16　地球的自转和公转示例效果

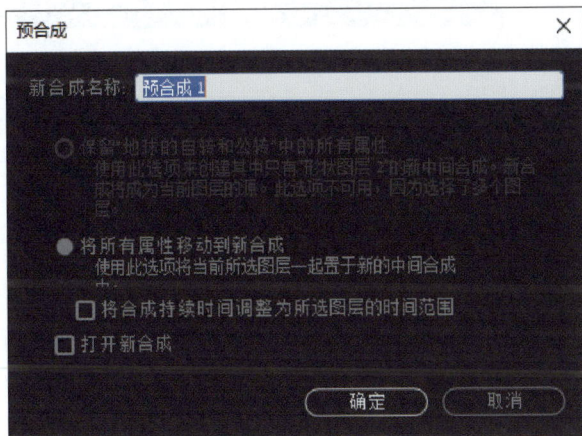

图 2-17　"预合成"对话框

在"预合成"对话框中包含"新合成名称""保留'图层'中的所有属性""将所有属性移动到新合成""将合成持续时间调整为所选图层的时间范围"和"打开新合成"5 个选项，具体介绍如下。

① "新合成名称"用于为新合成命名。

② "保留'图层'中的所有属性"用于保留原始图层的属性和关键帧在新合成上，而原始图层将作为源，被存放在新合成中。当选择多个图层、文本图层或形状图层时，此选项不可用。

③ "将所有属性移动到新合成"用于将原始图层的属性和关键帧移动至新合成中。

④"将合成持续时间调整为所选图层的时间范围"，勾选该复选框后将预合成的时间范围与原始图层的时间范围保持一致，而不是总合成的时长。

⑤"打开新合成"，勾选该复选框后，创建预合成后会打开预合成。

在"预合成"对话框中设置好选项后，单击"确定"按钮，可将选中图层进行预合成。图层预合成前后对比如图 2-18 所示。

双击新合成，可以在新合成中单独调整图层的属性。图层预合成之后，无法对新合成中的图层进行释放。若要释放图层，需要双击打开新合成，对图层进行复制或剪切，然后将图层粘贴到总合成中。

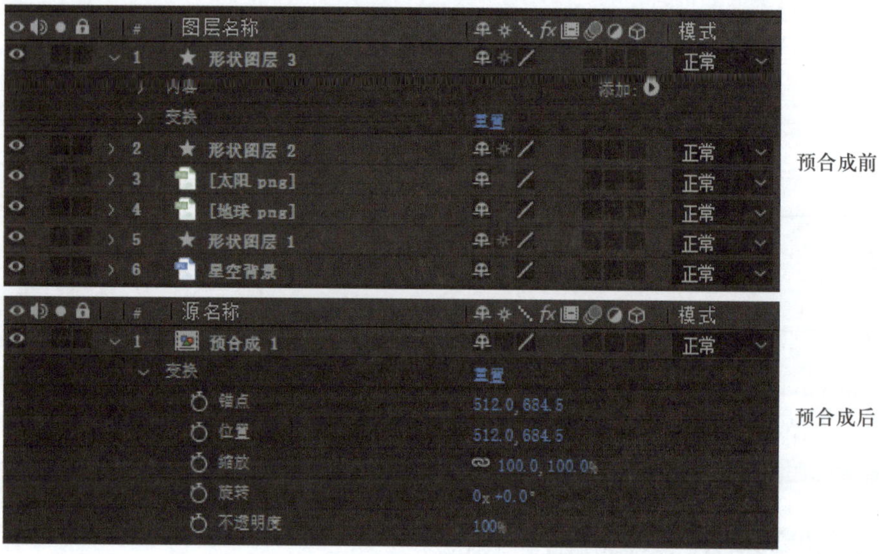

图 2-18　图层预合成前后对比

对图层预合成后，新合成会作为素材被放在项目面板的素材列表区域。在图层编辑区中复制合成时，会得到完全相同的合成，当进入新合成中修改合成中所包含的图层时，两个合成都会发生变化。在项目面板中的素材列表区域复制合成时，再将复制的合成拖曳至图层编辑区，对新合成进行修改不会影响原合成。

（10）图层的修剪和拆分

在实际编辑中，可以对图层进行修剪和拆分，具体介绍如下。

① 修剪图层。修剪图层是指对图层的内容进行修剪，留下需要的那部分。选中图层，拖曳时间指示器到相应位置，按 Alt+[快捷键可以隐藏时间指示器前面的部分；按 Alt+] 快捷键，可以隐藏时间指示器后面的部分。修剪图层的示例如图 2-19 所示。

理论微课 2-11：图层的基本操作 – 图层的修剪和拆分

图 2-19　修剪图层的示例

② 拆分图层。拆分图层是指将图层的内容一分为二。选中图层后，将时间指示器拖曳至相应位置，选择"编辑"→"拆分图层"选项（或按 Ctrl+Shift+D 快捷键），可以拆分选中图层，并得到一个新图层。拆分图层的示例如图 2-20 所示。

图 2-20　拆分图层的示例

（11）查看图层预览图

当想在查看器面板中查看某个图层的预览效果时，双击该图层，查看器面板中会显示图层的预览效果。

若想查看图层中元素的细节，可以使用"缩放工具"🔍（或按 Z 键），在查看器面板中单击，此时，视图区域可放大到下一个预设百分比；按住 Alt 键的同时单击，可以缩小视图区域至下一个预设百分比。直接滑动鼠标滚轮也可以调整视图区域的比例，从而查看图层预览图。

当视图区域的比例较大时，视图区域不能显示图层预览图的全部内容。若想查看图层预览图的隐藏区域，可以使用"抓手工具"✋（或按 H 键），在视图区域中按住鼠标左键不放拖曳鼠标指针，可以移动图层预览图在视图区域的显示内容，以观察视图区域中无法显示的内容。在选择其他工具时，按住空格键可快速实现抓手工具的切换，释放空格键，可切换回原工具的使用状态。

理论微课 2-12：图层的基本操作 - 查看图层预览图

（12）图层的翻转

若想得到一个图层的镜像或倒影效果，可以对图层进行翻转。图层的翻转包括水平翻转和垂直翻转。水平翻转是指图层沿垂直线进行翻转，垂直翻转是指图层沿水平线进行翻转。

选中图层，选择"图层"→"变换"→"水平翻转"选项，可以使图层水平翻转；选中图层，选择"图层"→"变换"→"垂直翻转"选项，可以使图层垂直翻转。水平翻转和垂直翻转的示例如图 2-21 所示。

理论微课 2-13：图层的基本操作 - 图层的翻转

原图　　　　　水平翻转　　　　　垂直翻转

图 2-21　水平翻转和垂直翻转的示例

（13）图层的对齐和分布

为了使图层有序地排列，需要对齐图层或调整图层的分布。在"对齐"面板中，包括"对齐"和"分布"两个选项，如图 2-22 所示。

图 2-22　"对齐"面板

理论微课 2-14：图层的基本操作 - 图层的对齐和分布

下面对这两个选项进行讲解。

① 对齐。选择需要对齐的图层（两个或两个以上），在"对齐"面板中，可以看到对齐的一些选项，"对齐"选项及其描述如表 2-1 所示。

表 2-1　"对齐"选项及其描述

对齐	选项	描述
将图层对齐到	选区	图层以选择的图层所涵盖的区域进行对齐
	合成	图层以视图区域进行对齐
左对齐	—	图层以选区或合成为基准，左边对齐
水平对齐	—	图层以选区或合成为基准，水平居中对齐
右对齐	—	图层以选区或合成为基准，右边对齐
顶对齐	—	图层以选区或合成为基准，顶边对齐
垂直对齐	—	图层以选区或合成为基准，垂直居中对齐
底对齐	—	图层以选区或合成为基准，底边对齐

② 分布。选择需要分布的图层（3 个或 3 个以上），在"分布"面板中，可以看到分布的一些选项，"分布"选项及其描述如表 2-2 所示。

表 2-2　"分布"选项及其描述

分布	描述
按顶分布	图层以选区的最上方为基准，等距离垂直分布
垂直均匀分布	图层以选区的中心点为基准，等距离垂直居中分布
按底分布	图层以选区的最下方为基准，等距离垂直分布
按左分布	图层以选区的最左边为基准，等距离水平分布
水平均匀分布	图层以选区的中心点为基准，等距离水平居中分布
按右分布	图层以选区的最右边为基准，等距离水平分布

理论微课 2-15：图层的基本操作-图层与合成匹配

（14）图层与合成匹配

若想将图层的大小与合成大小进行匹配，可以选择"图层"→"变换"选项。在变换列表中选择"适合复合""适合复合宽度""适合复合高度"3 个选项，可以将图层在不同程度上匹配合成大小，对这 3 个选项的具体介绍如下。

① 选择"适合复合"（或按 Ctrl+Alt+F 快捷键）用于将图层大小完全与合成大小进行匹配。

② 选择"适合复合宽度"（或按 Ctrl+Alt+Shift+H 快捷键）用于将图层宽度与合成宽度进行匹配。

③ 选择"适合复合高度"（或按 Ctrl+Alt+Shift+G 快捷键）用于将图层高度与合成高度进行匹配。

⏱ 多学一招 / 查找素材的位置

当想查找素材位置的时候，在"项目"面板内的素材列表区域中，右击素材，在弹出的快捷菜单中选择"在合成中显示"选项，可以看到包含该素材的合成，选择其中一个合成选项，即可找到素材的位置。

3. 图层变换属性

在 After Effects 中，可以使用图层的变换属性，为一些静态的元素添加丰富的动画效果，如位移、旋转、缩放等。After Effects 提供了 5 个变换属性。当单击图层前面的 ▶ 图标时，可以看到图层的变换属性，分别是"锚点""位置""缩放""旋转"和"不透明度"，下面对这 5 个变换属性进行讲解。

理论微课 2-16：图层变换属性

（1）"锚点"属性

锚点是指图层的中心点，元素的"位置""缩放"和"旋转"都是基于锚点进行操作的。默认情况下，锚点在视图区域的正中间。"锚点"属性有两个参数，分别代表了锚点的 X 轴和 Y 轴坐标，拖曳数值或输入数值可精确调整锚点的位置。当然，使用"向后平移（锚点）工具" ▦ 可快速移动锚点的位置。设置锚点位置时有 3 个小技巧，具体如下。

① 按 Ctrl+Alt+Home 键可快速进行锚点居中，锚点居中是指将锚点与图层进行居中。锚点居中的示例如图 2-23 所示。

② 按 Ctrl+Home 键可快速进行视点居中，视点居中是指将图层与视图区域进行居中。视点居中的示例如图 2-24 所示。

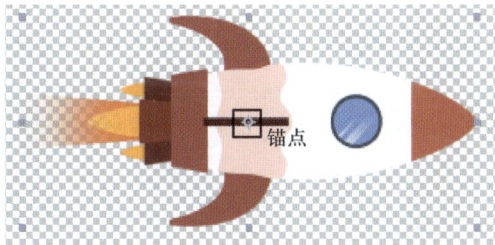

图 2-23　锚点居中的示例

图 2-24　视点居中的示例

③ 使用"向后平移（锚点）工具"移动锚点时，按住 Ctrl 键可以吸附定界框角点。

（2）"位置"属性

"位置"属性用于调整图层的位置，通常用来制作图层的位移动画。"位置"属性共有两个参数，分别代表了图层在 X 轴和 Y 轴的坐标位置，"位置"属性的参数示例如图 2-25 所示。

可以通过调整"位置"属性的参数来改变图层的位置，也可以直接在视图区域中移动该图层。元素的不同位置的示例如图 2-26 所示。当"位置"属性参数不同时，图层的位置也不同。

（3）"缩放"属性

"缩放"属性用于调整图层的大小。元素在缩放时会以图层的锚点为中心，向四周放大或缩小。"缩放"属性的两个参数分别表示元素的水平缩放比例和垂直缩放比例。

调整"缩放"属性参数时，元素默认锁定约束比例缩放。如果想解除锁定，可以单击参数左侧的"约束比例"按钮 ∞，此时可分别对元素进行水平缩放和垂直缩放。

图 2-25　"位置"属性的参数示例

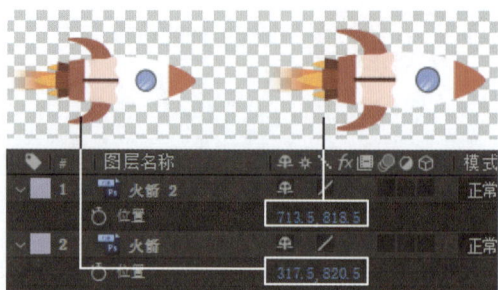

图 2-26　元素的不同位置的示例

选择"选取工具",将鼠标指针放在定界框角点上拖曳,可以自由缩放元素的大小。按住 Shift 键的同时拖曳,可实现元素按约束比例缩放。值得一提的是,当参数数值为负数时,图层会被翻转,如图 2-27 所示。

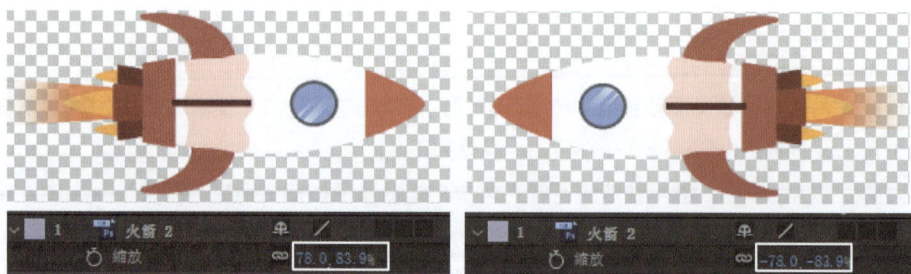

图 2-27　图层翻转

(4)"旋转"属性

"旋转"属性用于调整图层的角度。元素在旋转时会以图层的锚点为中心。两个参数 X_x 和 $\pm X°$ 分别表示旋转的圈数和度数。当圈数为正数时,表示图层顺时针旋转;圈数为负数时,表示图层逆时针旋转。例如,"$1_x + 90°$"表示图层顺时针旋转了 1 圈又 90°,即顺时针旋转了 450°。图层沿锚点顺时针旋转示例如图 2-28 所示。

选择"旋转工具" (或按 W 键),将鼠标指针放在定界框角点上拖曳,可改变元素的角度;按住 Shift 键的同时拖曳,可按照 45°的倍数进行旋转。

(5)"不透明度"属性

"不透明度"属性用于调整图层的不透明度。"不透明度"属性的参数取值为 0%~100%。当参数为"0%"时,表示图层完全透明;参数为"100%"时,表示图层完全不透明。

图层编辑区中往往会存在很多图层,若选择"图层"→"变换"选项,单击前面的 ▶ 图标,会打开图层的所有变换属性,此时图层编辑区变得非常复杂,不方便对某一个属性的参数进行调整。复杂的图层编辑区示例如图 2-29 所示。

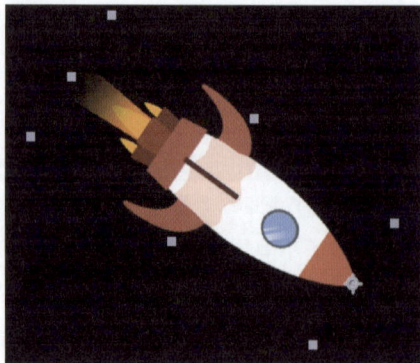

图 2-28　图层沿锚点顺时针旋转示例

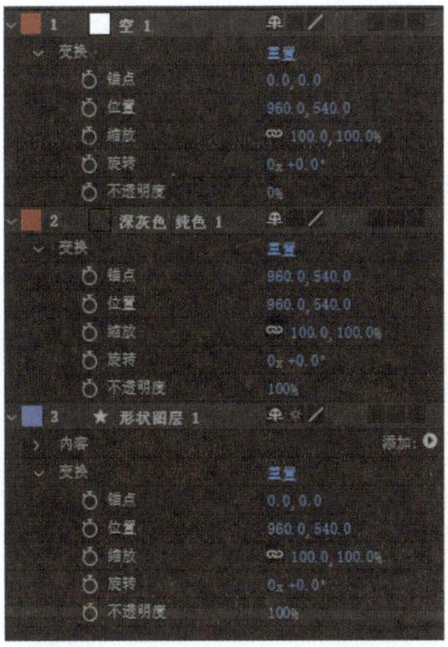

图 2-29 复杂的图层编辑区示例

如果想调整某一个变换属性，可以按对应属性的快捷键调出该属性。各变换属性的快捷键如表 2-3 所示。

表 2-3 各变换属性的快捷键

变换属性	对应的快捷键
锚点	A
位置	P
缩放	S
旋转	R
不透明度	T

在图层被选中的状态下，按快捷键可以快速调出对应的属性。例如，选中图层后，按 P 键，可调出图层的"位置"属性。调出"位置"属性如图 2-30 所示。

图 2-30 调出"位置"属性

如果想同时显示同一个图层的两个或两个以上的变换属性，需要先调出一个变换属性，在按住 Shift 键的同时，按对应的快捷键调出其他变换属性。例如，选中图层后，按 P 键，调出图层的位置属性；再按 Shift+T 快捷键可同时调出图层的"不透明度"属性。同时调出"位置"和"不透明度"属性如图 2-31 所示。

图 2-31 同时调出"位置"和"不透明度"属性

选中多个图层时，按变换属性的快捷键可同时调出多个选中图层的对应变换属性。按 Ctrl+~ 快捷键可隐藏 / 显示选中图层的所有变换属性。

多学一招 / 认识 After Effects 的坐标空间

在 After Effects 中，默认将视图区域的左上角作为坐标原点，向右为 X 轴坐标，向下为 Y 轴坐标，坐标空间示例如图 2-32 所示。

例如，一个合成的宽和高均为 500 像素，那么在合成中，就可以确定锚点的 X 轴和 Y 轴的坐标位置分别为 250 和 250，锚点的坐标位置示例如图 2-33 所示。

图 2-32　坐标空间示例

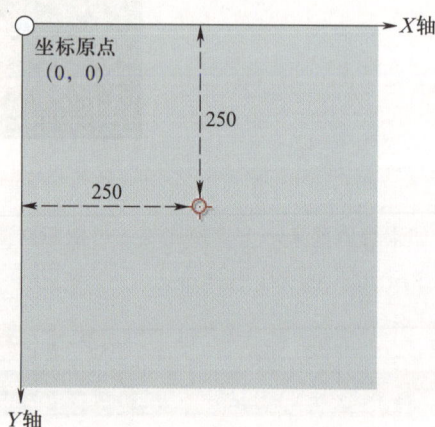

图 2-33　锚点的坐标位置示例

4. 图层的混合模式

在 After Effects 中往往会存在多个图层，位于上方的图层可能会遮住位于下方的图层，若想使两个或多个图层更好地融合在一起，那么就需要为图层设置混合模式。图层的混合模式是控制某个图层与它下方图层的混合方式。例如，设置文字所在图层的混合模式为"颜色加深"的前后对比示例如图 2-34 所示。

调整混合模式前　　　　　　　　　　　　调整混合模式后

图 2-34　设置混合模式为"颜色加深"的前后对比示例

从图 2-34 可以看出，混合模式使两个看起来没有关系的图层完美地融合在一起了。除此之外，还可以看出图 2-34 是为上方图层设置混合模式而产生的效果，这证明图层混合模式是控制上方图层与下方图层的一种混合方式。

　　After Effects 为图层提供了多种混合模式，不同的混合模式可以使两个图层混合出不同的画面效果。选择"图层"→"混合模式"选项，或在图层编辑区的"模式"下方单击"正常"下拉按钮 正常 ，可以弹出混合模式列表，如图 2-35 所示。

　　可以看出，After Effects 将图层的混合模式分成了 8 组，分别是正常类别、减少类别、添加类别、复杂类别、差异类别、HSL（色彩三要素）类别、遮罩类别和实用工具类别。下面对这 8 组混合模式进行简单介绍。

（1）正常类别

　　应用正常类别中的混合模式时，表面上画面没有任何改变，但可以通过降低图层不透明度与下方图层进行混合，其中"正常"是 After Effects 中默认的混合模式。

　　例如，将蝴蝶所在图层的混合模式设置为"溶解"，并将其不透明度设置为 40%，可以看到蝴蝶与其下方图层的混合效果，混合模式为"溶解"的示例如图 2-36 所示。

（2）减少类别

　　减少类别中的混合模式可以使混合后的画面变暗。例如，将蝴蝶所在图层的混合模式设置为"相乘"，可以看到蝴蝶与其下方图层的混合效果，如图 2-37 所示。

（3）添加类别

　　添加类别中的混合模式可以使混合后的画面变亮。例如，将蝴蝶所在图层的混合模式设置为"相加"，可以看到蝴蝶与其下方图层的混合效果，如图 2-38 所示。

（4）复杂类别

　　复杂类别中的混合模式能够创造类似光感效果，图层像光一样投射在其下方图层上，投射的亮度取决于下方图层的灰度值。下方图层的灰度值低于 50%，最终的画面效果变亮，反之变暗。例如，将蝴蝶的混合模式设置为"强光"，可以看到蝴蝶与其下方图层的混合效果，如图 2-39 所示。

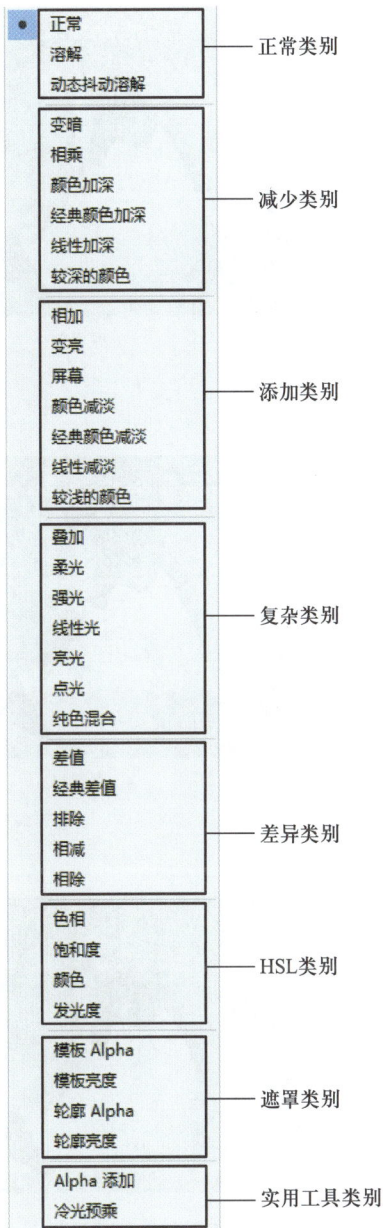

正常 / 溶解 / 动态抖动溶解	正常类别
变暗 / 相乘 / 颜色加深 / 经典颜色加深 / 线性加深 / 较深的颜色	减少类别
相加 / 变亮 / 屏幕 / 颜色减淡 / 经典颜色减淡 / 线性减淡 / 较浅的颜色	添加类别
叠加 / 柔光 / 强光 / 线性光 / 亮光 / 点光 / 纯色混合	复杂类别
差值 / 经典差值 / 排除 / 相减 / 相除	差异类别
色相 / 饱和度 / 颜色 / 发光度	HSL类别
模板 Alpha / 模板亮度 / 轮廓 Alpha / 轮廓亮度	遮罩类别
Alpha 添加 / 冷光预乘	实用工具类别

图 2-35　混合模式列表

原素材　　　　　　混合模式为"溶解"

图 2-36　混合模式为"溶解"的示例

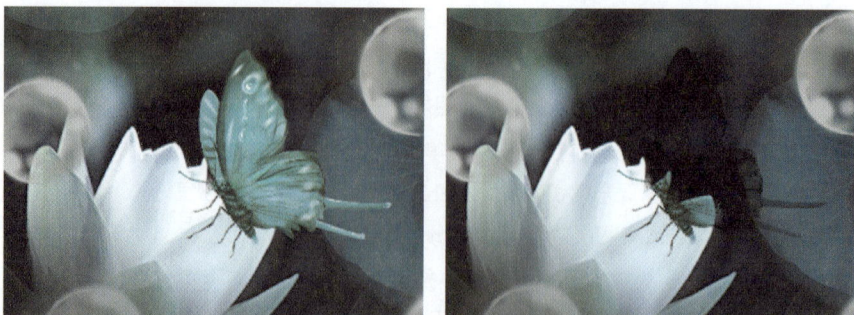

原素材　　　　　　　　　　　　　　混合模式为"相乘"

图 2-37　混合模式为"相乘"的示例

原素材　　　　　　　　　　　　　　混合模式为"相加"

图 2-38　混合模式为"相加"的示例

原素材　　　　　　　　　　　　　　混合模式为"强光"

图 2-39　混合模式为"强光"的示例

（5）差异类别

差异类别中的混合模式，是通过图层与其下方图层的颜色色值进行计算，混合出新颜色，从而改变最终的画面效果。例如，将蝴蝶的混合模式设置为"相除"，可以看到蝴蝶与其下方图层的混合效果，如图 2-40 所示。

（6）HSL 类别

HSL 是指色彩的三要素，分别是色相、饱和度和明度。在 HSL 类别中，"发光度"为明度，"颜色"为色相 + 饱和度。HSL 类别中的混合模式是使用图层的某一要素，及其下方图层其他的色彩要素，混合出新颜色，从而改变最终的画面效果。例如，将蝴蝶的混合模式设置为"发光度"，那么最终的效果是使用蝴蝶的明度和背景的色相、饱和度混合出来的新颜色，如图 2-41 所示。

原素材　　　　　　　　　　　　　　混合模式为"相除"

图 2-40　混合模式为"相除"的示例

原素材　　　　　　　　　　　　　　混合模式为"发光度"

图 2-41　混合模式为"发光度"的示例

（7）遮罩类别

遮罩类别中的混合模式会控制下方图层的显示方式，其中，"模板 Alpha"和"轮廓 Alpha"能够设置下方图层是否显示在上方图层的轮廓中。例如，设置蝴蝶的混合模式为"模板 Alpha"，可以看到蝴蝶与其下方图层的混合效果，如图 2-42 所示。

原素材　　　　　　　　　　　　　　混合模式为"模板Alpha"

图 2-42　混合模式为"模板 Alpha"的示例

可以看出，应用"模板 Alpha"这一混合模式后，下方图层的内容只在上方图层的轮廓内进行显示。应用"轮廓 Alpha"得到的效果恰好相反——下方图层中的内容在上方图层轮廓外进行显示。

"模板亮度"和"轮廓亮度"能够根据图层的黑白灰关系来计算下方图层的内容是否显示。例如，将一个黑白灰渐变图层的混合模式设置为"模板亮度"，可以看到黑白灰渐变图层与其下方图层的混合效果，如图 2-43 所示。

| 黑白灰渐变图层 | 下方图层 | 混合模式为模板"亮度" |

图 2-43　混合模式为"模板亮度"的示例

可以看出，应用"模板亮度"这一混合模式时，下方图层只会在白色区域完全显示，灰色区域显示为半透明，而黑色区域不显示。应用"轮廓亮度"得到的效果恰好相反，白色区域不显示，灰色区域为半透明，黑色区域完全显示。

（8）实用工具类别

实用工具类别中的混合模式可以微妙地调整上方图层的边缘。例如，分别绘制两个颜色不一样的形状，并使形状产生相交区域，如图 2-44 所示。

在图 2-44 中，可以看到两个图层相交区域有一条明显的线，这条线是上方图层的边缘，这时，设置上方图层的混合模式为"冷光预乘"，会发现系统为上方图层的边缘做了一些微妙的冷光处理，如图 2-45 所示。

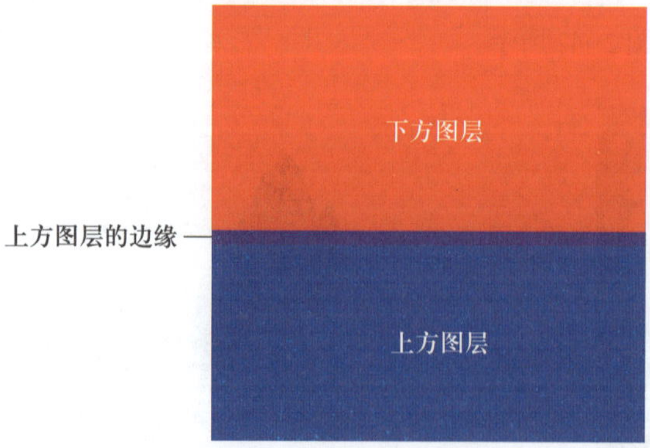

图 2-44　使形状产生相交区域

图 2-45　冷光处理后的图层边缘示例

在实际应用中，并不需要全部记住这些图层混合模式，可以通过简单操作查看混合模式效果。选择"图层"→"下一混合模式"选项（或按 Shift+= 快捷键），可以快速切换至下一混合模式；选择"图层"→"上一混合模式"选项（或按 Shift+- 快捷键），可以快速切换至上一混合模式。

若图层编辑区没有显示"模式"选项，可以单击"展开或折叠'转换控制'窗格"按钮，或按 F4 键快速调出隐藏的窗格。

5. 图层样式

在 After Effects 中，能够通过图层样式迅速将平面图像转化为具有材质和光影的立体效果。这时，就需要为图层添加图层样式。添加图层样式后，可以为图层样式设置不同参数的关键帧，使图层样式也产生动画效果。下面对图层样式的添加、编辑进行介绍。

| 投影 |
| 内阴影 |
| 外发光 |
| 内发光 |
| 斜面和浮雕 |
| 光泽 |
| 颜色叠加 |
| 渐变叠加 |
| 描边 |

（1）图层样式的添加

After Effects 提供了 9 种图层样式，如投影、内阴影、外发光等，选择"图层"→"图层样式"选项会弹出图层样式的菜单，如图 2-46 所示。

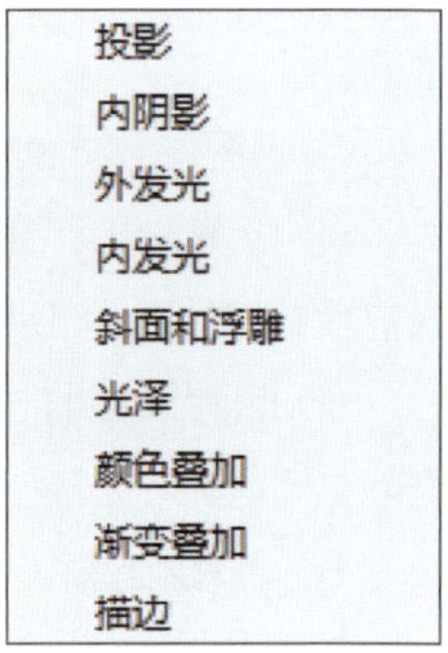

在图 2-46 的图层样式菜单中选择其中一个图层样式选项，即可为选中的图层添加对应的图层样式。各个图层样式的效果如图 2-47 所示。

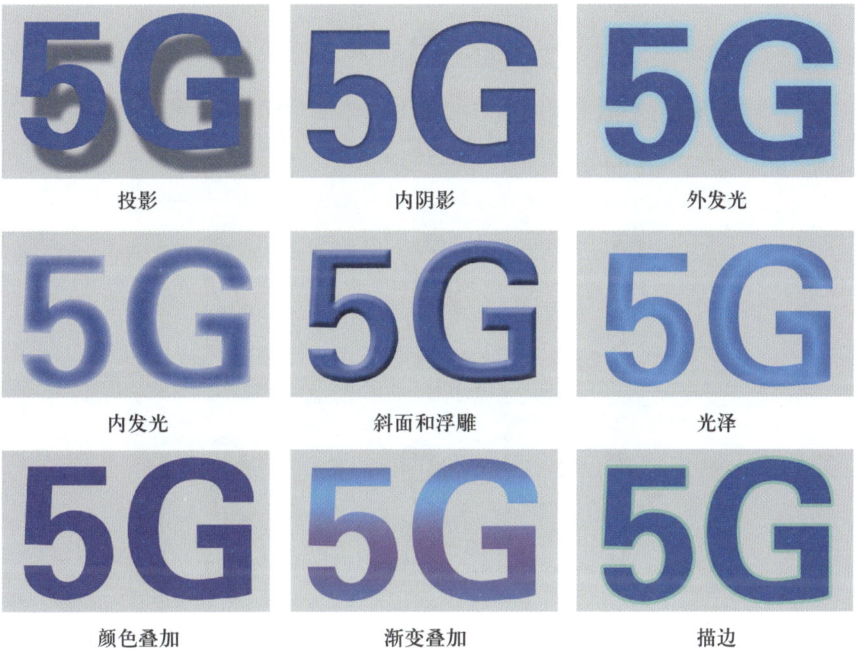

图 2-46　图层样式的菜单

理论微课 2-18：
图层样式

投影	内阴影	外发光
内发光	斜面和浮雕	光泽
颜色叠加	渐变叠加	描边

图 2-47　各个图层样式的效果

对图层样式的效果描述介绍如下。

① "投影"用于为元素添加阴影效果。

② "内阴影"用于使元素产生向内凹陷的效果。

③ "外发光"用于沿元素边缘外侧创建发光效果。

④ "内发光"用于沿元素边缘内侧创建发光效果。

⑤ "斜面和浮雕"用于为元素添加高光与阴影的各种组合，使元素产生立体的浮雕效果。

⑥ "光泽"用于为元素添加光泽效果。

⑦ "颜色叠加"用于在元素上叠加指定的纯色。

⑧ "渐变叠加"用于在元素上叠加指定的渐变颜色。

⑨ "描边"用于为元素添加描边效果。

添加好的图层样式会和图层的变换属性一样，被存放在图层编辑区内，不同的图层样式有不同的参数，在图层编辑区内可随时对图层样式的参数进行调整。参数设置得不同，得到的效果就不同。

（2）图层样式的编辑

① 隐藏 / 显示图层样式：隐藏 / 显示图层样式可以在不影响元素的前提下，查看添加图层样式前后的对比。单击某个图层样式前面的隐藏 / 显示图标 👁 可隐藏该图层样式，再次单击可显示。

② 删除图层样式：如果添加了多余的图层样式，可以选中该图层样式，按 Delete 键将其删除。

6. 帧和帧速率

在看电影、电视剧时，屏幕内的画面都是运动的，但实际上这些运动的画面是由一系列静态图像组成的，一个手翻画的例子如图 2-48 所示。

理论微课 2-19：
帧和帧速率

图 2-48 手翻画

在手翻画中，每一格都是静止的图像，这些静止的图像被称为"帧"，它相当于电影胶片上的每一格镜头。当快速播放帧时，就形成了"动"的假象。"帧速率"是指每秒钟播放的帧数，单位是"帧 / 秒"。每秒钟播放的帧数越多，画面中的运动越流畅。

7. 关键帧

在传统的动画中，如果要求 1 秒钟要播放 25 幅图像，那么要制作一个 1 秒的动画，就需要手动制作 25 幅图像，这个过程是非常烦琐的。为了改善这个问题，After Effects 提供了关键帧，只需要分别制作开始和结束的 2 幅图像，中间的 23 幅图像会由系统自动计算完成，极大地提高了工作效率。

理论微课 2-20：
关键帧

关键帧是指动画中展现关键动作的那一帧，至少要有两个关键帧才能构成动画，分别是开始关键帧和结束关键帧。

例如，让小球从左向右移动，需要定义两个关键帧，一个关键帧是使小球出现在左边，另一个关键帧是使小球出现在右边。这样在播放时，就可以得到小球匀速从左向右移动的效果。小球运动轨迹如图 2-49 所示。

图 2-49　小球运动轨迹

在图 2-49 中，可以看到开始和结束两个关键帧，并且在两个关键帧之间会有很多点，这些点就代表过渡帧。小球会根据过渡帧的位置进行移动，从而形成小球的运动轨迹。

在 After Effects 中，可以为关键帧设置不同的属性，从而得到连贯的动画效果。在设置关键帧属性时，不同属性的关键帧有不同的显示样式，关键帧显示样式及其属性描述见表 2-4。

表 2-4　关键帧显示样式及其属性描述

关键帧显示样式	关键帧名称	属性描述	快捷键
◆	线性关键帧	元素匀速运动	—
▶	缓入关键帧	元素运动速度先快后慢	Shift+F9 键
◀	缓出关键帧	元素运动速度先慢后快	Ctrl+Shift+F9 键
⊠	缓动关键帧（缓入 + 缓出）	元素运动速度先慢后快再慢	F9 键
●	平滑关键帧	元素运动速度变化平缓	按 Ctrl 键单击关键帧
■		元素的运动静止	—
◀	定格关键帧	元素由匀速运动变为静止	—
◤		元素由变速运动变为静止	—

💡 **注意：**

设置关键帧时，会遇到图标一半深灰一半浅灰的情况，如线性关键帧图标 ▶，这个图标代表了该关键帧的左侧不存在运动效果，右侧存在运动的效果。

8. 关键帧的基本操作

在制作动画时，需要对关键帧进行操作，如添加关键帧、选择关键帧、移动关键帧、编辑关键帧参数、复制和粘贴关键帧、删除关键帧。

（1）添加关键帧

在 After Effects 中，大多数属性前面都有一个码表图标 ⏱，单击该图标可激活关键帧，并在时间指示器的位置添加第一个关键帧，此时码表图标变成蓝色 ⏱，码表图标的

理论微课 2-21：关键帧的基本操作

前面出现"转到上一个关键帧"按钮◀、"在当前时间添加或移除关键帧"按钮◆以及"转到下一个关键帧"按钮▶。

拖曳时间指示器，单击"在当前时间添加或移除关键帧"按钮◆，可在当前时间添加和上一关键帧参数相同的关键帧，添加关键帧后设置对应属性的参数即可使元素产生运动效果。另外，添加第 1 个关键帧后，拖曳时间指示器，直接调整对应的属性参数，可在时间指示器的位置自动添加关键帧。

下面以一个飞机飞行动画为例，演示添加关键帧的方法，具体步骤如下。

Step1：按 Ctrl+N 快捷键创建合成，在"合成设置"对话框中设置相关参数，详细参数的设置如图 2-50 所示。

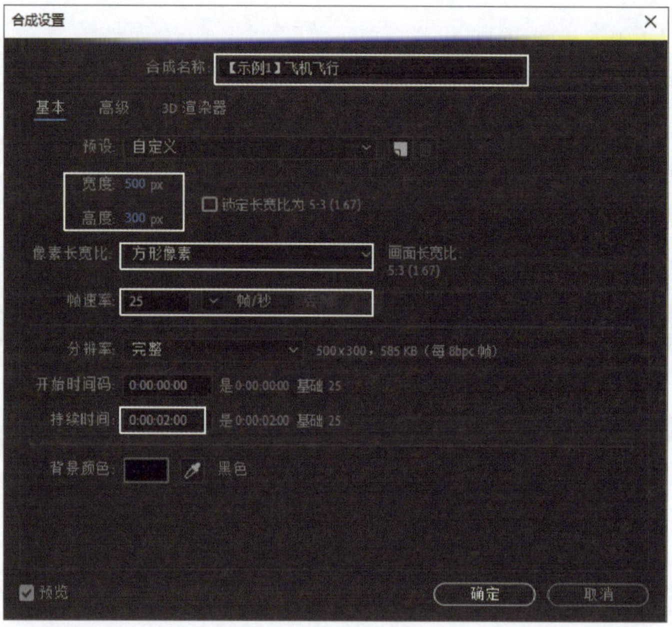

图 2-50　详细参数的设置

Step2：导入"飞机"素材，将其拖曳至图层编辑区，调整其位置、大小和角度，调整后的飞机示例如图 2-51 所示。

图 2-51　调整后的飞机示例

Step3：选中飞机所在图层，按 P 键调出图层的"位置"属性，单击码表图标■激活关键帧，如图 2-52 所示。

图 2-52 激活关键帧

Step4：将时间指示器定位至第 2 秒处，然后使用"选取工具"在视图区域移动飞机的位置，如图 2-53 所示。

图 2-53 移动飞机的位置

播放动画可查看飞机飞行的动画。至此，飞机飞行的动画制作完成。

⏱ 多学一招 / 制作轨迹动画

在"飞机飞行"的示例中，可以看到，为位置属性添加关键帧后，移动飞机时会出现一条飞机的运动轨迹，如图 2-53 所示。

选中轨迹的其中一个顶点，可以看到对应的手柄，如图 2-54 所示。

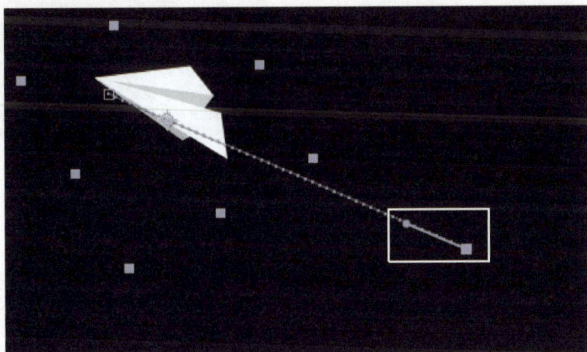

图 2-54 手柄

拖曳手柄上方的■可以改变飞机的运动轨迹，改变后的运动轨迹如图 2-55 所示。

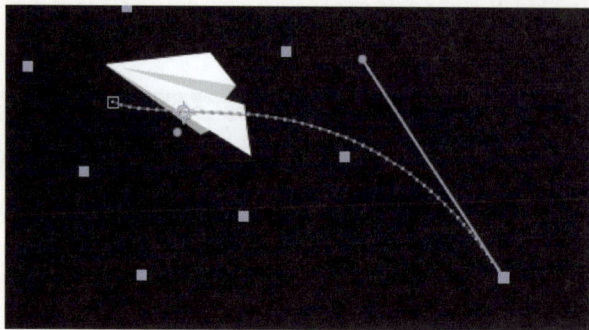

图 2-55　改变后的运动轨迹

（2）选择关键帧

在制作动画时，当需要单独对某一个或多个关键帧进行移动或编辑时，就需要选中相应关键帧。选择单个关键帧时，使用"选取工具"在合成编辑区中单击关键帧即可选中关键帧，选中的关键帧会变为蓝色，如图 2-56 所示。

图 2-56　选中与未选中的关键帧示例

在选择关键帧时，有一些小技巧，具体介绍如下。

① 选择多个关键帧：按住 Shift 键的同时，使用"选取工具"在合成编辑区中依次单击需要选择的关键帧。

② 选择同一区域内的关键帧：如果需要调整的关键帧在同一区域，则可以直接使用"选取工具"，对同一区域的关键帧进行框选，如图 2-57 所示。

③ 选择一个属性的所有关键帧：在图层编辑区中选中相应的属性，即可选择该属性的所有关键帧。

④ 选择多个属性的所有关键帧：在图层编辑区选中多个属性，即可选中这些属性所对应的所有关键帧。例如，图 2-58 展示的是选中多个属性的所有关键帧。

图 2-57　框选示例

图 2-58　选中多个属性的所有关键帧

选择多个关键帧时，需要调出关键帧所对应的属性，若图层过多，可以选中需要调出的属性所对应的图层，按 U 键可以显示选中图层的所有关键帧。

（3）移动关键帧

移动关键帧非常简单，只需选中关键帧，按鼠标左键将其拖曳至相应的时间点即可。将鼠标指针放在关键帧上，可显示该关键帧当前的时间点和对应属性，关键帧的相关信息如图 2-59所示。

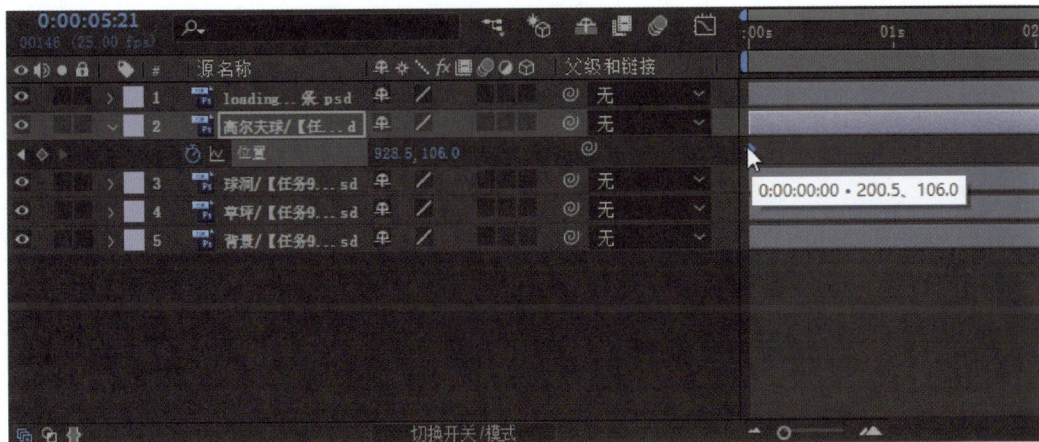

图 2-59　关键帧的相关信息

（4）编辑关键帧参数

添加好关键帧后，可能需要反复更改关键帧的参数，这时，需要将时间指示器定位在关键帧上，否则会在时间指示器的位置添加新的关键帧。将时间指示器与关键帧对齐有以下几个小技巧。

①拖曳时间指示器时，按住 Shift 键，可以使时间指示器与关键帧对齐。

②按 K 键，可以快速使时间指示器跳转至下一关键帧。

③按 J 键，可以快速使时间指示器跳转至上一关键帧。

调整好时间指示器的位置后，在对应的属性处，编辑关键帧的参数即可。

（5）复制 / 粘贴关键帧

在制作动画时，常常需要为不同图层的相同属性设置同样的参数。这时，对设置好的关键帧进行复制和粘贴，会极大地提高工作效率。复制和粘贴关键帧可以在同一图层的不同时间点进行，也可以在不同图层中进行。复制和粘贴关键帧的流程如下。

①选中需要复制的关键帧，按 Ctrl+C 快捷键进行复制。

②拖曳时间指示器至需要粘贴关键帧的位置，按 Ctrl+V 快捷键进行粘贴。

若要在其他图层中粘贴关键帧，需要选中其他图层再进行操作。例如，复制 A 图层中的“位置”“缩放”属性的关键帧，然后选中 B 图层，确定时间指示器的位置后再进行粘贴。这时，图层 A 的“位置”“缩放”属性的关键帧均被成功粘贴到图层 B 的对应属性中。

（6）删除关键帧

若创建了多余的关键帧，可将其删除。删除关键帧有多种方式，具体介绍如下。

①删除选中关键帧：选择“编辑”→“清除”选项（或按 Delete 键），可快速删除选中关键帧。

②删除时间指示器处的关键帧：若时间指示器处有关键帧，那么单击图层编辑区内的“在当前时间添加或移除关键帧”按钮◇，可删除时间指示器处的关键帧。

③ 删除属性中的所有关键帧：单击属性前方的码表图标 ，可删除属性中的所有关键帧。

■ 任务实现

根据任务分析思路，"任务 2-1 海浪翻涌动画"的具体实现步骤如下。

1. 制作水流动画

Step1：启动 After Effects，保存项目，将项目命名为"任务 2-1 海浪翻涌动画"。

Step2：双击"项目"面板的素材列表区域，导入"海浪翻涌 .psd"素材，在"海浪翻涌 .psd"对话框中设置"导入种类"和"图层选项"，设置参数示例如图 2-60 所示。单击"确定"按钮。

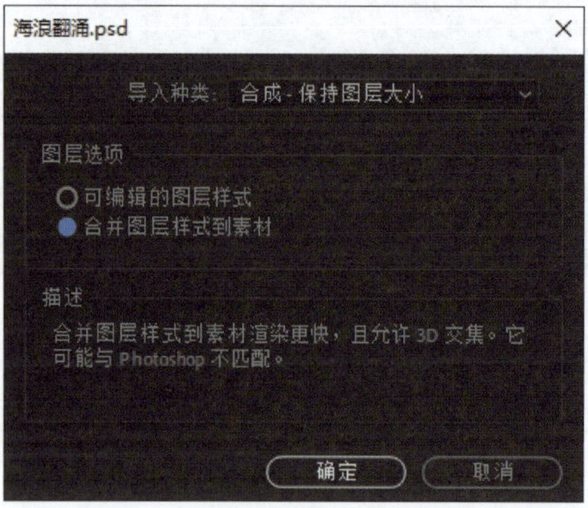

图 2-60　设置参数示例

Step3：双击"项目"面板中的"海浪翻涌"合成，打开合成，如图 2-61 所示。

图 2-61　打开合成

Step4：在图层编辑区中，隐藏"Summer day"图层。

Step5：选中"波浪 2"图层，按 P 键打开"位置"属性，单击前方的码表图标 ，激活"波浪 2"位置关键帧，如图 2-62 所示。

图 2-62　激活"波浪 2"位置关键帧

Step6：将时间指示器定位在第 10 秒处，改变"位置"属性的参数为"1107.5，474.5"，参数设置如图 2-63 所示。

图 2-63　参数设置 1

Step7：选中"波浪 1"图层，按 P 键打开"位置"属性，单击前方的码表图标，激活关键帧。

Step8：将时间指示器定位在第 10 秒处，改变"位置"属性的参数为"819.0，396.0"，参数设置如图 2-64 所示。

图 2-64　参数设置 2

2. 制作帆船动画

Step1：选中"帆船"图层，按 P 键调出"位置"属性，单击前方的码表图标，激活关键帧。

Step2：将帆船的位置向右移动，移出画面，如图 2-65 所示。

图 2-65　将帆船移出画面

Step3：将时间指示器定位在第 5 秒处，改变"位置"属性的参数为"313.5，335.5"，参数设置如图 2-66 所示。

Step4：拖曳时间指示器至第 10 秒处，改变"位置"属性的参数为"433.5，335.5"，参数设置如图 2-67 所示。

Step5：改变帆船的运动轨迹，如图 2-68 所示。

图 2-66　帆船的位置参数 1

图 2-67　帆船的位置参数 2

图 2-68　改变帆船的运动轨迹

3. 制作热气球动画

Step1： 选中"热气球 红色"图层，按 P 键调出"位置"属性，单击前方的码表图标 ，激活关键帧。

Step2： 将红色热气球向下拖曳，红色热气球的起始位置如图 2-69 所示。

Step3：将时间指示器定位在第 6 秒处，改变"位置"属性的参数为"124.5，92.5"，参数设置如图 2-70 所示。

图 2-69　红色热气球的起始位置

图 2-70　红色热气球的位置参数 1

Step4：将时间指示器定位在第 10 秒处，改变"位置"属性的参数为"201.5，78.5"，参数设置如图 2-71 所示。

Step5：将时间指示器定位在第 0 帧处，选中"热气球 蓝色"图层，按 P 键调出"位置"属性，单击前方的码表图标 ⏱，激活关键帧。

Step6：将蓝色热气球向下拖曳，蓝色热气球的起始位置如图 2-72 所示。

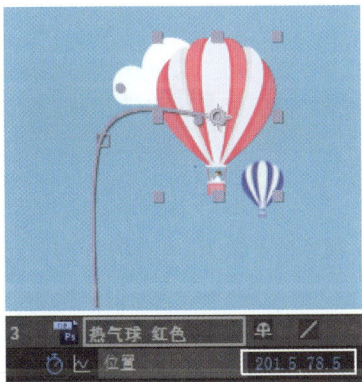

图 2-71　红色热气球的位置参数 2

图 2-72　蓝色热气球的起始位置

Step7：将时间指示器定位在第 7 秒处，改变"位置"属性的参数为"222.6，143.4"，参数设置如图 2-73 所示。

Step8：将时间指示器定位在第 10 秒处，改变位置属性的参数为"242.6，127.4"，参数设置如图 2-74 所示。

Step9：调整"热气球 蓝色"图层的顺序，将其拖曳至"热气球 红色"图层的下方。

图 2-73 蓝色热气球的位置参数 1    图 2-74 蓝色热气球的位置参数 2

4. 制作云朵动画

Step1：将时间指示器定位在第 0 帧处，选中"云朵"图层，按 P 键调出"位置"属性，单击前方的码表图标 ，激活关键帧。

Step2：将云朵向左拖曳，云朵的起始位置如图 2-75 所示。

图 2-75 云朵的起始位置

Step3：将时间指示器定位在第 10 秒处，改变"位置"属性的参数为"497.0，67.5"，参数设置如图 2-76 所示。

图 2-76 云朵的位置参数设置

Step4：将时间指示器定位在第 0 帧处，按 Shift+T 快捷键，打开云朵的"不透明度"属性，单击前方的码表图标 ⏱，激活关键帧。并将"不透明度"设置为"60%"，设置后的云朵如图 2-77 所示。

图 2-77　不透明度为 60% 的云朵

Step5：将时间指示器定位在第 6 秒处，将"不透明度"设置为"100%"。

5. 制作装饰动画

Step1：将时间指示器定位在第 0 帧处，选中"虚线圆 2"图层，按 R 键调出"旋转"属性，单击前方的码表图标 ⏱，激活关键帧。

Step2：将时间指示器定位在第 10 秒处，将"旋转"属性的参数设置为"3$_x$ + 0°"。

Step3：复制"虚线圆 2"图层的"旋转"属性，按 Ctrl+C 快捷键复制属性中的所有关键帧，选择"虚线圆 1"图层，按 Ctrl+V 快捷键粘贴关键帧。

Step4：将时间指示器定位在第 0 帧处，选中"装饰 1"图层，按 T 键调出"不透明度"属性，单击前方的码表图标 ⏱，激活关键帧。设置"装饰 1"图层的"不透明度"为"50%"。

Step5：将时间指示器定位在第 2 秒处，设置"装饰 1"图层的"不透明度"为"100%"。

Step6：选中"装饰 1"图层中的两个不透明度关键帧，按 Ctrl+C 快捷键复制关键帧。

Step7：将时间指示器定位在第 4 秒处，按 Ctrl+V 快捷键粘贴关键帧。

Step8：按照 Step6~Step7 的方法，在第 8 秒处粘贴关键帧。

6. 制作文本动画

Step1：显示"Summer day"图层，将时间指示器定位在第 6 秒处，按 S 键调出"缩放"属性，并激活关键帧。

Step2：将时间指示器定位在第 4 秒处，调整"缩放"参数为"5000.0，5000.0%"，参数设置及对应效果的示例如图 2-78 所示。

图 2-78　参数设置及对应效果的示例

Step3：按 Shift+T 快捷键打开"Summer day"图层的"不透明度"属性，将时间指示器定位在第 0 帧处，激活关键帧，设置"不透明度"为"0%"。

Step4：将时间指示器定位在第 4 秒处，设置"不透明度"为"10%"。

Step5：将时间指示器定位在第 6 秒处，设置"不透明度"为"100%"。

Step6：选择"图层"→"图层样式"→"外发光"选项，为图层添加"外发光"图层样式。

Step7：设置外发光的"颜色"为蓝色（RGB：126、197、222），"扩展"为"75%"，"大小"为"8.0"，具体参数及对应效果示例如图 2-79 所示。

Step8：将时间指示器定位在第 8 秒处，单击"扩展"前方的码表图标，激活关键帧。

Step9：拖曳时间指示器至第 7 秒处，设置"扩展"为"0%"。

图 2-79　具体参数及对应效果示例

Step10：复制"扩展"中的两个关键帧，将时间指示器定位在第 9 秒处，粘贴关键帧。

7. 制作变色效果

Step1：选择"图层"→"新建"→"纯色"选项（或按 Ctrl+Y 快捷键）新建纯色图层。

Step2：在弹出的"纯色设置"对话框中设置"颜色"为紫色（RGB：106、0、207），"纯色设置"对话框如图 2-80 所示。

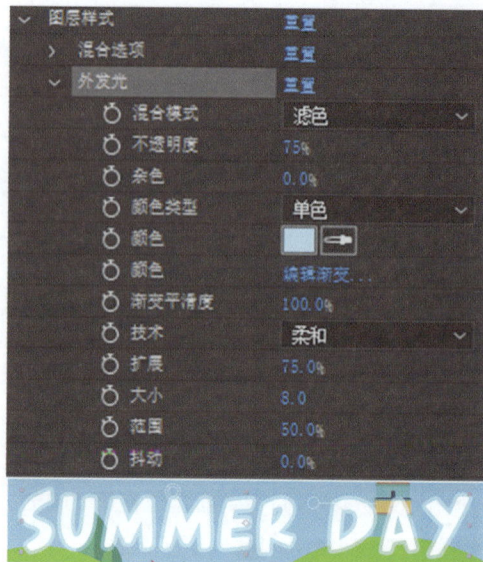

图 2-80　"纯色设置"对话框

Step3：设置纯色图层的混合模式为"相加"，设置混合模式为"相加"前后对比示例如图 2-81 所示。

设置混合模式为"相加"前　　　　　　　　设置混合模式为"相加"后

图 2-81　设置混合模式为"相加"前后对比示例

Step4：将时间指示器定位在第 0 帧处，按 T 键打开图层的"不透明度"属性，单击前方的码表图标 ，激活关键帧。

Step5：拖曳时间指示器至第 4 秒处，设置"不透明度"为"0%"。

Step6：选中图层编辑区中的所有图层，将时间指示器定位在第 10 秒处，按 Alt+] 键，隐藏第 10 秒后的内容，并拖曳工作区域结尾至第 10 秒处，修剪素材如图 2-82 所示。

图 2-82　修剪素材

至此，海浪翻涌动画制作完成。

任务 2-2　打台球动画

在 After Effect 中，利用关键帧插值、图表编辑器和运动模糊功能可以模拟物体运动的真实状态，让物体的运动效果更加逼真。本任务将通过制作一个打台球动画，详细讲解关键帧插值、图表编辑器和运动模糊的设置方法。打台球动画的效果如图 2-83 所示。扫描二维码，查看动画效果。

打台球动画　　实操微课 2-2：任务 2-2　打台球动画

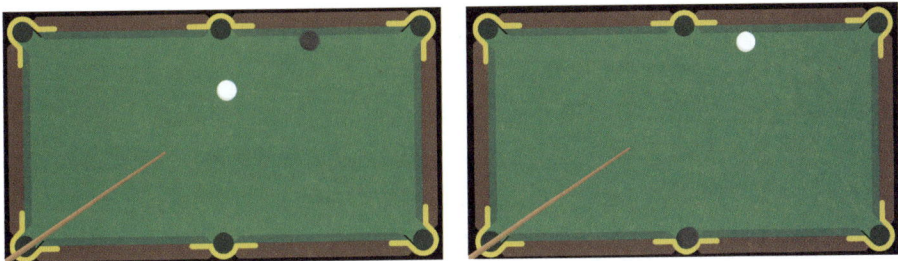

图 2-83　打台球动画的效果

■ 任务目标

知识目标	• 了解关键帧插值的作用，能够描述各个关键帧插值的差异
技能目标	• 掌握图表编辑器的使用方法，能够改变元素的运动速度 • 掌握运动模糊的添加方法，能够为运动的元素添加模糊效果

■ 任务分析

本任务的动画效果是由球台、球杆、白球和黑球 4 个 png 格式的图像拼合而成。其中，球台为静止的元素，球杆、白球和黑球为运动的元素。在制作动画时，可将步骤分为制作球杆动画、制作白球动画和制作黑球动画等 3 步，具体解释如下。

1. 制作球杆动画

在本任务中，球杆的运动有两个，其一是球杆向后缩的动作，这个过程是缓慢的；其二则是打球的动作，这个过程非常迅速，需要注意关键帧之间的距离。球杆除了平移外，不应有任何多余的动作，应该仔细调整球杆的运动轨迹。

2. 制作白球动画

白球先撞到黑球，这个过程速度是非常快的；当白球撞到黑球后，速度会逐渐变慢，并且由于黑球的影响，不会一直向前，而是会有一些倾斜。在制作动画时，需要注意各个关键帧之间的距离和白球的运动轨迹，白球的运动轨迹示例如图 2-84 所示。

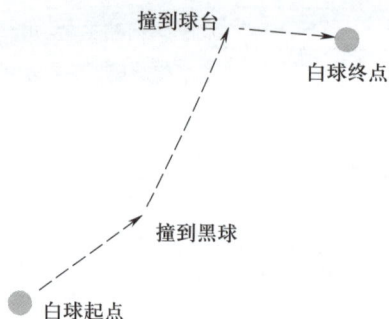

图 2-84　白球的运动轨迹示例

3. 制作黑球动画

在制作黑球动画时，需要分为两步，第一步是设置黑球的运动轨迹，第二步是设置黑球的运动规律。

① 设置黑球的运动轨迹。设置黑球的运动轨迹时，需要先确定转折关键帧的位置。黑球每次撞到球台后，都迅速转折，因此需要将关键帧的空间插值设置为线性，黑球的运动轨迹示例如图 2-85 所示。

② 设置黑球的运动规律。当白球触碰到黑球的一瞬间，黑球向前运动，且速度逐渐达到顶峰；在撞到球台后，黑球的运动方向会发生改变，且运动速度逐渐变慢，直至进洞。在图表编辑器中调整曲线时，为了使黑球的运动符合人眼观察的视觉规律，可配合关键帧插值设置，并在图表编辑器中适当调整关键帧的位置，设置合适的贝塞尔曲线，从而使黑球的速度发生变化。黑球

的速度曲线示例如图 2-86 所示。

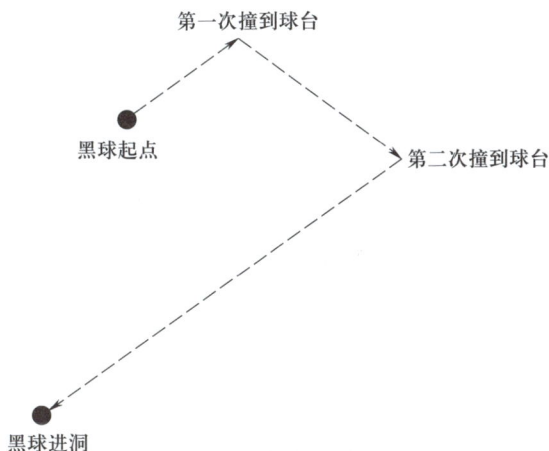

第一次撞到球台

黑球起点

第二次撞到球台

黑球进洞

图 2-85　黑球的运动轨迹示例

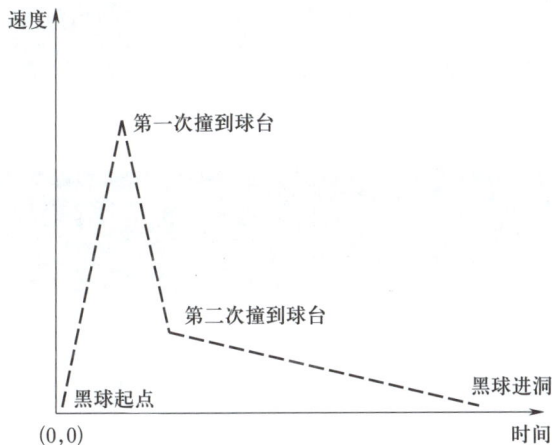

速度

第一次撞到球台

第二次撞到球台

黑球起点

黑球进洞

(0,0)

时间

图 2-86　黑球的速度曲线示例

■ 知识储备

1. 关键帧插值

在 After Effects 中，默认的运动为匀速运动，这种运动效果不太符合真实物体的运动规律。例如，在现实生活中，受一些力的影响，弹力球每次弹起的高度、降落的速度都会有所变化。若想在 After Effects 中制作出符合运动规律的动画，就需要设置关键帧插值。下面将对关键帧插值的相关内容进行讲解。

理论微课 2-22：
关键帧插值

插值是在两个已知值之间填充未知数据的过程。当在 After Effects 中设置关键帧参数以后，系统会自动在关键帧之间插入过渡值，这个值被称为关键帧插值。在关键帧上右击，在弹出的快捷菜单中选择"关键帧插值"选项，会弹出"关键帧插值"对话框，如图 2-87 所示。

在"关键帧插值"对话框中，包含两种关键帧插值，分别是"临时插值"和"空间插值"。单击下拉按钮█，可看到插值选项，如"线性""贝塞尔曲线"等。下面对"临时插值"和"空间插值"进行介绍。

（1）临时插值

"临时插值"是指在速度上的变化，用以控制元素是匀速运动还是变速运动。例如，要求 10 秒跑完 100 米，可以按照 10 米 / 秒的速度匀速跑到终点；也可以前面 60 米按照 12 米 / 秒的速度快跑，后面 40 米按照 8 米 / 秒的速度慢跑到达终点。在 After Effects 中可以调整元素的速度变化。单击"临时插值"后面的■图标，可以看到临时插值选项，如图 2-88 所示。

图 2-88 展示了 5 种临时插值选项，分别是"线性""贝塞尔曲线""连续贝塞尔曲线""自动贝塞尔曲线"和"定格"。

①"线性"：After Effects 中默认的选项，表示元素匀速运动。匀速运动的示例如图 2-89 所示。

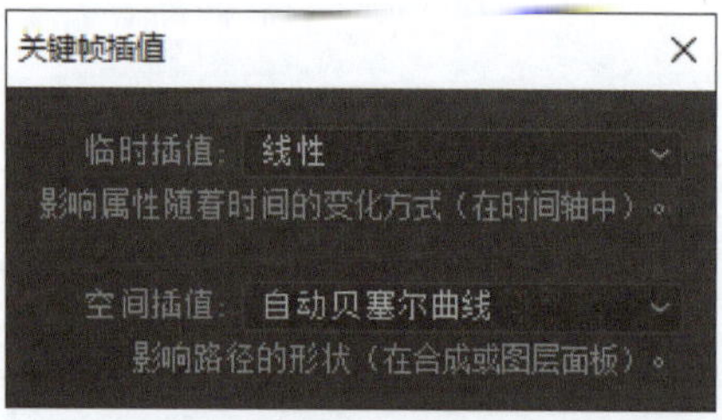

图 2-87 "关键帧插值"对话框 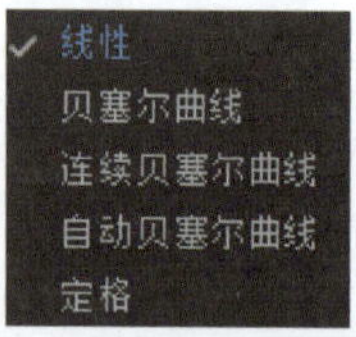　　　图 2-88 临时插值选项

图 2-89 匀速运动的示例

在图 2-89 中可以看到关键帧 1 到关键帧 2 之间的运动轨迹中，过渡帧的距离相等，说明图形 / 图像是匀速运动的。

②"贝塞尔曲线""连续贝塞尔曲线""自动贝塞尔曲线"：设置临时插值为"贝塞尔曲线""连续贝塞尔曲线"/"自动贝塞尔曲线"时，After Effects 会改变元素的运动速度，从匀速改为变速。变速运动的示例如图 2-90 所示。

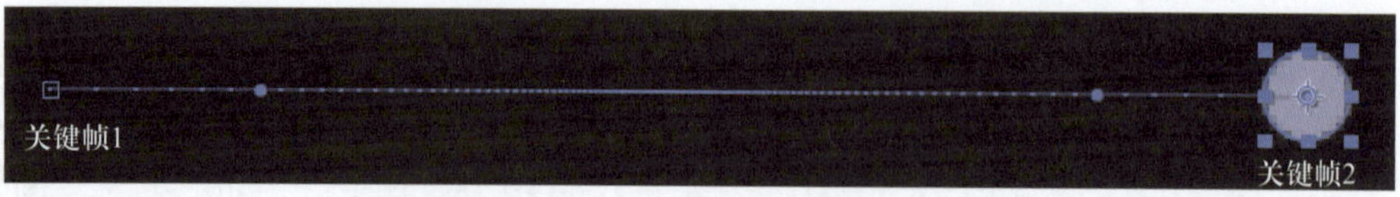

图 2-90 变速运动的示例

图 2-90 中可以看到关键帧 1 到关键帧 2 之间，过渡帧的距离是不同的，过渡帧越密集，说明运动越缓慢。因此，图 2-90 中的小球运动速度为快→慢→快。

③"定格"：设置临时插值为"定格"时，关键帧之间没有过渡效果，而是由一个关键帧直接跳转至另一个关键帧。

值得一提的是，在 After Effects 中也可以通过关键帧辅助来设置元素的变速运动。在合成编辑区中右击关键帧，在弹出的快捷菜单中选择"关键帧辅助"选项，如图 2-91 所示。

在"关键帧辅助"中有 3 个选项可以调整元素的速度，分别是"缓入""缓出"和"缓动"。选择"缓入"（或按 Shift+F9 快捷键）时，可以使元素的运动速度先快后慢；选择"缓出"（或按 Ctrl+Shift+F9 快捷键）时，可以使元素的运动速度先慢后快；选择缓动（或按 F9 键）时，可以使元素的运动速度先慢再快然后再慢。

(2) 空间插值

"空间插值"是指在空间上的变化，主要影响元素的运动轨迹，确定元素是直线运动还是曲线运动。单击"空间插值"后面的下拉按钮■，可以看到空间插值选项，如图 2-92 所示。

图 2-91 选择"关键帧辅助"选项   图 2-92 空间插值选项

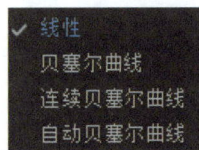

图 2-92 展示的 4 个空间插值选项分别是"线性""贝塞尔曲线""连续贝塞尔曲线"和"自动贝塞尔曲线"。其中，"线性"是指元素的运动轨迹较为生硬，"贝塞尔曲线""连续贝塞尔曲线"和"自动贝塞尔曲线"能够使元素的运动轨迹变得更加平滑。"线性"和"贝塞尔曲线"对应的运动轨迹示例如图 2-93 所示。

空间插值为"线性"的运动轨迹   空间插值为"贝塞尔曲线"的运动轨迹

图 2-93 "线性"和"贝塞尔曲线"对应的运动轨迹示例

需要注意的是，在 After Effects 中只能为"位置"属性的关键帧设置空间插值。

多学一招 / 认识贝塞尔曲线

贝塞尔曲线是由线段组成的，线段的两个端点由节点进行标记。节点是可拖动的支点，在节点上存在两个手柄，也被称为方向线，拖曳手柄可以改变线段的形态。后续使用的"钢笔工具"可以绘制贝塞尔曲线。贝塞尔曲线的示例如图 2-94 所示。

从图 2-94 可以看出，节点可以控制曲线经过的位置，移动节点可以改变曲线的形态。如果想在不移动节点的前提下调整曲线的形态，可拖曳手柄改变它的长度和角度。调整手柄的长度可改变曲线的弯曲程度，调整手柄的角度可改变曲线的角度。

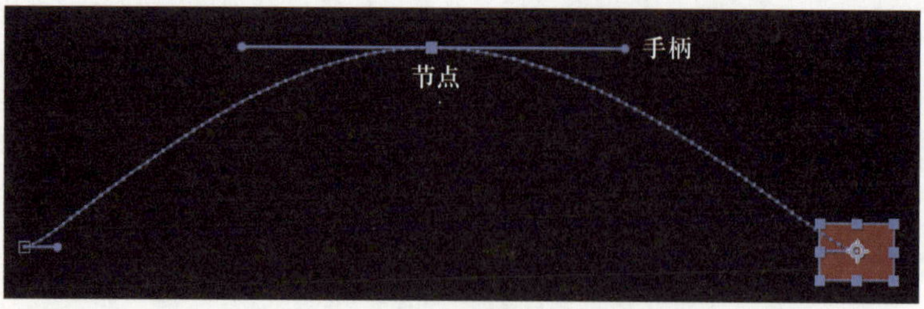

图 2-94 贝塞尔曲线的示例

2. 图表编辑器

通过设置临时插值可以自动调整元素的运动速度,如果调整后的运动速度仍旧不符合运动规律,就需要在图表编辑器中手动调整元素的运动速度。下面针对图表编辑器的相关知识进行讲解。

在时间轴面板中单击"图表编辑器"按钮,可以打开图表编辑器。在 After Effects 中包含值图表和速度图表,默认显示为值图表。图表编辑器如图 2-95 所示。

图 2-95 图表编辑器

(1)编辑值图表

编辑值图表主要是为了编辑图层的运动轨迹,打开图表编辑器后,默认显示的是值图表,若未显示值图表,可单击"选择图表类型和选项"按钮,在弹出的菜单中选择"编辑值图表"选项,切换至值图表。

在值图表中,包含两个坐标,分别代表时间和距离。值图表的坐标示例如图 2-96 所示。

在值图表的坐标中,横坐标为时间,纵坐标为距离。因为涉及距离,所以要标明元素本身的 X 轴和 Y 轴坐标位置。在图 2-96 中,红色线代表元素 X 轴坐标,绿色线代表元素 Y 轴坐标。

例如,图 2-96 中,00 s 至 04 s 之间,X 轴的坐标位置从 107.10 像素,移动至 471.36 像素,Y 轴的坐标位置,没有太大变化;而 04 s 至 08 s 之间,X 轴的坐标位置从 471.36 像素移动至 287.12 像素,Y 轴的位置从 337.28 像素移动至 121.05 像素。值图表中的数据所对应的元素的运动轨迹示例,如图 2-97 所示。

拖曳值图表中的顶点可调整曲线的形态,从而改变元素的运动轨迹。当然,在视图区域使用"选取工具"选中顶点,也可出现手柄,此时拖曳手柄同样可以改变元素的运动轨迹。

(2)编辑速度图表

编辑速度图表主要用于编辑元素的运动速度,在图表编辑器中,单击"选择图表类型和选项"按钮,在弹出的菜单中选择"编辑速度图表"选项,可切换至速度图表,速度图表如图 2-98 所示。

在速度图表中,有两个坐标,分别代表时间和速度(像素/秒)。速度图表的坐标示例如图 2-99 所示。

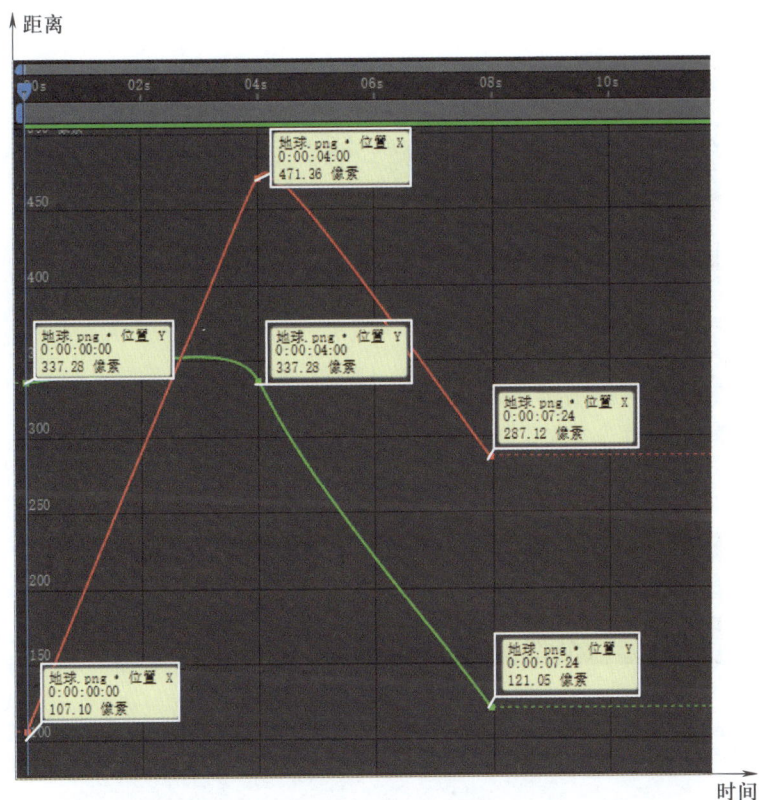

图 2-96　值图表的坐标示例

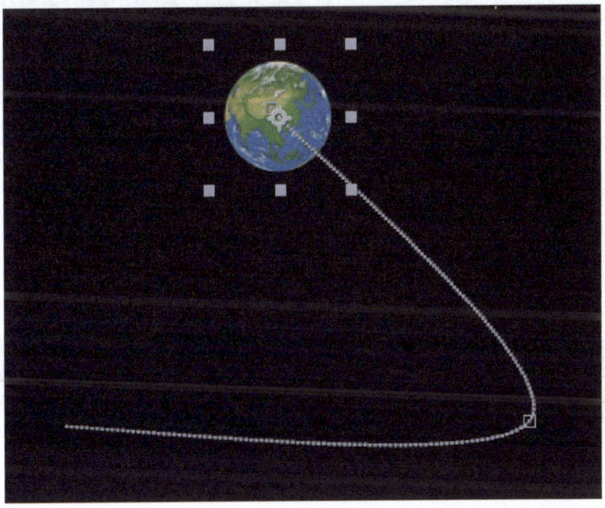

图 2-97　值图表中的数据所对应的元素的运动轨迹示例

图 2-98　速度图表

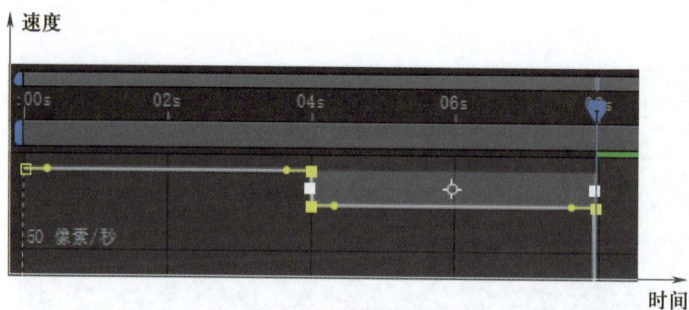

图 2-99　速度图表的坐标示例

在速度图表的坐标中，横坐标为时间，纵坐标为速度。例如，图 2-99 中，00 s 至 04 s 之间，速度是 91.97 像素 / 秒，并没有变化，说明此时的运动为匀速运动，00 s 至 04 s 的速度示例如图 2-100 所示。

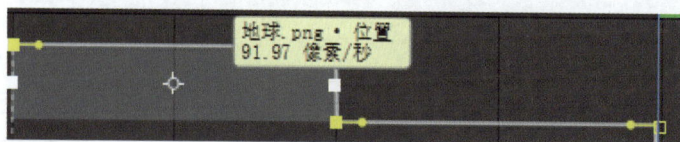

图 2-100　00 s 至 04 s 的速度示例

04 s 突然减速，04 s 至 08 s 之间是 73.86 像素 / 秒，依旧是匀速运动，04 s 至 08 s 的速度示例如图 2-101 所示。

图 2-101　04 s 至 08 s 的速度示例

当将第 2 个关键帧的临时插值设置为"贝塞尔曲线"时，可以看到速度图表中曲线的变化，由直线变为曲线，元素由突然减速的匀速运动变为逐渐减速的变速运动。速度图表示例如图 2-102 所示。

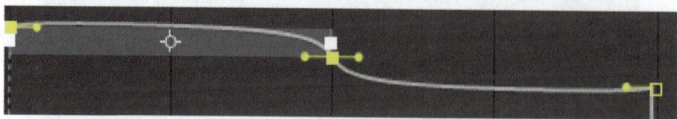

图 2-102　速度图表示例

选中顶点后，拖曳黄色的手柄可调整曲线的形态，从而改变元素的运动速度。在拖曳手柄时，只能左右拖曳调整手柄的长短，不能上下拖曳调整手柄的方向。上下拖曳手柄时，曲线上的顶点也会跟着上下移动，以改变当前时间的元素速度。

需要注意的是，每个顶点都有其对应的手柄，手柄默认分为左边和右边两个。左边手柄负责调整左边的曲线变化，右边手柄负责调整右边的曲线变化，若想同时调整左右两边的曲线变化，需要将临时插值设置为"连续贝塞尔曲线"。

3. 运动模糊

在实际生活中，当观察快速运动的物体时，看到的物体其实是模糊的。但在 After Effects 生成的动画，默认元素是没有模糊效果的。当元素快速运动，且没有模糊效果时，会使动画缺乏连贯性和真实感。因此，在 After Effects 中使元素快速运动时，需要给运动的物体添加运动模糊。

理论微课 2-24：
运动模糊

在图层编辑区内单击"运动模糊"按钮，系统会自动根据元素运动快慢为元素添加不同的模糊效果。图 2-103 展示的是运动模糊添加前后的对比图示例。

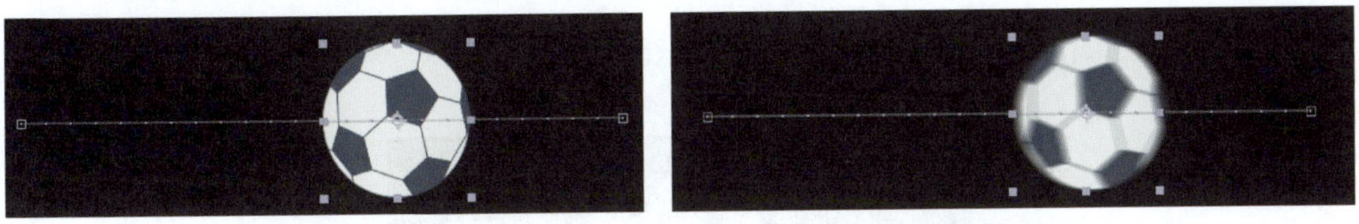

运动模糊添加前　　　　　　　　　　　　运动模糊添加后

图 2-103　运动模糊添加前后的对比图示例

■ 任务实现

1. 制作球杆动画

Step1：启动 After Effects，保存项目，将项目命名为"任务 2-2 打台球动画"。

Step2：选择"合成"→"新建合成"选项（或按 Ctrl+N 快捷键），在弹出的"合成设置"对话框中设置"合成名称"为"打台球动画"，"宽度"为 1920 px、"高度"为 1080 px、帧速率"为 25 帧/秒、"持续时间"为 4 秒。合成的参数设置如图 2-104 所示。

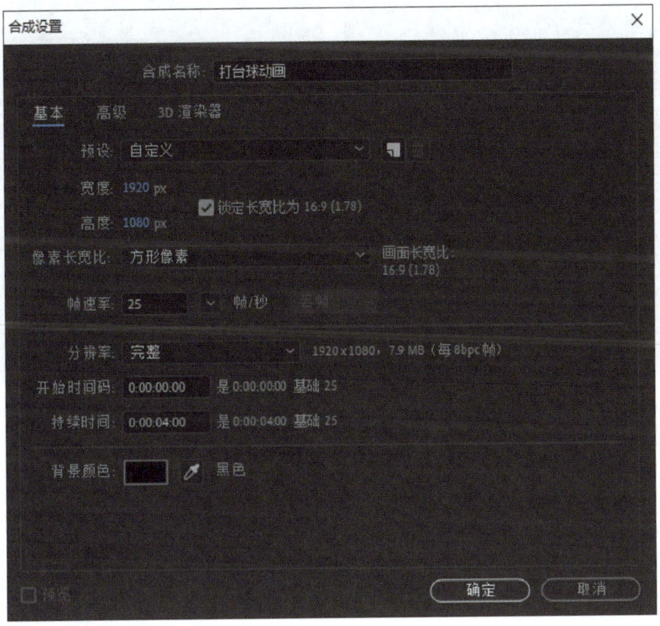

图 2-104　合成的参数

Step3：双击"项目"面板中素材列表的空白处，依次导入"黑球.png""白球.png""球

杆 .png"和"球台 .png"图像素材，素材展示如图 2-105 所示。

黑球.png　　白球.png　　球杆.png　　球台.png

图 2-105　素材展示

Step4：按图 2-106 的顺序将图像素材拖入图层编辑区。

图 2-106　将图像素材拖入图层编辑区

Step5：调整素材的位置及大小，调整前后的元素位置及大小的示例如图 2-107 所示。

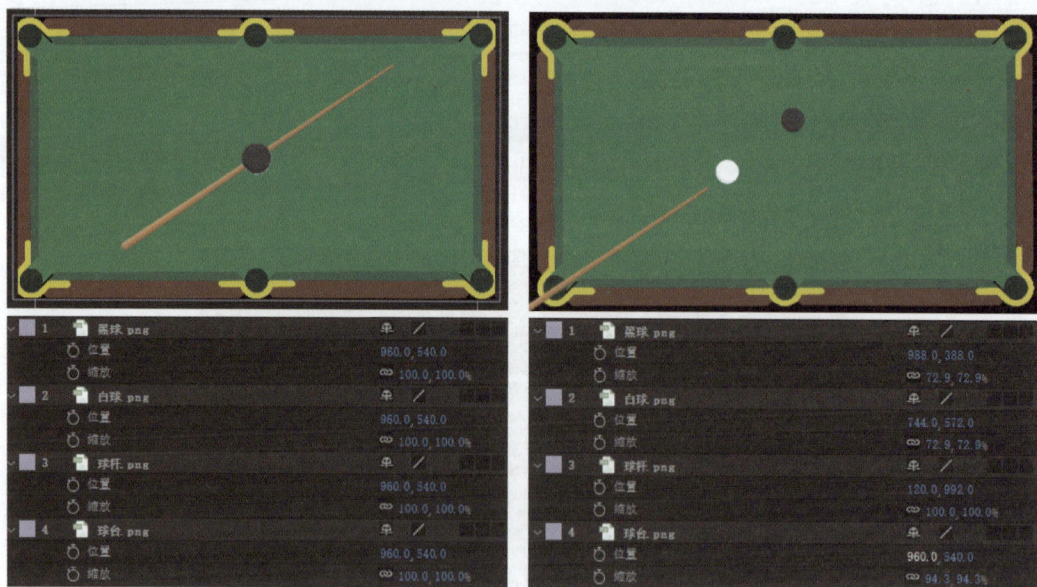

调整前的元素位置及大小　　　　　　　调整后的元素位置及大小

图 2-107　调整前后的元素位置及大小的示例

Step6：选中球杆所在图层，按 P 键调出图层的"位置"属性，将时间指示器定位在第 0 帧处，激活关键帧。

Step7：将时间指示器定位在第 10 帧处，在视图区域将球杆向后拖曳，球杆的位置及坐标如图 2-108 所示。

Step8：将时间指示器定位在第 15 帧处，在视图区域将球杆向后拖曳，球杆的位置及坐标如图 2-109 所示。

图 2-108　球杆的位置及坐标 1

图 2-109　球杆的位置及坐标 2

Step9：选中第 2 个关键帧，右击，在弹出的快捷菜单中选择"关键帧插值"选项，在"关键帧插值"对话框中设置"空间插值"为"线性"，如图 2-110 所示。

2. 制作白球动画

Step1：选中白球所在图层，按 P 键调出图层的"位置"属性，在第 15 帧处激活白球"位置"属性的关键帧。

Step2：将时间指示器定位在第 20 帧处，在视图区域拖曳白球，白球的位置及坐标如图 2-111 所示。

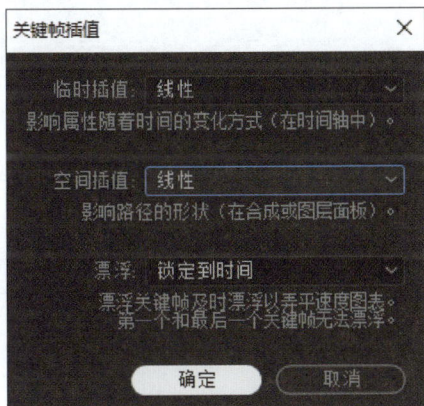

图 2-110　设置"空间插值"为"线性"

图 2-111　白球的位置及坐标 1

Step3：将时间指示器定位在第 2 秒处，在查看器面板中拖曳白球，白球的位置及坐标如图 2-112 所示。

Step4：将时间指示器定位在第 3 秒第 24 帧处，在查看器面板中拖曳白球，白球的位置及坐标如图 2-113 所示。

Step5：选中第 3 个关键帧，右击，在弹出的快捷菜单中选择"关键帧插值"选项，在"关键帧插值"对话框中设置"空间插值"为"线性"，白球的运动轨迹如图 2-114 所示。

3. 制作黑球动画

Step1：选中黑球所在图层，将时间指示器定位在第 20 帧处，激活"位置"属性关键帧。

Step2：将时间指示器定位在第 1 秒 5 帧处，在视图区域中拖曳黑球，黑球的位置及坐标如图 2-115 所示。

图 2-112　白球的位置及坐标 2　　　图 2-113　白球的位置及坐标 3　　　图 2-114　白球的运动轨迹

Step3：将时间指示器定位在第 2 秒处，在视图区域中拖曳黑球，黑球的位置及坐标如图 2-116 所示。

图 2-115　黑球的位置及坐标 1　　　　　图 2-116　黑球的位置及坐标 2

Step4：将时间指示器定位在第 3 秒第 24 帧处，在视图区域中拖曳黑球，黑球的位置及坐标如图 2-117 所示。

Step5：选中黑球图层“位置”属性的第 2、3 个关键帧，右击，在弹出的快捷菜单中选择“关键帧插值”选项，在“关键帧插值”对话框中设置“空间插值”为“线性”，黑球的运动轨迹如图 2-118 所示。

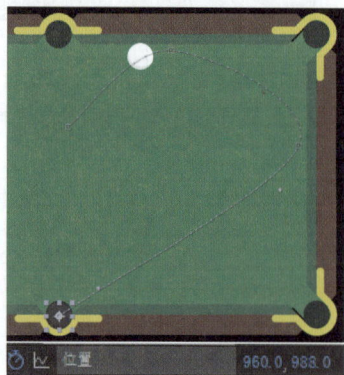

图 2-117　黑球的位置及坐标 3　　　　　图 2-118　黑球的运动轨迹

Step6：选中黑球图层“位置”属性的所有关键帧，右击，在弹出的快捷菜单中选择“关键帧插值”选项，在“关键帧插值”对话框中设置“临时插值”为“贝塞尔曲线”，调整临时插值前后的曲线对比示例如图 2-119 所示。

临时插值为线性

影响属性随着时间的变化方式（在时间轴中）。

临时插值为贝塞尔曲线

图 2-119 调整临时插值前后的曲线对比示例

Step7：打开图表编辑器，选中曲线上的第一个顶点，向下拖曳，使其速度为 0 像素 / 秒，曲线变化如图 2-120 所示。

Step8：拖曳第 2 个顶点左侧的手柄，改变曲线的弧度，使弧度更陡，曲线变化如图 2-121 所示。

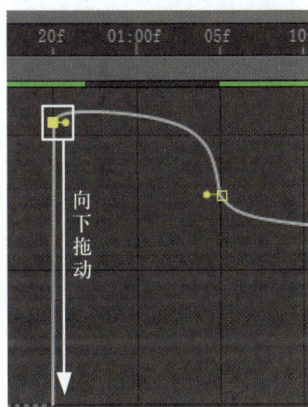

向下拖动

拖动端点前

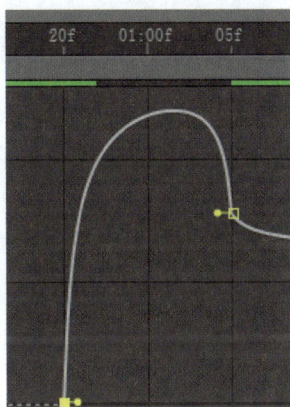

拖动端点后

图 2-120 曲线变化 1

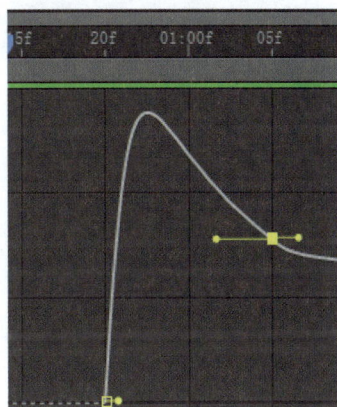

图 2-121 曲线变化 2

Step9：选中最后一个顶点，向下拖曳，使其速度变为 0 像素 / 秒，曲线变化如图 2-122 所示。

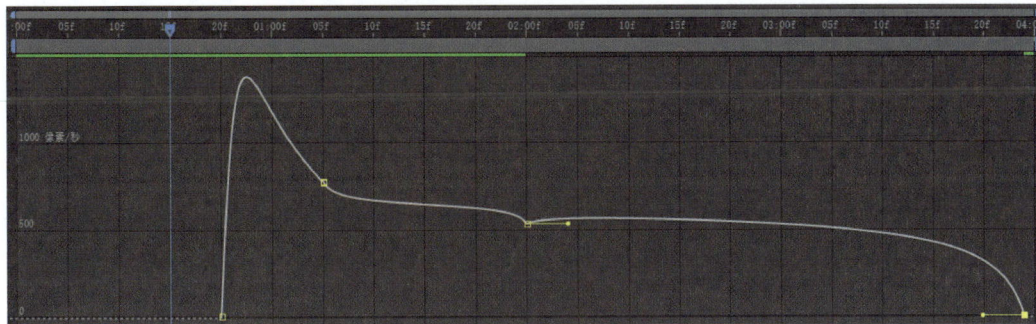

图 2-122 曲线变化 3

Step10：拖曳第 3 个顶点，将其时间插值设置为"连续贝塞尔曲线"，随即拖曳顶点至第 1 秒第 15 帧处，速度为 1000 像素 / 秒，曲线变化如图 2-123 所示。

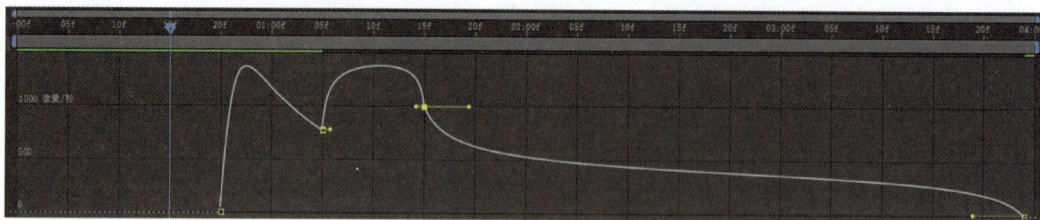

图 2-123   曲线变化 4

Step11：按照 Step10 的操作，继续调整曲线，曲线的最终效果如图 2-124 所示。

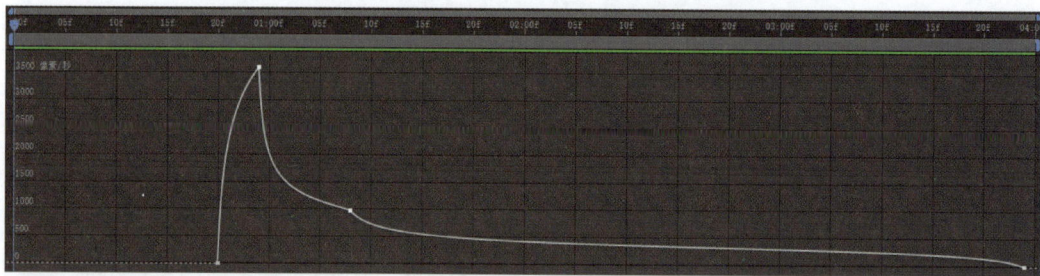

图 2-124   曲线的最终效果

Step12：选中白球、黑球和球杆所在图层，在图层编辑区中单击"运动模糊"按钮![按钮]，为选中的元素添加模糊效果。

Step13：将时间指示器定位在第 3 秒第 19 帧处，按 T 键调出"不透明度"属性，激活关键帧。

Step14：将时间指示器定位在第 1 秒第 20 帧处，设置黑球的不透明度为"0%"。

至此，台球动画制作完成。

项目小结

项目 2 包括两个任务，其中任务 2-1 的目的是让读者了解图层和关键帧的作用，并掌握图层和关键帧的基本操作。完成此任务，读者能够在 After Effects 中制作海浪翻涌动画。任务 2-2 的目的是让读者掌握关键帧插值和图表编辑器的设置方法。完成此任务，读者能够在 After Effects 中制作打台球动画。

通过学习项目 2，读者能够掌握将静态图像制作成动画的方法，并能自由调整物体的运动速度和规律。

项目实训：制作刹车动画

学习完前面的内容，接下来请根据要求完成项目实训。

要求：请结合前面所学知识，运用图层变换属性、关键帧插值和图表编辑器等知识以及给出的素材制作一个刹车动画，刹车动画效果如图 2-125 所示。扫描二维码，查看动画效果。

刹车动画

图 2-125　刹车动画效果

项目 3 〉〉〉〉

利用形状和路径制作动画

学习目标

◆ 掌握形状的相关操作，如创建形状、设置形状属性等，能够利用形状的相关操作完成空间时钟动画的制作。

◆ 掌握路径的相关操作，如调整路径、修剪路径等，能够利用路径的相关操作完成汽车导航动画的制作。

项目介绍

在 After Effects 中，可以通过形状制作图形动画，通过路径制作路径动画。制作图形动画和路径动画的前提是需要 After Effects 中存在形状和路径。那么如何获取形状和路径？又如何制作形状和路径动画？本项目将通过制作空间时钟动画和汽车导航动画两个任务，详细讲解形状和路径的相关知识。

PPT：项目 3 利用形状和路径制作动画

教学设计：项目 3 利用形状和路径制作动画

PPT

任务 3-1 空间时钟动画

实践微课 3-1：任务 3-1 空间时钟动画

空间时钟动画

在 After Effects 中，可以通过形状及形状的布尔运算制作多种图形动画，下面将通过一个空间时钟动画，详细讲解形状的基础知识。空间时钟动画的效果如图 3-1 所示。扫描二维码，查看动画效果。

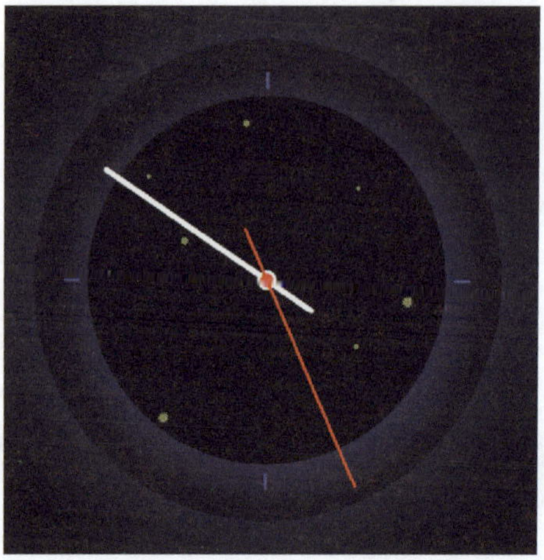

图 3-1 空间时钟动画的效果

任务目标

知识目标	● 了解形状的概念，能够描述出形状的特点 ● 了解形状的属性，能够说出设置不同属性能够得到什么效果
技能目标	● 掌握创建形状图层的方法，能够使用多种方法创建形状图层 ● 掌握添加形状属性的方法，能够为形状添加不同属性 ● 掌握编辑形状属性的方法，能够对这些属性的参数进行设置和更改 ● 掌握形状的布尔运算，能够通过布尔运算获得复杂的形状 ● 熟悉标尺和参考线的使用方法，能够在绘制元素时更快速地对齐元素 ● 掌握中继器的使用方法，在制作动画时能够有规律地复制形状

任务分析

本任务的重点是让读者掌握形状的创建方法和形状属性的设置方法。任务由背景和时钟两部分构成，时钟又由星空表盘、刻度、时针和分针构成。可以按照以下思路完成空间时钟动画。

1. 制作背景

背景是个和视图区域等大的渐变填充的正方形，在制作时，创建一个空的形状图层，为图层添加“矩形”和“渐变填充”属性即可。

2. 制作静态时钟

时钟包含星空表盘、刻度、时针和分针这几大部分。在制作时可以通过形状、钢笔等工具进行绘制，并通过形状的布尔运算和中继器进行制作。

3. 制作时钟动画

时钟动画中，包括时针动画和分针动画。规定时针 10 秒钟转 1 圈，分针 10 秒钟转 10 圈，只需要为时针和分针的"旋转"属性设置不同参数的关键帧即可。

■ 知识储备

1. 形状概述

形状是在一些带有矢量功能的软件中创建的矢量图，而此前项目所提到的素材为位图。矢量图是用数学的矢量方式来记录图像内容，以线条和色块为主，优点是放大不会失真；缺点是颜色不如位图细腻。位图是由许多不同颜色的点组成的，这些点组合在一起后，能够逼真地表现各类事物，但图像越清晰，占用的空间就越大，并且图像放大后会失真。

理论微课 3-1：
形状概述

矢量图原图及放大后的局部效果对比示例和位图原图及放大后的局部效果对比示例如图 3-2 和图 3-3 所示。

图 3-2　矢量图原图及放大后的局部效果对比示例

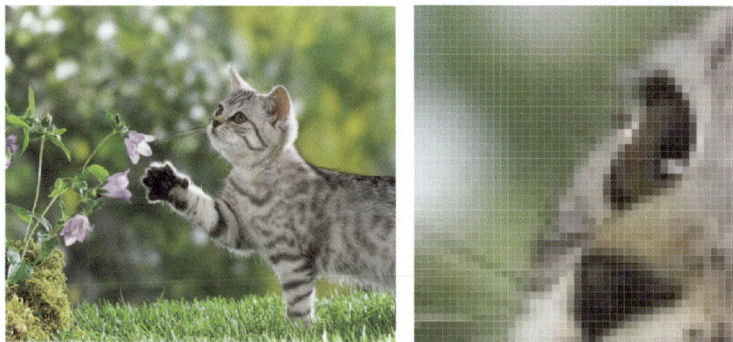

图 3-3　位图原图及放大后的局部效果对比示例

在 After Effects 中，形状被存放在形状图层中，可以通过设置形状图层的属性制作图形动画。

2. 创建形状图层

若想制作图形动画，需要先创建形状图层。在 After Effects 中，可以使用命令创建形状图层，也可以使用工具创建形状图层。下面对创建形状图层的方法进行讲解。

理论微课 3-2：
创建形状图层

（1）使用命令创建形状图层

选择"图层"→"新建"→"形状图层"选项，可创建一个形状图层。使用命令创建出来的形状图层是一个只有一个锚点的空白图层，并没有具体形状，也没有形状的填充、描边等属性，需要手动添加（具体见"添加形状属性"知识点）。一旦为空图层添加形状属性，形状会被创建在视图区域的中心点上。空的形状图层如图 3-4 所示。

（2）使用工具创建形状图层

在 After Effects 中直接使用工具绘制形状，会自动生成形状图层，且形状图层包含其默认的路径、描边、填充和变换 4 个属性。

使用工具创建形状图层的方法有两种，一种是使用形状工具绘制规则形状，另一种是使用钢笔工具绘制自由形状。针对使用工具绘制形状的具体讲解如下。

① 使用形状工具绘制规则形状。在 After Effects 中，使用形状工具可以绘制规则的形状。形状工具包括"矩形工具""圆角矩形工具""椭圆工具""多边形工具"和"星形工具"5 类。长按"矩形工具"按钮■，会弹出形状工具列表，如图 3-5 所示。

选择某个工具后，按住鼠标左键不放，在视图区域中拖曳鼠标指针，可以绘制形状工具所对应的形状。例如，选择"椭圆工具" ，在视图区域中按住鼠标左键进行拖曳，即可绘制一个椭圆。绘制椭圆之后，可以看到椭圆所对应的顶点和线段。绘制的椭圆如图 3-6 所示。

图 3-4 空的形状图层

图 3-5 形状工具列表

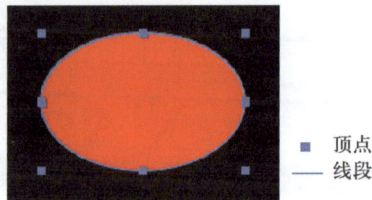

■ 顶点
—— 线段

图 3-6 绘制的椭圆

绘制形状时（释放鼠标之前），有一些小技巧，具体介绍如下。

● 按住 Shift 键拖曳鼠标指针，可以绘制一个正圆形、正方形、正圆角矩形等。

● 按住 Shift+Ctrl 快捷键拖曳鼠标指针，可以绘制一个以单击点为中心的正圆形、正方形、正圆角矩形等。

● 按空格键的同时拖曳鼠标指针，可随意更换形状的位置。

● 在绘制圆角矩形时，释放鼠标之前，按↑键或↓键，可以增大或减小圆角的弧度。

● 在绘制多边形和星形时，释放鼠标之前，按↑键或↓键，可以控制边数和顶点数；按←键或→键，可以控制外圆度；按 Ctrl 键拖曳鼠标指针可以改变外径参数。

② 使用钢笔工具绘制自由形状。"钢笔工具" 主要用于绘制自由形状。选择"钢笔工具"，在视图区域中单击确定顶点的位置，移动鼠标指针的位置，再次单击可绘制一条直线线段；移动鼠标指针的位置，再次单击并拖曳，可绘制一条曲线线段，使用钢笔工具绘制的直线和曲线的自由形状如图 3-7 所示。

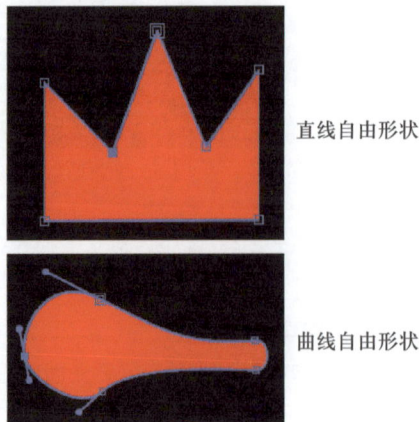

直线自由形状

曲线自由形状

图 3-7 直线和曲线的自由形状

> 📌 注意：
>
> 在使用工具绘制形状时，若未取消选择图层，紧接着进行绘制，那么会在同一个图层中绘制多个形状，而不是创建多个形状图层。若在一个图层中创建了多个形状，在视图区域中双击图层，会进入图层内部，在图层内部可以调整各个形状的位置、颜色等。

3. 添加形状属性

使用命令创建形状图层时，形状图层的"内容"属性中没有任何属性，此时，需要为形状图层添加属性。

添加形状属性是指为形状图层中的形状添加一系列属性，单击图层前面的▶按钮，可以展开图层。单击"添加"图标 ▶，在弹出的形状属性菜单中选择需要的内容选项即可。形状属性菜单如图 3-8 所示。

理论微课 3-3：
添加形状属性

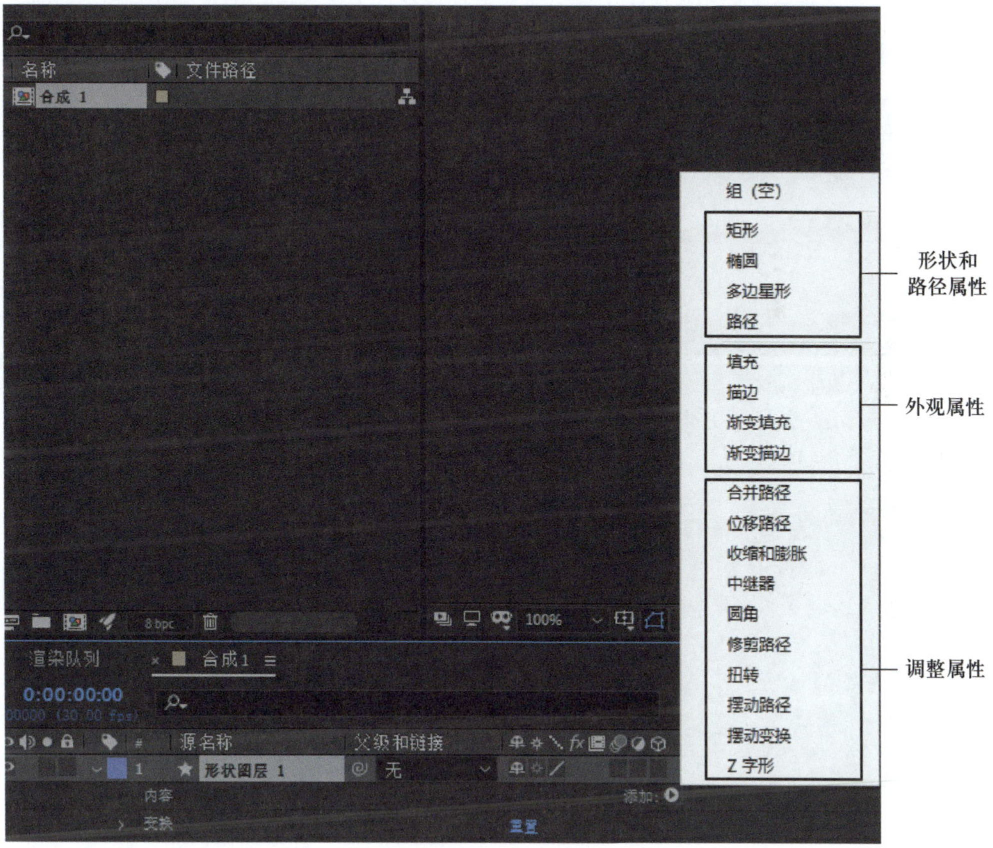

图 3-8 形状属性菜单

在图 3-8 所示的形状属性菜单中，可以看到多类内容，包括形状和路径属性、外观属性、调整属性。

① 形状和路径属性用于为形状图层添加形状和路径，包括"矩形""椭圆""多边星形"等形状属性和"路径"属性。前 3 者可以用来创建规则形状，当选中其中一个属性时，视图区域中会出现对应的形状。"路径"可以用来创建自由形状或路径，当选择"路径"时，系统会将工具自动切换为"钢笔工具"，然后在视图区域绘制自由形状或路径即可。

② 外观属性可以为形状添加外观效果，包括"填充""描边""渐变填充"和"渐变描边"。

③ 调整属性可以为形状设置特殊样式，包括"合并路径""位移路径""收缩和膨胀""中继器"等。

添加后的属性会被存放在形状图层中，当添加填充、描边等属性时，这些属性会自动被放在形状图层中，作用于形状。属性相同，顺序不同，得到的最终效果也不一样。后添加的属性处于上方，优先显示，可以通过拖曳属性的顺序来改变形状的最终效果。

同一个图层中可以添加多个属性，系统会自动为属性以既定的规律进行命名。例如，添加矩形时，得到的路径属性名称为——矩形路径 1；添加多边星形时，得到的路径属性名称为——多边星形路径 1。若为同一个形状添加多个相同的外观属性或调整属性，那么属性名称结尾会以数字 1、2……进行区分，如描边 1、描边 2……可以按 Enter 键更改属性的名称。

为了方便管理形状图层中的多个属性，既可以选中多个属性，按 Ctrl+G 快捷键对属性编组，又可以先在添加内容菜单中添加"组（空）"，再添加属性。为属性编组前和编组后的对比示例如图 3-9 所示。

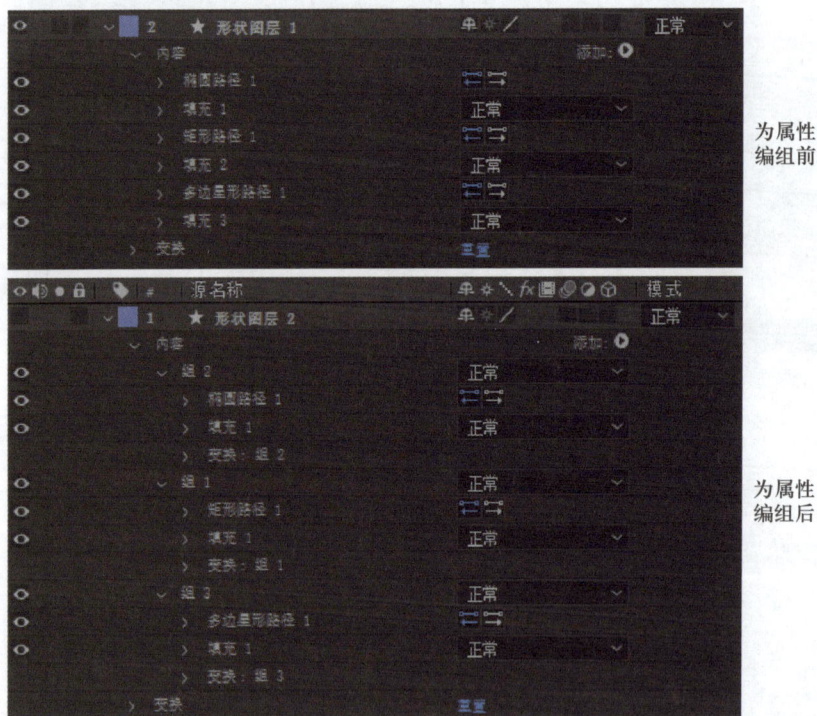

图 3-9　为属性编组前和编组后的对比示例

从图 3-9 中可以看出，编组后属性的显示层级较为清晰，方便后期调整形状图层中的形状参数。

下面以创建红色矩形形状图层为例，演示使用命令创建形状图层的方法，具体步骤如下。

Step1：选择"图层"→"新建"→"形状图层"选项，创建形状图层。

Step2：单击图层前面的▶按钮，展开图层。单击"添加"图标◉，在弹出的添加菜单中选择"组（空）"选项。

Step3：单击"添加"图标◉，在弹出的添加菜单中选择"矩形"选项。矩形如图 3-10

所示。

Step4：单击"添加"图标 ▶，在弹出的添加菜单中选择"填充"选项，系统为矩形自动填充红色，如图 3-11 所示。

图 3-10 矩形

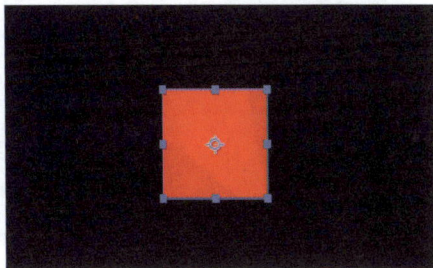

图 3-11 系统为矩形自动填充红色

至此，使用命令创建形状图层完成。

4. 编辑形状属性

当想改变形状的显示样式时，需要对形状属性进行编辑。多边星形所对应的属性示例如图 3-12 所示。

下面以多边星形为例，讲解形状默认属性。

（1）"多边星形路径 1"

在 After Effects 中，不同形状的路径属性不同。例如，多边星形的路径属性包括"点""位置""旋转""内径"等 7 个属性。而矩形的路径属性只有"大小""位置"和"圆度"3 个属性。多边星形和矩形的路径属性对比示例如图 3-13 所示。

在"多边星形路径 1"中包含"类型""点""位置"等多个属性，具体介绍如下。

① "类型"用于设置不同的形状。当绘制多边形 / 星形后，若想将多边形 / 星形调整成星形 / 多边形，那么可以更改"类型"为多边形 / 星形。

② "点"用于设置多边形或多边星形的角数，值不得小于 3。例如，设置"点"为 5 和 12 的星形对比示例，如图 3-14 所示。

③ "位置"用于设置形状的 X 轴和 Y 轴坐标的位置。

④ "旋转"用于设置形状的旋转角度。

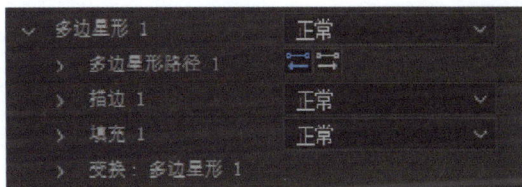

图 3-12 多边星形所对应的属性示例

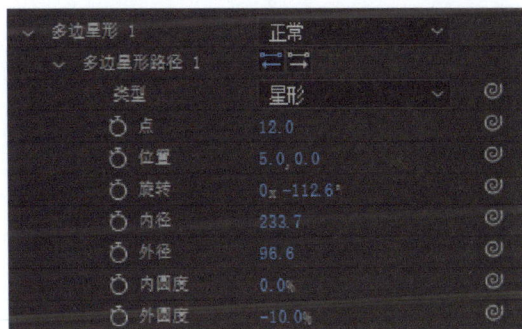

多边星形的路径属性

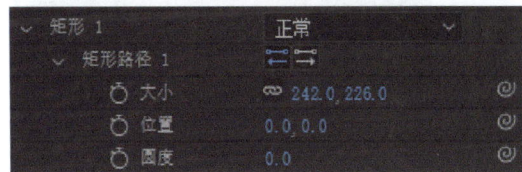

矩形的路径属性

图 3-13 多边星形和矩形的路径属性对比示例

理论微课 3-4：
编辑形状属性

设置"点"为5的星形效果　　　　　设置"点"为12的星形效果

图 3-14　设置"点"为 5 和 12 的星形对比示例

⑤"内径"/"外径"用于设置形状的内外半径长度,"内径"/"外径"示例如图 3-15 所示。

图 3-15　"内径"/"外径"示例

⑥"内圆度"/"外圆度"用于设置各个角的圆滑程度,设置"内圆度"和"外圆度"的示例如图 3-16 所示。

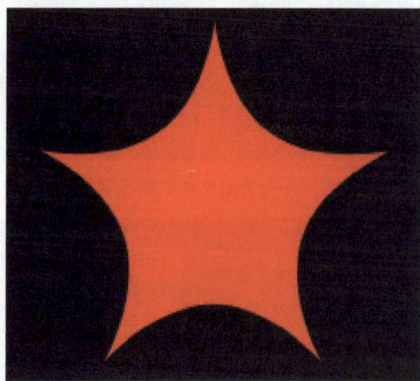

设置"内圆度"　　　　　　　　　设置"外圆度"

图 3-16　设置"内圆度"和"外圆度"的示例

（2）"描边 1"

可以通过"描边 1"属性设置形状的描边。设置描边之前，先在工具栏中单击"描边"（文字）按钮，在弹出的"描边选项"对话框中，单击"纯色"按钮 ▇，激活形状的描边（绘制形状时，系统默认为形状添加描边，若不需要描边，可单击"无"按钮 ▨，或直接删除形状的描边属性）。"描边选项"对话框如图 3-17 所示。

"描边 1"属性包括"合成""颜色""不透明度""描边宽度""线段端点"等 8 个选项，如图 3-18 所示。

①"合成"用于设置同组中描边的显示顺序。包含"在同组中前一个之下"和"在同组中前一个之上"两个选项。需要注意的是，"合成"属性只作用于位于其上方的属性。例如，当"描边 1"属性处于"填充 1"的上方时，设置"填充 1"的"合成"才有效果。描边在上和描边在下的效果对比示例如图 3-19 所示。

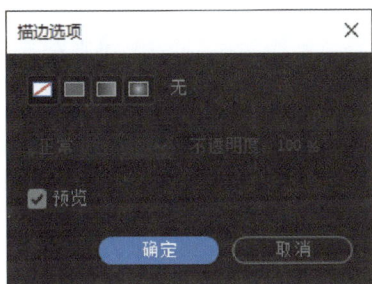

图 3-17　"描边选项"对话框　　　　图 3-18　"描边 1"属性的示例

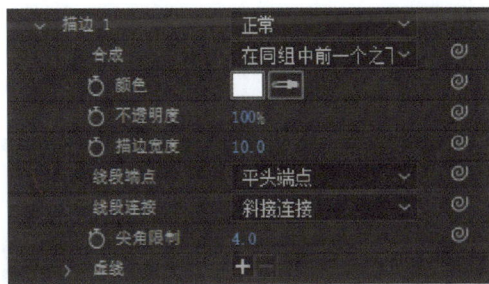

描边在上　　　　　　　　　描边在下

图 3-19　描边在上和描边在下的效果对比示例

②"颜色"用于设置描边的颜色，单击后面的色块会弹出"颜色"对话框，在对话框内选择指定的颜色即可；也可以直接使用色块后面的吸管工具 ▭ 吸取 After Effects 中的颜色。

③"不透明度"用于设置描边的不透明度。

④"描边宽度"用于设置描边的粗细。

⑤"线段端点"用于设置线段的端点，包括"平头端点""圆头端点"和"矩形端点"3 个选项。使用钢笔工具绘制形状时，在形状未闭合的前提下，取消填充颜色，即可得到线段。这

时，设置线段端点即可看到线段端点的效果，如图 3-20 所示。

⑥"线段连接"用于设置线段在转折处的连接方式，包括"斜接连接""圆角连接"和"斜面连接"等 3 个选项，选择不同选项所得到的转折效果不同，如图 3-21 所示。

⑦"尖角限制"用于控制斜线连接的尖角，是在"线段连接"中选择"斜接连接"的前提下，才会显示的属性。

⑧"虚线"用于设置描边的样式。单击虚线后面的"添加虚线或间隙"按钮 ➕，即可将实线描边转换成虚线

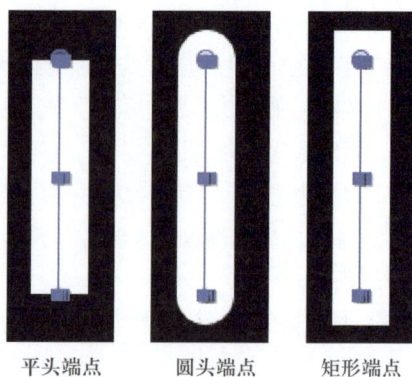

平头端点   圆头端点   矩形端点

图 3-20   线段端点的效果

描边，并且激活"虚线"属性。"虚线"属性包括"虚线"和"偏移"。再次单击"添加虚线或间隙"按钮 ➕ 时，会激活虚线的"间隙"属性。关于"虚线""偏移"和"间隙"属性的具体介绍如下。

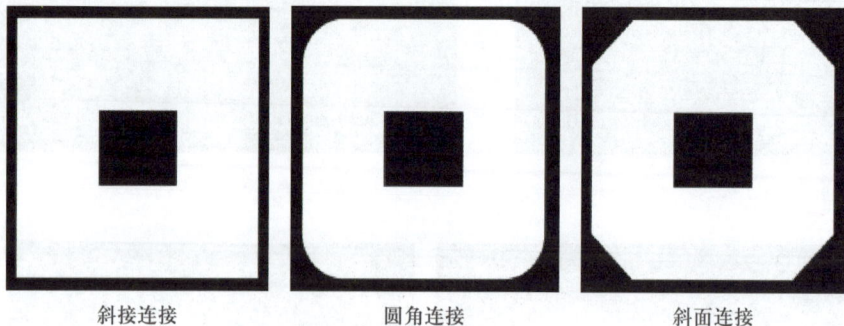

斜接连接   圆角连接   斜面连接

图 3-21   "线段连接"的不同方式示例

- "虚线"属性用于设置虚线的长度变化。
- "偏移"属性用于设置虚线的位置变化。
- "间隙"属性用于设置虚线之间的间距。

如果想让虚线产生更多的变化，可以多次单击"添加虚线或间隙"按钮，此时会产生单独的"虚线"和"间隙"属性，对这些属性的参数进行调整可得到较为复杂的虚线效果，如图 3-22 所示。

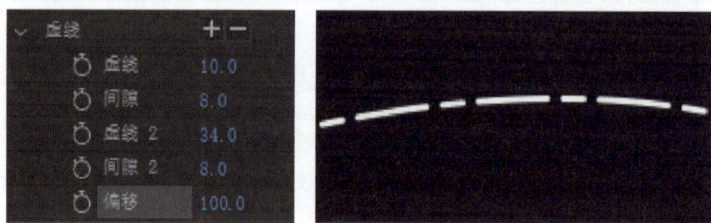

图 3-22   较为复杂的虚线效果

单击"移除虚线或间隙"按钮 ➖，可以清除"虚线"和"间隙"等属性。

（3）"填充 1"

"填充 1"属性中包含"合成""填充规则""颜色"和"不透明度"等选项，其中，"合成""颜色"和"不透明度"选项和"描边 1"属性类似，用于设置形状填充外观；"填充规则"用于设置形状的填充方式，包括"非零环绕"和"奇偶"。

①"非零环绕"。当环绕数为 0 时不填充，环绕数不为 0 时填充。如果相交的边是从左向右绘制的，那么环绕数减 1；从右向左绘制的，那么环绕数加 1。

②"奇偶"。在路径包围的区域任意一点向外作一条射线，如果相交的边总数是奇数，会将路径包围的区域填充；相交的边数为偶数，路径包围的区域不填充。

绘制一个五角星，按照不同的填充规则进行填充，可以得到不同的效果，"填充规则"设置为"非零环绕"和"奇偶"所得到的效果对比示例如图 3-23 所示。

"填充规则"设置为"非零环绕"   "填充规则"设置为"奇偶"

图 3-23 "填充规则"不同设置所得到的效果对比示例

（4）"渐变填充 1"/"渐变描边 1"

"渐变填充 1"可以将形状的填充颜色设置为渐变颜色，"渐变描边 1"可以将形状的描边颜色设置为渐变颜色。由于这两个内容中的属性类似，下面以设置"渐变填充 1"属性为例，对一些常用属性进行说明。

①"起始点"和"结束点"用于设置渐变的开始和结束位置。改变参数，即可改变起始点和结束点的位置。另外，使用"选取工具"选中形状所对应的"渐变填充 1"属性，在视图区域可以看到渐变的起始点和结束点，在视图区域中拖曳起始点和结束点可以改变渐变的方向和渐变区域的大小，如图 3-24 所示。

②"颜色"用于设置渐变的颜色。单击"编辑渐变"按钮，可以打开"渐变编辑器"对话框，如图 3-25 所示。

"渐变编辑器"对话框中包含三大部分，分别是渐变颜色条、拾色器和颜色滑块。渐变颜色条中默认有 4 个色标，分别是颜色色标和不透明度色标。将鼠标指针移至渐变颜色条的下方，当鼠标指针变为▉形状后单击即可添加颜色色标，如图 3-26 所示。

选中颜色色标后，在拾色器中选择所需的颜色即可。如果没有合适的颜色，可拖曳颜色滑块来调整颜色，直至颜色达到要求。

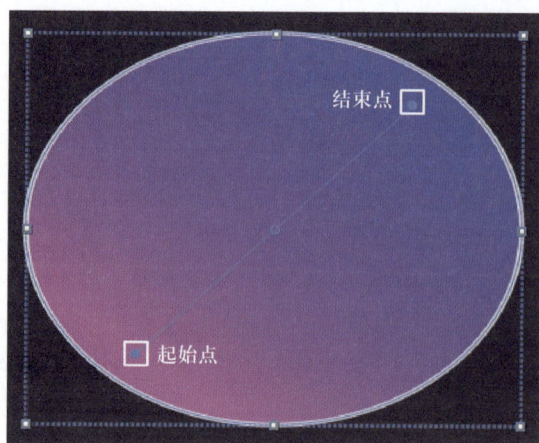

图 3-24　起始点和结束点示例

图 3-25　"渐变编辑器"对话框

图 3-26　添加颜色色标示例

　　不透明度色标和颜色色标类似，在渐变颜色条的上方单击可以添加不透明度色标，可以设置不透明度色标处颜色的不透明度，如图 3-27 所示。

图 3-27 设置颜色不透明度示例

值得一提的是，选中一个色标后，两个色标的中间会出现一个菱形图标，拖曳菱形图标，可以调整渐变颜色的中点，如图 3-28 所示。

图 3-28 更改颜色中点后的效果示例

如果想删除某个色标，只需将该色标拖出对话框；或单击该色标，然后单击"渐变编辑器"窗口下方的"删除"按钮即可。

（5）"变换：多边星形 1"

"变换：多边星形 1"属性主要在一个形状图层内包含多个形状的情况下使用，能够调整形状图层中某个形状的位置、比例等参数。"变换：多边星形 1"属性包括"锚点""位置""比例""倾斜""倾斜轴""旋转"和"不透明度"7 个选项，可以实现形状的基本变换功能。

除了调整形状属性的参数外，还可以复制或删除形状属性。复制形状属性的方法有两种，其一，按 Ctrl+D 快捷键直接复制选中的属性；其二，按 Ctrl+C 快捷键复制形状属性，再按 Ctrl+V 快捷键将形状属性粘贴到所需位置。删除形状属性的方法很简单，选中需要被删除的属性，选择"编辑"→"清除"选项（或按 Delete 键）即可。

5. 形状的布尔运算

在 After Effects 中使用"形状工具"能够绘制简单的形状，若想绘制较为复杂的形状，可以通过形状的布尔运算来完成。布尔运算是指在同一形状图层中，对两个或多个形状进行运算。

理论微课 3-5：
形状的布尔运算

在一个形状图层中添加两个或多个形状后，选中形状图层，单击"添加"图标，在弹出的添加内容菜单中选择"合并路径"选项，合并路径会作为属性，被存放在形状图层中。

展开合并路径属性，单击模式后面的下拉按钮，即可看到布尔运算的运算方式，如图 3-29 所示。

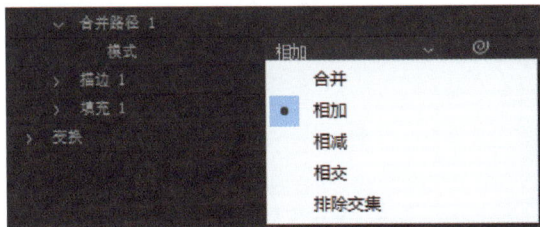

图 3-29 布尔运算的运算方式

布尔运算的运算方式包括"合并""相加""相减""相交""排除交集"5 种。下面针对布尔运算的 5 种运算方式进行讲解。

①"合并"是指将图层中的形状合并为一个整体。可以使用这个合并后的形状再和其他的形状进行布尔运算。

②"相加"是指将两个或多个形状相加在一起。形状相加前后的效果示例如图 3-30 所示。

默认形状　　　　　　　　　　　　　　布尔运算为"相加"

图 3-30　形状相加前后的效果示例

③"相减"是指将两个或多个形状相减，处于上面的形状会减去处于下面的形状。形状相减前后的效果示例如图 3-31 所示。

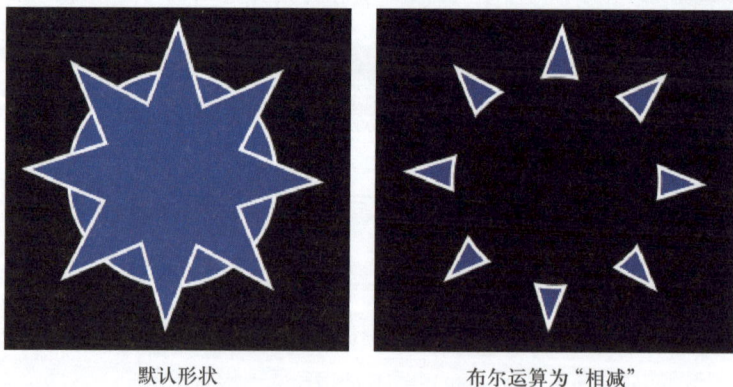

默认形状　　　　　　　　　　　　　　布尔运算为"相减"

图 3-31　形状相减前后的效果示例

④"相交"是指将两个或多个形状的重叠部分保留。形状相交前后的效果示例如图 3-32 所示。

⑤"排除交集"是指将两个或多个形状的重叠部分减去。形状排除交集前后的效果示例如图 3-33 所示。

💡 **注意:**

①为多个形状进行布尔运算时，需要把合并路径属性放在需要运算的形状下方，这样布尔运算才会产生效果。

②选中形状图层，再添加合并路径选项，否则布尔运算不起作用。

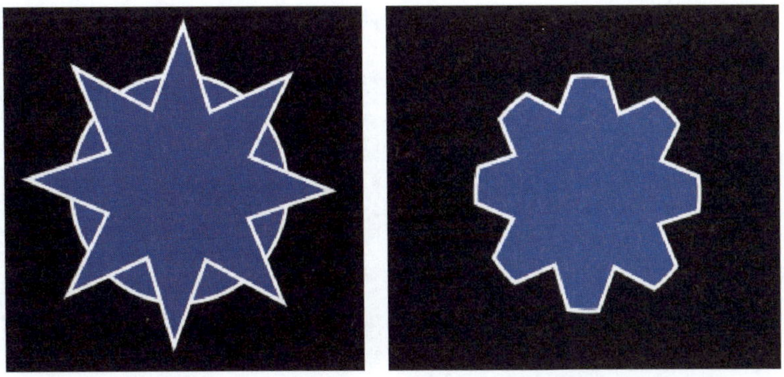

默认形状　　　　　　　　　　布尔运算为"相交"

图 3-32　形状相交前后的效果示例

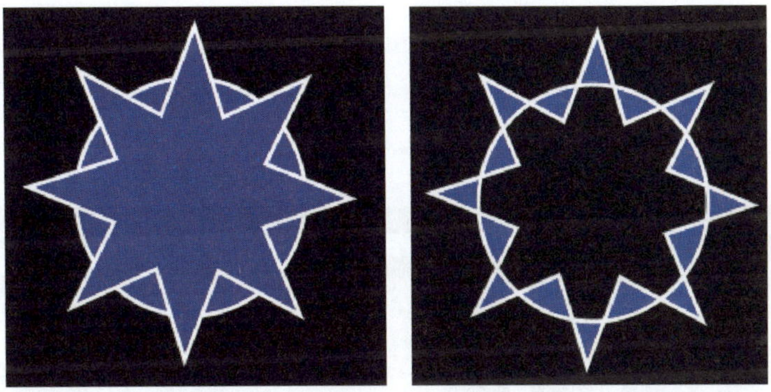

默认形状　　　　　　　　　　布尔运算为"排除交集"

图 3-33　形状排除交集前后的效果示例

理论微课 3-6：
标尺和参考线

6. 标尺和参考线

标尺和参考线是 After Effects 的辅助工具，利用这两个工具能够更好地对齐图层或定位图层。选择"视图"→"标尺"选项（或按 Ctrl+R 快捷键），可以调出标尺，After Effects 中的标尺单位是像素，如图 3-34 所示。

将鼠标指针放在水平标尺上，按住鼠标左键向下拖曳可创建一条水平参考线，创建垂直参考线的方法与创建水平参考线类似，但需要将鼠标指针放在垂直标尺上。

在运用参考线时，有一些实用的小技巧，具体如下。

① 隐藏 / 显示参考线：选择"视图"→"显示参考线"选项（或按 Ctrl+; 快捷键）可显示或隐藏参考线。

② 锁定 / 解锁参考线：选择"视图"→"锁定参考线"选项（或按 Ctrl+Alt+Shift+; 快捷键）可锁定或解锁参考线。

图 3-34　标尺

③ 清除参考线：选择"视图"→"清除参考线"选项可清除视图区域中所有参考线。

7. 中继器

中继器的作用是复制形状，当需要多个相同的形状时，可以利用中继器来完成。展开图层，单击"添加"图标 ▶，在添加内容菜单中选择"中继器"选项，可复制形状。添加中继器后，可以看到中继器的一系列属性，如图 3-35 所示。

理论微课 3-7：中继器

图 3-35　中继器的一系列属性

通过中继器的一系列属性可以调整形状的副本、位置等。对中继器属性的具体介绍如下。

（1）"副本"

"副本"是指形状的数量，默认是 3，包含形状主体和形状副本。其中形状主体是指绘制的形状，形状副本是指复制的形状。当更改"副本"参数时，形状的数量会发生变化，"副本"为 3 和 6 的对比示例如图 3-36 所示。

"副本"为 3　　　　　　　　　　"副本"为 6

图 3-36　"副本"为 3 和 6 的对比示例

（2）"偏移"

"偏移"是指所复制的形状相对于初始位置的偏差。当"偏移"的参数为正数时，所有形状向右移动；当参数为负数时，所有形状向左移动。需要注意的是，当设置"偏移"为 1 时，所有形状会向右偏移 100 像素，而不是 1 像素。"偏移"为 0 和 1 的对比示例如图 3-37 所示。

"偏移"为 0　　　　　　　　　　"偏移"为 1

图 3-37　"偏移"为 0 和 1 的对比示例

（3）"合成"

"合成"用于设置形状主体及形状副本的堆叠顺序。"合成"包含"之上"和"之下"两个选项，将"合成"设置为"之上"时，系统在形状主体的上方复制形状副本；将"合成"设置为

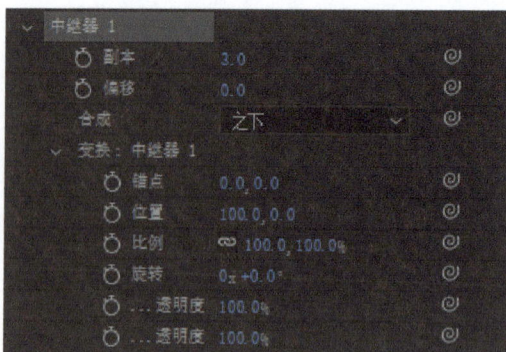

"之下"时，系统在形状主体的下方复制形状副本。设置不同合成的对比示例如图 3-38 所示。

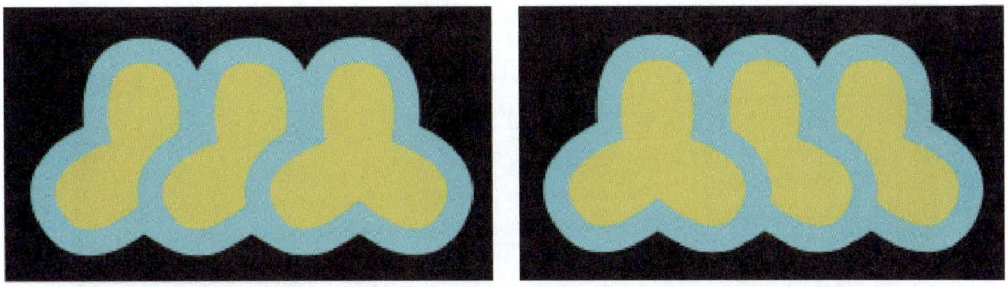

设置合成为"之上"　　　　　　　　设置合成为"之下"

图 3-38　设置不同合成的对比示例

（4）"变换"

中继器的"变换"属性主要用于设置形状的显示状态，包括"锚点""位置""比例""旋转""起始点不透明度"和"结束点不透明度"等选项。

①"锚点"用于设置中继器的锚点。需要注意的是，当没有设置"位置"或"旋转"参数时，改变锚点的数值，形状并无任何变化。

②"位置"用于设置各个副本之间的距离。

③"比例"用于设置各个副本之间的比例关系。

④"旋转"用于设置各个副本之间的旋转角度。

⑤"起始点不透明度"用于设置各个副本之间不透明度递增的变化。

⑥"结束点不透明度"用于设置各个副本之间不透明度递减的变化。

除"锚点"外，"位置""比例""旋转"等这些选项是设置形状之间的对应关系。例如，设置"位置"为"100.0, 0.0"，那么每两个形状之间的距离则是 100 像素；设置"旋转"为"0×+30°"，那么每两个形状之间的倾斜角度为 30°，以此类推。

需要注意的是，中继器作用于其上方的形状。为了更好地使用中继器，下面以一个"炫酷背景"的动画为例，演示中继器的使用方法。

Step1：按 Ctrl+N 快捷键创建合成，在"合成设置"对话框中设置相关参数，详细参数的设置如图 3-39 所示。

Step2：选择"图层"→"新建"→"形状图层"选项，创建一个空的形状图层。

Step3：展开形状图层，依次为形状图层添加组、多边星形和描边这 3 个内容，添加内容的示例如图 3-40 所示。

Step4：设置多边星形的"类型"为"多边形"，并设置"点"为"4.0"，然后设置描边颜色为蓝色（RGB：113、110、255）、"描边宽度"为"2.0"，多边形样式效果如图 3-41 所示。

Step5：选中形状图层，为形状图层添加中继器，设置"副本"为"60.0"。

Step6：在中继器的"变换"属性中设置"位置"选项的参数为"0.0, 0.0"，"比例"为"80.0, 80.0%"，旋转为"0×+10°"，参数设置和对应的效果如图 3-42 所示。

Step7：在图层"变换"属性中，设置"缩放"参数为"500.0, 500.0%"。

Step8：激活中继器中"偏移"属性的关键帧，移动时间指示器的位置至第 9 秒第 24 帧，设置"偏移"为"-30.0"。

图 3-39　详细参数的设置

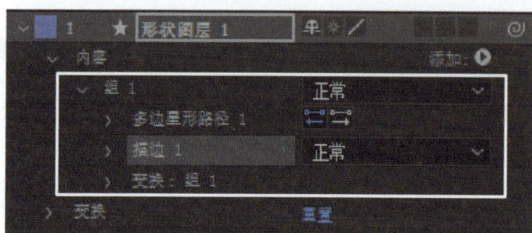

图 3-40　添加内容的示例　　　　　　　图 3-41　多边形样式效果

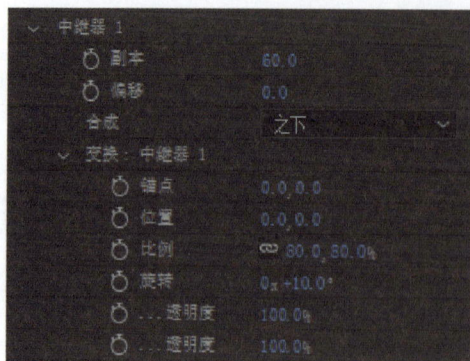

参数设置　　　　　　　　　　　　　　　对应的效果

图 3-42　参数设置和对应的效果

至此，"炫酷背景"的动画制作完成。

8. 形状的其他属性

除了上面提到的属性外，形状还有一些其他属性，下面针对形状的其他属性进行讲解。

（1）"位移路径"

"位移路径"可以使形状等距离收缩或扩展，通常用来制作和原形状等距离扩展或等距离收缩的形状。在"位移路径"属性中，"数量"是最主要的参数。"数量"参数为负数时，形状向内收缩；参数为正数时，形状向外扩展。

例如，绘制一个圆角矩形，再复制圆角矩形所在图层，为复制的图层添加"位移路径"属性，并设置"数量"为"-40.0"，可得到对应的效果图。等距离收缩效果示例如图 3-43 所示。

图 3-43　等距离收缩效果示例

（2）"收缩和膨胀"

"收缩和膨胀"可以使形状被挤压或拉伸，从而产生变形效果的属性。"收缩和膨胀"只有一个"数量"参数，当参数为负数时，形状的每条边会向内收缩；当参数为正数时，形状的每条边会向外膨胀。收缩和膨胀的对比示例如图 3-44 所示。

原图　　　　　　　　　收缩　　　　　　　　　膨胀

图 3-44　收缩和膨胀的对比示例

（3）"圆角"

"圆角"属性可以使形状产生圆滑的效果。"圆角"只有一个"半径"参数，参数越大，形状越平滑。

（4）"扭转"

"扭转"属性可以使形状产生旋转扭曲的变形效果。旋转有"角度"和"中心"两个参数，"角度"用于设置扭转的角度，参数为正数时，顺时针扭转；参数为负数时，顺时针扭转。"中心"用于设置旋转的中心点位置。

例如，设置星形的"角度"为"360.0"，中心为"110.0, 0.0"，可以得到对应的效果图，扭转的效果示例如图 3-45 所示。

（5）"摆动路径"

"摆动路径"属性可以使形状进行随机地变形并产生动画，"摆动路径"包含"大小""详细信息""点""摇摆 / 秒"等 8 个参数，下面对常用的参数进行介绍。

① "大小"指摆动的幅度。

原图　　　　　　　　　　　　　扭转

图 3-45　扭转的效果示例

②"详细信息"指形状摆动变化的细节量。

③"点"指摆动时的圆滑程度。该参数包含"边角"和"平滑"两个选项。选择"边角"时，摆动较为尖锐；选择"平滑"时，摆动较为圆滑。

④"摇摆 / 秒"指每秒钟形状摆动的次数。

添加"摆动路径"属性后，会自动出现一个随机变形的动画，若只想使形状发生外形的改变，不产生动画，那么将"摇摆 / 秒"设置为 0 即可。

（6）"摆动变换"

"摆动变换"可以使形状产生随机的变换动画，通常和"摆动变换"的"变换"属性同时进行调整（不是形状图层的"变换"属性）。当添加"摆动变换"属性时，形状不会有任何动画效果，此时，需要调整"摆动变换"的"变换"参数。例如，调整形状的"摆动变换 1"的"摇摆 / 秒"为"24.0"、"位置"为"414.0，0.0"，此时，形状就会左右摆动，参数设置和摆动效果的示例如图 3-46 所示。

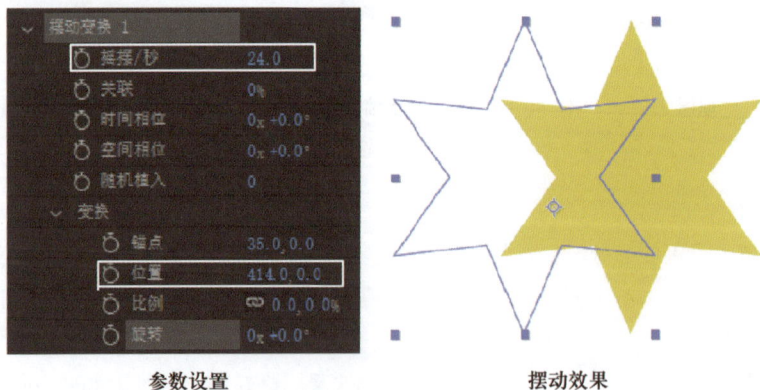

参数设置　　　　　　　　　　　　摆动效果

图 3-46　参数设置和摆动效果的示例

（7）"Z 字形"

"Z 字形"可以使形状产生锯齿的变形效果，"Z 字形"包含"大小""每段的背脊"和"点"3个参数，其中"大小"用于设置锯齿的大小；"每段的背脊"用于设置形状的每条边锯齿数量；"点"用于设置锯齿的平滑度。

例如，设置"大小"为"35.0"、"每段的背脊"为"10.0"，可以得到对应的效果图，如图 3-47所示。

原图   Z字形

图 3-47　设置"Z字形"属性的效果示例

■ 任务实现

根据任务分析思路,"任务 3-1 空间时钟动画"的具体实现步骤如下。

1. 制作背景

Step1: 启动 After Effects,保存项目,将项目命名为"任务 3-1 空间时钟动画"。

Step2: 选择"合成"→"新建合成"选项(或按 Ctrl+N 快捷键),在弹出的"合成设置"对话框中设置"合成名称"为空间时钟动画,"宽度"和"高度"均为"1000 px"、"帧速率"为 25 帧 / 秒、"持续时间"为 10 秒。合成的参数设置如图 3-48 所示。

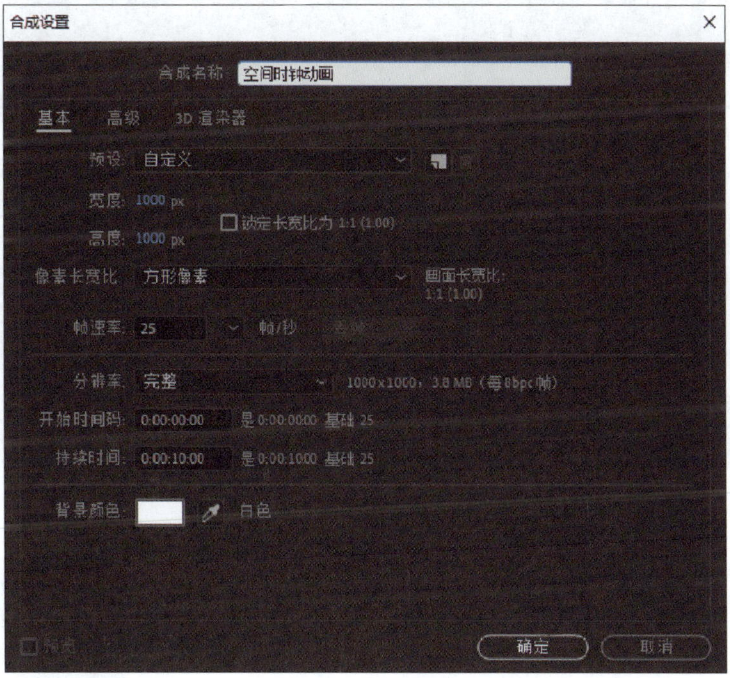

图 3-48　合成的参数设置

Step3: 新建一个空的形状图层,依次添加"组(空)""矩形""渐变填充"属性,如图 3-49 所示。

图 3-49 形状图层和对应属性

Step4：选择"形状图层 1"→"内容"→"组 1"→"矩形路径 1"→"大小"选项，设置"大小"为"1000.0，1000.0"。

Step5：选择"形状图层 1"→"内容"→"组 1"→"渐变填充 1"→"类型"选项，设置"类型"属性为"径向"。

Step6：选择"形状图层 1"→"内容"→"组 1"→"渐变填充 1"→"颜色"选项，编辑渐变颜色为蓝色到深蓝色，如图 3-50 所示。

图 3-50 渐变颜色的示例

Step7：选中"渐变填充 1"选项，在视图区域中拖曳起始点和结束点改变渐变区域的大小，如图 3-51 所示。

Step8：将形状图层重命名为"背景"，并锁定图层。

2. 制作静态时钟

（1）制作表盘

Step1：选中"椭圆工具" ，在视图区域中绘制一个正圆形，得到"形状图层 1"，依次按 Ctrl+Alt+Home 快捷键和 Ctrl+Home 快捷键进行锚点居中和视点居中。

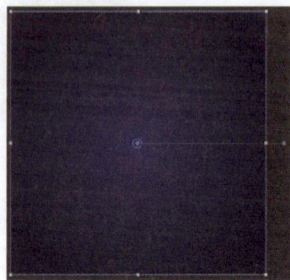

图 3-51 渐变效果的示例

Step2：设置"形状图层 1"中正圆的形状颜色为深蓝色（RGB：11、11、35），并重命名为"星空背景"。

Step3：按 Ctrl+D 快捷键，复制"星空背景"图层，得到"星空背景 2"图层，将"星空背景 2"图层重命名为"表盘"。

Step4：选择"表盘"→"内容"→"椭圆 1"选项，按 Ctrl+D 快捷键复制"椭圆 1"图层，得到"椭圆 2"图层。

Step5：选择"椭圆 2"→"椭圆路径 1"→"大小"选项，设置"大小"为"650.0，650.0"，参数设置和对应效果如图 3-52 所示。

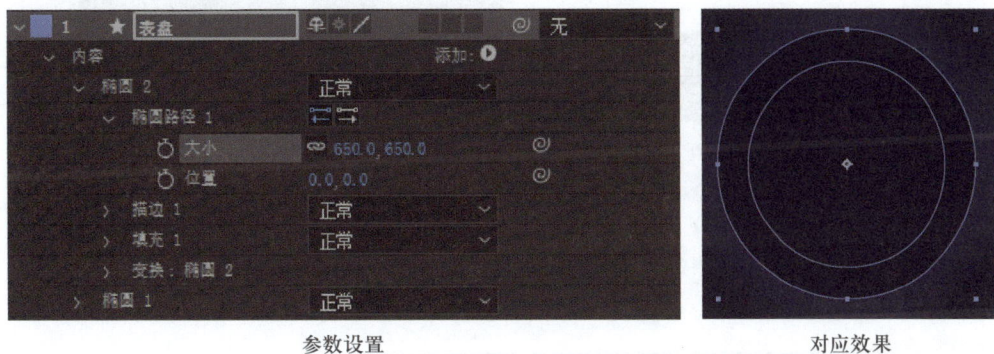

参数设置　　　　　　　　　　　　　　　　　　对应效果

图 3-52　参数设置和对应效果

Step6：将"椭圆 1"图层的顺序调整至"椭圆 2"图层的上方，选中"表盘"图层，为图层添加"合并路径"属性，设置"模式"为"相减"。

Step7：选中"表盘"图层，为图层添加"渐变填充"属性，得到"渐变填充 1"。选择"渐变填充 1"→"类型"选项，设置"类型"为"径向"，选择"颜色"选项，编辑渐变颜色为蓝色到深蓝色。颜色参数和渐变效果的示例如图 3-53 所示。

颜色参数　　　　　　　　　　　　　　　　　　渐变效果

图 3-53　颜色参数和渐变效果的示例

Step8：隐藏表盘中的"椭圆 2"图层，调整渐变填充中的"起始点"和"结束点"属性的参数，渐变参数和渐变效果如图 3-54 所示。

渐变参数　　　　　　　　　　渐变效果

图 3-54　渐变参数和渐变效果

Step9：为"星空背景"图层添加"外发光"图层样式，"外发光"图层样式参数和对应效果如图 3-55 和图 3-56 所示。

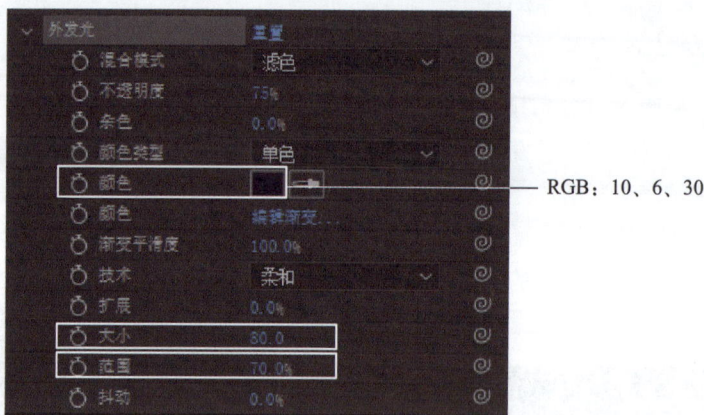

图 3-55　"外发光"图层样式参数

Step10：按 F2 键取消选中所有图层，选择"星形工具" ，在工具栏中设置填充为黄色（RGB：158、146、77）、描边为无。在同一个图层中绘制多个星形，在释放鼠标之前，按↑键，设置星形的显示样式，得到"形状图层 1"。星形的示例如图 3-57 所示。

Step11：将"形状图层 1"重命名为"星星"。为"星星"图层添加"外发光"图层样式，设置"外发光"的"大小"为"15.0"。

（2）绘制刻度

Step1：选择"视图"→"显示标尺"选项（或按 Ctrl+R 快捷键），调出标尺。分别在水平方向的 500 像素和垂直方向的 500 像素位置创建垂直参考线和水平参考线，如图 3-58 所示。

Step2：按 Ctrl+Alt+Shift+; 快捷键锁定参考线。选择"钢笔工具" ，设置填充为无、描边颜色为蓝色、描边宽度为 5。在参考线上绘制一条线段，得到"形状图层 1"，展开形状图层，将描边 1 属性中的线段端点设置为圆头端点。线段如图 3-59 所示。

图 3-56 "外发光"图层样式对应效果

图 3-57 星形的示例

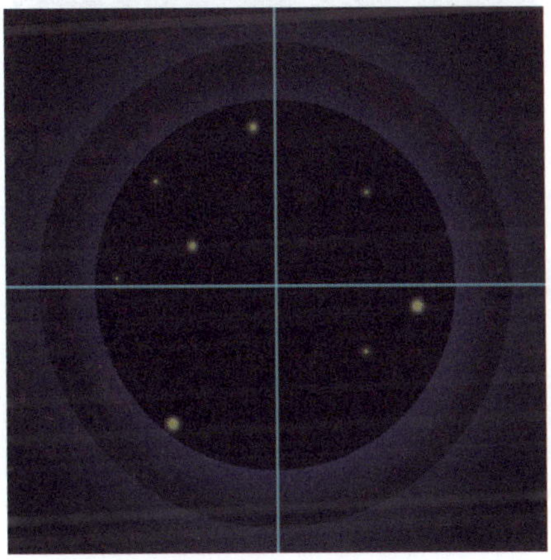

图 3-58 参考线

图 3-59 线段

Step3：按 Ctrl+；快捷键隐藏参考线。将"形状图层 1"重命名为"刻度"。为"刻度"图层添加中继器，得到"中继器 1"，选择"中继器 1"→"副本"选项，设置"副本"为"4.0"。选择"中继器 1"→"变换"选项，设置"位置"为"0.0，0.0"、"旋转"为"0×+90°"，如图 3-60 所示。

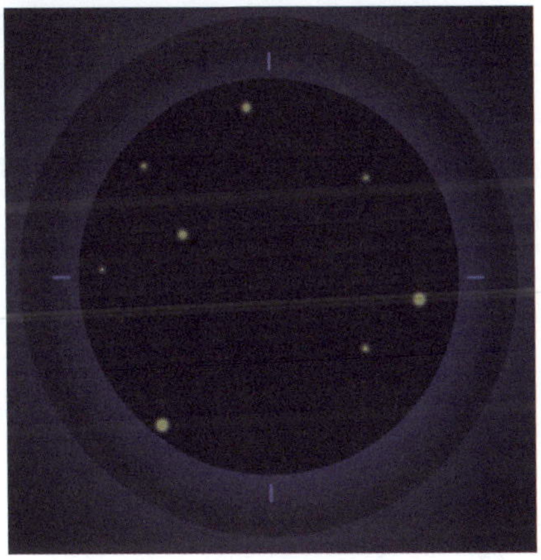

（3）绘制时针和分针

Step1：新建形状图层，得到"形状图层 1"，将其重命名为"时针"。为"时针"图层依次添加"组（空）""椭圆"和"填充属性"，得到"组 1""椭圆路径1""填充 1"和"变换 1"。

图 3-60 刻度的示例

Step2：将"组 1"重命名为"时针表轴"，展开"椭圆路径 1"，设置"大小"为"35.0"、填充为白色。

Step3：选中"时针"图层，为时针图层依次添加"组（空）""路径"和"描边"属性，得到"组 1""路径 1""描边 1"和"变换 1"。

Step4：将"组 1"重命名为"时针指针"，选择"时针指针"→"路径 1"选项，显示参考线，使用"钢笔工具" 🖋 在视图区域绘制线段，选择"时针指针"→"描边 1"选项，设置"描边宽度"为"10.0"、"线段端点"为"圆头端点"。时针指针的示例如图 3-61 所示。

Step5：隐藏参考线，按照步骤 Step1~Step4，绘制分针指针，并得到"分针"图层。分针指针的示例如图 3-62 所示。

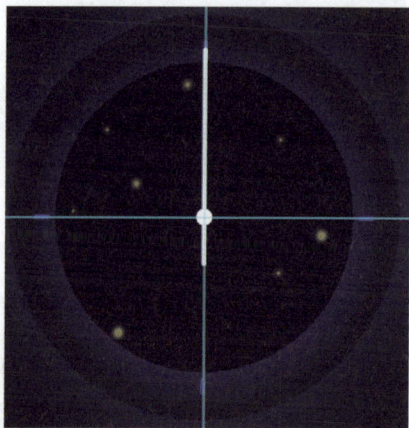

图 3-61　时针指针的示例

图 3-62　分针指针的示例

3. 制作时钟动画

Step1：选择"分针"图层，按 R 键调出分针的"旋转"属性，在第 0 帧处激活"旋转"属性的关键帧，将时间指示器定位在第 9 秒第 24 帧处，设置"旋转"为"$10_\times$+0°"。

Step2：选中时针图层，按 R 键调出时针的"旋转"属性，在第 0 帧处激活"旋转"属性的关键帧，将时间指示器定位在第 9 秒第 24 帧处，设置旋转为"$1_\times$+0°"。

Step3：将时间指示器定位在第 0 帧处，选择"星星"→"图层样式"→"外发光"→"大小"选项，激活"大小"属性关键帧，将时间指示器定位在第 10 帧处，设置"大小"为 0。复制"大小"属性的两个关键帧，将时间指示器定位在第 20 帧处，粘贴关键帧。以此类推，复制关键帧至第 10 秒处，关键帧添加的示例如图 3-63 所示。

图 3-63　关键帧添加的示例

至此，空间时钟动画制作完成。

任务 3-2　汽车导航动画

汽车导航动画

在 After Effect 中，利用路径能够制作路径动画。下面将通过制作汽车导航动画，详细讲解绘制路径和调整路径的方法，并通过自动定向、修剪路径和父子关系等功能制作汽车导航动画。汽车导航动画效果如图 3-64 所示。扫描二维码，查看动画效果。

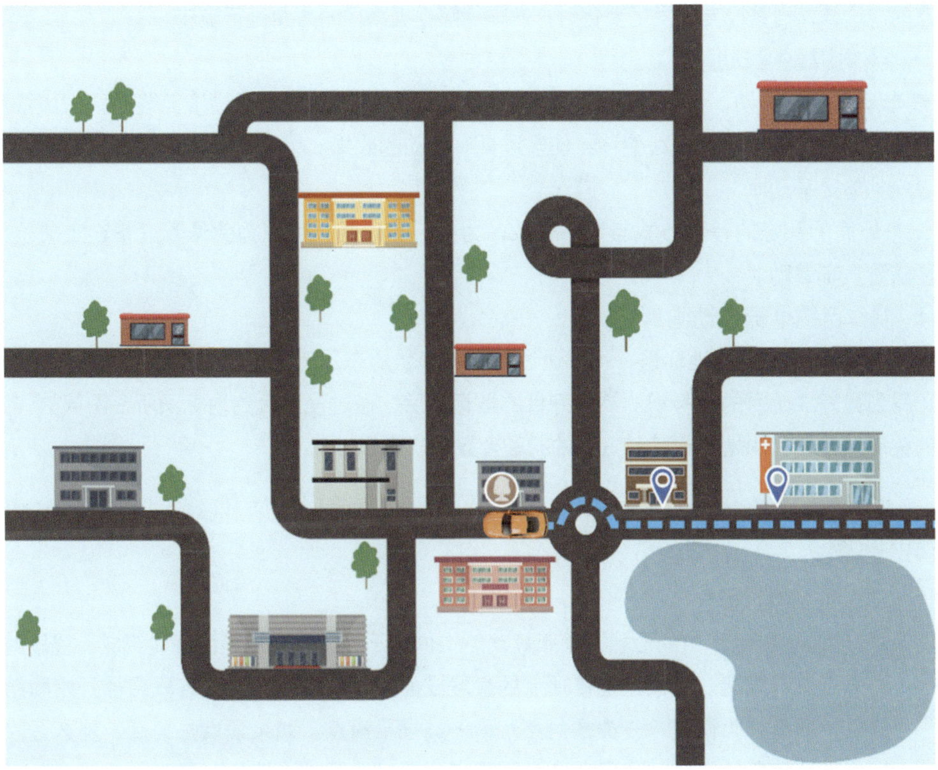

图 3-64　汽车导航动画效果

■ 任务目标

知识目标	● 了解路径的概念，能够说出角点和平滑点的差异 ● 熟悉时间反向关键帧的作用，能够说出设置时间反向关键帧能产生什么样的效果
技能目标	● 熟悉纯色图层，能够创建指定颜色的图层 ● 掌握绘制路径和调整路径的方法，能够绘制出所需的路径形态 ● 掌握制作路径动画的方法，能够使元素沿路径移动 ● 掌握自动定向的方法，能够使元素在移动时沿着路径的方向自动旋转 ● 掌握修剪路径的方法，能够制作描边生长动画的效果 ● 掌握创建父子关系的方法，能够制作简单的父子动画

■ 任务分析

　　本任务的重点是让读者掌握路径的绘制方法和调整方法，掌握针对路径的一些基本操作。任务主要由背景和运动的汽车两部分构成，在制作汽车动画的过程中，又包括人像、虚线和目的地标识。可以按照以下思路完成汽车导航动画。

1. 制作路径动画

汽车需要沿着道路行驶，因此，要沿道路绘制一条路径，使汽车沿着路径移动，并设置汽车的自动定向。这样，当路径方向发生变化时，汽车能够根据路径的方向进行旋转。

2. 制作虚线生长动画

汽车从右至左移动，虚线会随着汽车移动从右至左延伸。可以通过修剪路径，使虚线延伸，虚线延伸的同时，通过设置虚线偏移，使虚线具有移动的效果。

3. 制作父子动画

汽车外面的头像的移动方式与汽车一致，为了节省时间，可以为头像和汽车设定父子关系，使头像随着汽车移动。

4. 制作目的地标识动画

任务中共有 4 个目的地标识，可以通过形状和形状的布尔运算得到一个目的地标识，再进行复制，得到另外 3 个目的地标识。制作好目的地标识后，通过设置目的地标识所在图层的"缩放"属性的关键帧，使目的地标识随着汽车的行驶位置依次弹出。

■ 知识储备

理论微课 3-9：
路径概述

1. 路径概述

After Effects 中的形状、蒙版等功能均依赖于路径。路径是由线段组成，线段的端点由顶点进行标记。线段是连接顶点的直线或曲线，顶点用于定义各段路径开始和结束的位置。顶点分为两类，一类是角点，另一类是平滑点。如果顶点是角点，那么线段被连接成带有棱角的折线；如果顶点是平滑点，那么线段被连接成一条光滑曲线。角点和平滑点的线段示例如图 3-65 所示。

在图 3-65 中可以看到，在平滑点上有一个手柄，这个手柄被称为方向线，调整方向线时，路径的形态会发生改变，调整方向线的示例如图 3-66 所示。

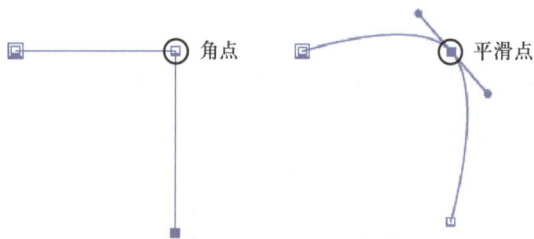

图 3-65　角点和平滑点的线段示例　　　　图 3-66　调整方向线的示例

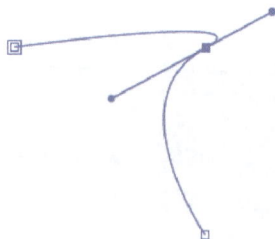

路径可以是开放的，也可以是闭合的。封闭的路径能构成形状路径。

理论微课 3-10：
纯色图层

2. 纯色图层

纯色图层也被称为固态层，是一个只有纯色的空图层，用来容纳一些元素，如路径和一些特效。选择"图层"→"新建"→"纯色"选项（或按 Ctrl+Y 快捷键），会弹出"纯色设置"对话框，如图 3-67 所示。

在"纯色设置"对话框中，包含了很多参数，在实际应用中，经常调整的参数有"名称""大小"和"颜色"。其中，"名称"用于设置纯色图层的名称；"大小"用于设置纯色图层的大小，默认和合成大小一致；"颜色"用于设置纯色图层的颜色，单击色块，会弹出"纯色"对话框，如图 3-68 所示。

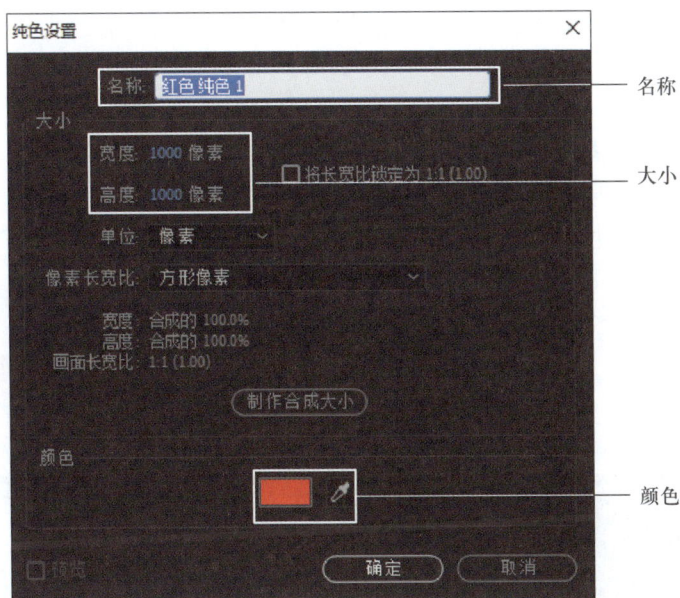

图 3-67 "纯色设置"对话框

图 3-68 "纯色"对话框

在"纯色"对话框中设置需要的颜色即可，单击"确定"按钮后，图层编辑区会生成对应颜色的纯色图层。若想调整纯色图层的颜色，可按 Ctrl+Shift+Y 快捷键，会再次弹出"纯色设置"对话框，在对话框中进行颜色调整即可。

3. 获取路径

若想使用路径，需要先获取路径。在 After Effects 中，获取路径的方法有两种，第 1 种是绘制路径，第 2 种是粘贴路径，下面对这两种获取路径的方法进行讲解。

理论微课 3-11：获取路径

（1）绘制路径

在 After Effects 中，可以使用形状工具绘制规则路径，也可以使用钢笔工具绘制自由路径。

① 使用形状工具绘制规则路径。使用形状工具绘制规则路径时，需要在工具栏中勾选"贝塞

尔曲线路径"复选框，这时，路径上的顶点是可以任意进
行调整的，以改变路径形态，调整路径的示例如图 3-69
所示。

如果想调整形状的样式，可以将形状转化成路径。选
择"形状图层 1"→"内容"→"矩形（椭圆 / 多边星形）
1"→"矩形（椭圆 / 多边星形）路径 1"选项，右击"矩
形（椭圆 / 多边星形）路径 1"，在弹出的快捷菜单中选择
"转换为贝塞尔曲线路径"选项，可将形状转化为路径，
如图 3-70 所示。

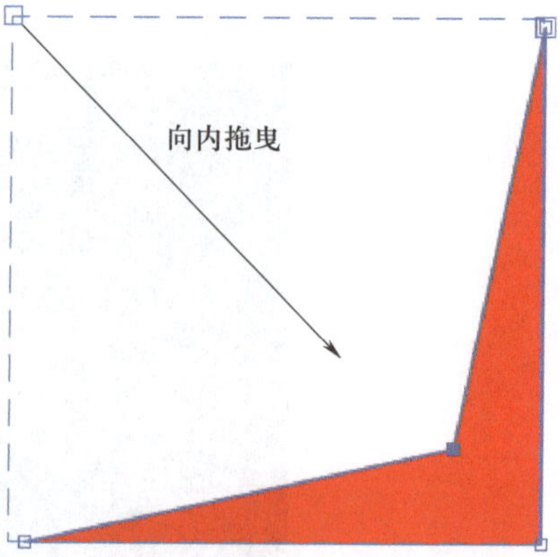

图 3-69　调整路径的示例

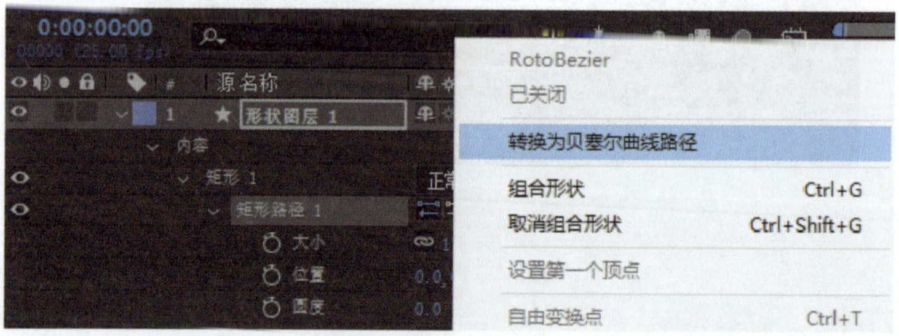

图 3-70　选择"转换为贝塞尔曲线路径"选项

② 使用钢笔工具绘制路径。使用钢笔工具能够绘制不规则的自由路径，可以根据需要，自定
义路径的形状。使用钢笔工具绘制的路径包括两种，一种是手动贝塞尔曲线路径，另一种是自动
贝塞尔曲线路径。

● 绘制手动贝塞尔曲线路径。使用钢笔工具绘制路径时，需要手动拖曳鼠标指针，才能生成
曲线路径。使用钢笔工具绘制路径和绘制形状的方法一致，此处不再进行讲解。

● 绘制自动贝塞尔曲线路径。在工具栏中勾选"RotoBezier"复选框时，系统会自动计算旋
转贝塞尔曲线路径的方向线，此时，得到的路径均为曲线路径，使绘制曲线路径的过程更便捷。

（2）粘贴路径

若想在 After Effects 中使用外部路径，就需要对路径进行复制、粘贴。可以从 Adobe
Photoshop 或 Adobe Illustrator 等软件中复制路径，并将路径粘贴到 After Effects 中。需要注意的
是，路径通常作为蒙版被粘贴在图层中，因此，复制路径后，需要先选中图层再进行粘贴。若在
图层编辑区中没有选中图层，路径会粘贴失败。

下面以从 Adobe Photoshop 中复制路径为例，演示粘贴路径的方法。

Step1：在 Adobe Photoshop 中，使用路径选择工具选中如图 3-71 所示的路径，按 Ctrl+C 快
捷键复制路径。

Step2：切换至 After Effects 中，按 Ctrl+N 快捷键新建一个合成，并按 Ctrl+Y 快捷键新建一
个任意颜色（本书设置为粉色）的纯色图层。

Step3：选中纯色图层，按 Ctrl+V 快捷键粘贴路径，如图 3-72 所示。

在上述示例中，路径被粘贴在纯色图层中。

图 3-71　复制路径　　　　　　　　　　图 3-72　粘贴路径

若想复制 After Effects 内部路径至其他图层中，需要在其他图层中先建立蒙版（关于蒙版的相关知识，本书将在项目 4 进行详细讲解）。

为了方便观察视图区域中的元素，可以对路径进行隐藏。单击查看器面板中的"切换蒙版和形状路径可见性"按钮 ，可将形状的路径隐藏；再次单击该按钮，可显示路径。

4. 调整路径

当发现路径形状不理想，可以对路径进行调整。下面对调整路径的方法进行讲解。

使用"钢笔工具"时，将鼠标指针放在顶点上，"钢笔工具"可自动切换为"选取工具"，按住鼠标左键拖曳，可以移动顶点的位置，从而改变路径的形状。

理论微课 3-12：调整路径

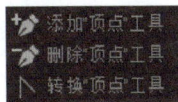

使用"选取工具"时，选择"形状图层 1"→"内容"→"路径 1"选项，单击锚点，可以选中指定的顶点；若不小心选中了所有锚点，可以按 Shift 键在顶点上单击，这时可取消选中相应顶点。选中顶点进行拖曳，即可移动顶点的位置，从而改变路径的形状。

如果想将路径形状调整得更加完美，可以使用不同的工具进行调整。在 After Effects 中，调整路径的工具通常有"添加'顶点'工具" 、"删除'顶点'工具" 和"转换'顶点'工具" 。调整路径的工具如图 3-73 所示。

图 3-73　调整路径的工具

调整路径工具的使用方法如下。

（1）"添加'顶点'工具"

主要用于添加顶点。使用"添加'顶点'工具"，在路径上单击，可以在路径上添加顶点；将鼠标指针放在路径上，"钢笔工具"会自动转换为"添加'顶点'工具"。

（2）"删除'顶点'工具"

主要用于删除顶点。使用"删除'顶点'工具"，在顶点上单击，可以删除顶点；按住 Ctrl 键，将鼠标指针放在顶点上，"钢笔工具"会自动转换为"删除'顶点'工具"。

（3）"转换'顶点'工具"

主要用于角点和平滑点之间的相互转换。使用"转换'顶点'工具"，在顶点上单击，可以使角点和平滑点之间相互转换；使用"转换'顶点'工具"拖曳方向线，可以改变一侧方向线的方向，不影响另一侧方向线所对应的路径。按住 Alt 键，"钢笔工具"会自动转换为"转换'顶点'工具"。

若想将闭合路径调整为开放路径，使用"选取工具" ，选中两个顶点，右击，在弹出的快捷菜单中选择"蒙版和形状路径"→"已关闭"选项，可将闭合路径调整为开放路径。

5. 路径动画

路径动画是指元素沿着路径进行移动的动画，若想使元素沿着自定义的方向移动，就需要制作路径动画。在 After Effects 中，制作路径动画需要以下几个步骤。

（1）获取路径

理论微课 3-13：路径动画

使用工具绘制路径，或粘贴路径即可获取路径。路径可以是闭合的也可以是开放的。

（2）复制路径

选择"路径"属性或"蒙版路径"属性，按 Ctrl+C 快捷键复制路径。例如，复制"形状图层 1"的路径，需要选择"内容"→"形状"→"路径 1"→"路径"选项，按 Ctrl+C 快捷键进行复制。路径层级如图 3-74 所示。

图 3-74　路径层级

（3）粘贴路径

选择元素所在图层的"位置"属性，按 Ctrl+V 快捷键粘贴路径。例如，使飞机沿着路径运动，那么需要选择飞机所在图层，选择"变换"→"位置"选项，按 Ctrl+V 快捷键进行粘贴，如图 3-75 所示。

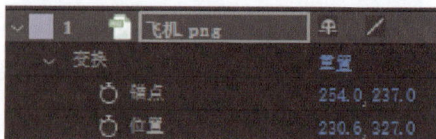

图 3-75　粘贴路径示例

值得注意的是，在"位置"属性粘贴路径后，合成编辑区中会出现和路径顶点相对应的关键帧，如图 3-76 所示。

选中图 3-76 中的最后一个关键帧，向右拖曳，可以发现中间的关键帧会跟着移动，如图 3-77 所示。

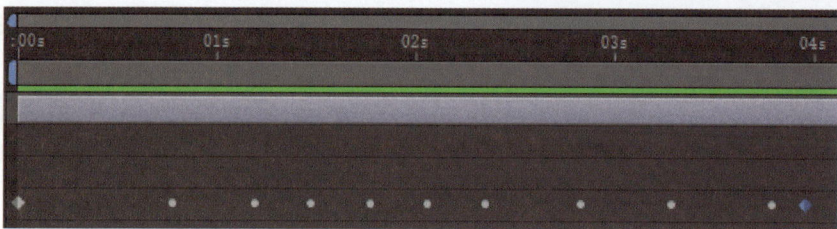

图 3-76　和路径顶点相对应的关键帧

图 3-77　拖曳关键帧的示例

为什么移动最后一个关键帧后，中间的关键帧也会跟着移动呢？这是因为当粘贴路径后，After Effects 会自动为关键帧设置"漂浮穿梭时间"，这时，移动最后一个关键帧时，中间的关键帧会根据原有比例进行散布，使元素有规律地匀速运动。若想更改元素的运动速度，需要全选关键帧，右击，在弹出的快捷菜单中，取消勾选"漂浮穿梭时间"复选框。这样在拖曳最后一个关键帧时，中间的关键帧位置才不会改变。

6. 自动定向

在制作路径动画时，元素只会沿着路径进行移动，并不会随着路径方向的改变而进行旋转，如图 3-78 所示。

在图 3-78 所示的路径动画中，飞机并没有随着路径方向的改变而进行旋转，而是保持同一个角度，这样制作出来的动画会非常不真实。为了使动画更加真实，需要为元素设置自动定向。

自动定向可以使元素在运动时其角度与路径的方向保持一致。选中需要定向的元素，选择"图层"→"变换"→"自动定向"选项（或按 Ctrl+Alt+O 快捷键），弹出"自动方向"对话框，如图 3-79 所示。

理论微课 3-14：
自动定向

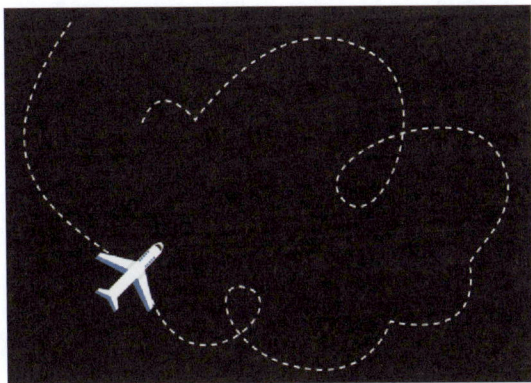

图 3-78 路径动画

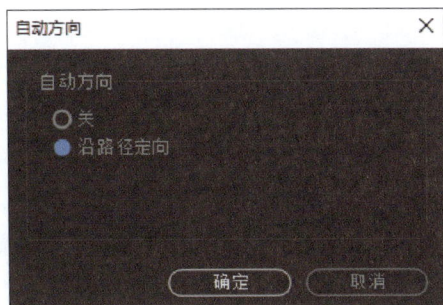

图 3-79 "自动方向"对话框

在对话框中选择"沿路径定向"单选框，单击"确定"按钮即可实现元素的自动定向。

打开"飞机定向动画"项目，选择飞机所在图层，按 Ctrl+Alt+O 快捷键，在"自动方向"对话框中选中"沿路径定向"单选按钮，单击"确定"按钮即可完成飞机的自动定向，如图 3-80 所示。

7. 时间反向关键帧

时间反向关键帧是将所选关键帧倒序播放。例如，图 3-81 展示的小球，它默认从 A 点运动到 B 点，若想使小球从 B 点运动到 A

图 3-80 飞机自动定向

点，那么就需要重新设置关键帧，但这个做法未免太过麻烦。此时，可以使用时间反向关键帧，快速使关键帧倒序播放。

选中所有关键帧，右击，在弹出的快捷菜单中选择"关键帧辅助"→"时间反向关键帧"选项，即可将选中的关键帧倒序播放。按 0 键播放动画，会发现小球是从 B 点运动到 A 点的。

理论微课 3-15：
时间反向关键帧

8. 修剪路径

除了可以修改形状"描边 1"属性的"宽度""颜色""虚线"等参数外，还可以通过"修剪路径"属性来设置描边的范围，并制作出描边延伸的动画。

例如，在形状图层中绘制一个路径，得到"形状图层 1"，为其设置描边，选中"形状图层 1"，在添加内容菜单中选择"修剪路径"选项。此时，形状图层中会出现"修剪路径 1"属性，如图 3-82 所示。

理论微课 3-16：
修剪路径

图 3-81 小球运动

图 3-82 "修剪路径 1"属性

在"修剪路径 1"属性中有"开始""结束""偏移"和"修剪多重形状"多个参数，对这些参数介绍如下。

①"开始"/"结束"用于定义描边的起始方向。

②"偏移"用于定义描边在路径上的位置。

③"修剪多重形状"包含"同时"和"单独"两个选项，当一个形状图层中存在多个形状时，选择"同时"选项，可以将多个形状的描边同时进行修剪；选择"单独"选项时，会单独进行修剪。

可以设置路径的开始点和结束点的位置，开始点的样式如图 3-83 所示。

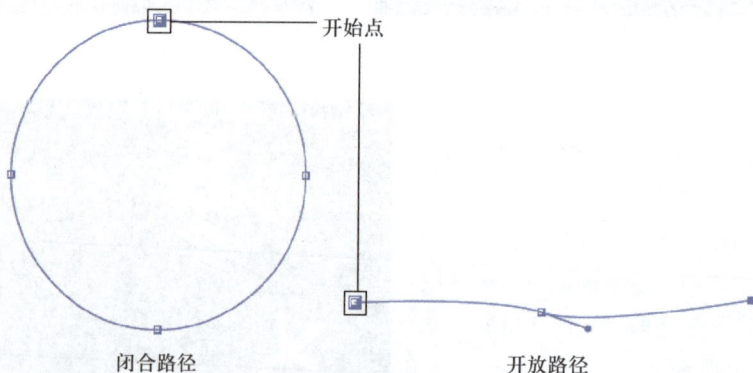

图 3-83 开始点的样式

使用"选取工具"，选择一个顶点，右击，在弹出的快捷菜单中选择"蒙版和形状路径"→"设置第一个顶点"选项，可以把选中的顶点设置为路径的开始点，如图 3-84 所示。

图 3-84 设置第一个顶点

9. 父子关系

父子关系是一种从属关系，当为两个图层建立父子关系后，子级图层会继承父级图层的属性，随着父级的运动而运动。也就是说 After Effects 会把父级图层中的变换属性（"不透明度"属性除外）同步给子级图层。例如，父级图层中的元素向上移动 10 像素，那么子级图层中的元素也会向上移动 10 像素。下面针对父子关系的基本操作进行讲解。

（1）建立父子关系

建立父子关系的方法很简单，单击"父级和链接"下的下拉菜单，在下拉菜单中选择需要定义的父级图层选项即可为这两个图层建立父子关系。除此之外，拖曳"父级关联器"图标 至目标图层，也可为两个图层建立父子关系。拖曳方法的示例如图 3-85 所示。

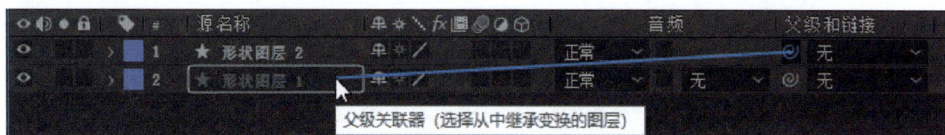

图 3-85　拖曳方法的示例

接下来以一个"推车动画"的示例演示建立父子关系的方法。

Step1：打开"推车动画"项目，效果如图 3-86 所示。

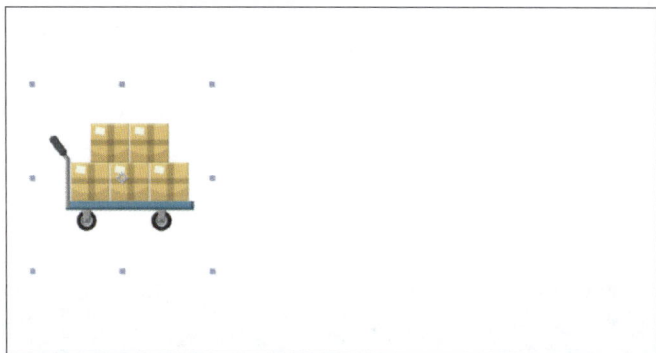

图 3-86　"推车动画"效果

Step2：选中推车所在图层，按 P 键调出图层的"位置"属性，在第 0 帧处激活关键帧。

Step3：将时间指示器定位在第 10 秒处，在视图区域向右拖曳推车，推车位置示例如图 3-87 所示。

图 3-87　推车位置示例

Step4：将时间指示器定位在第 0 帧处，选中箱子所在图层，拖曳图层后面的"父级关联器"图标⊚至推车所在的图层上，如图 3-88 所示。

图 3-88　拖曳"父级关联器"示例

至此，推车动画制作完成。

（2）解除父子关系

若想解除父子关系，单击"父级和链接"下的下拉菜单，在下拉菜单中选择"无"选项，或者按住 Ctrl 键单击"父级关联器"图标 ◎，即可解除父子关系。

■ 任务实现

根据任务分析思路，"任务 3-2 汽车导航动画"的具体实现步骤如下。

1. 制作路径动画

Step1：启动 After Effects，保存项目，将项目命名为"任务 3-2 汽车导航动画"。

Step2：选择"合成"→"新建合成"选项（或按 Ctrl+N 快捷键），在弹出的"合成设置"对话框中设置"合成名称"为"汽车导航动画"、"宽度"为"1920 px"、"高度"为"1500 px"、"帧速率"为"25 帧 / 秒"、"持续时间"为 10 秒。单击"确定"按钮完成合成的创建。合成的参数设置如图 3-89 所示。

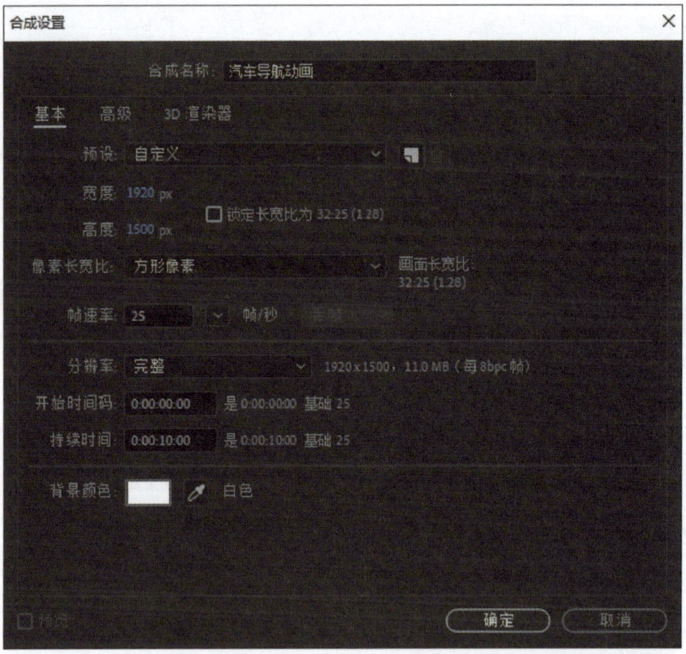

图 3-89　合成的参数设置

Step3：双击素材列表的空白区域，导入"道路 .png""汽车 .png""头像 .png"素材，如图 3-90 所示。

图 3-90　素材展示

Step4：按 Ctrl+Y 快捷键，在"纯色设置"对话框中设置纯色图层的颜色为浅蓝色（RGB：212、249、255），单击"确定"按钮新建纯色图层。

Step5：将"道路 .png"和"汽车 .png"素材拖曳至素材编辑区，调整汽车的大小和角度，如图 3-91 所示。

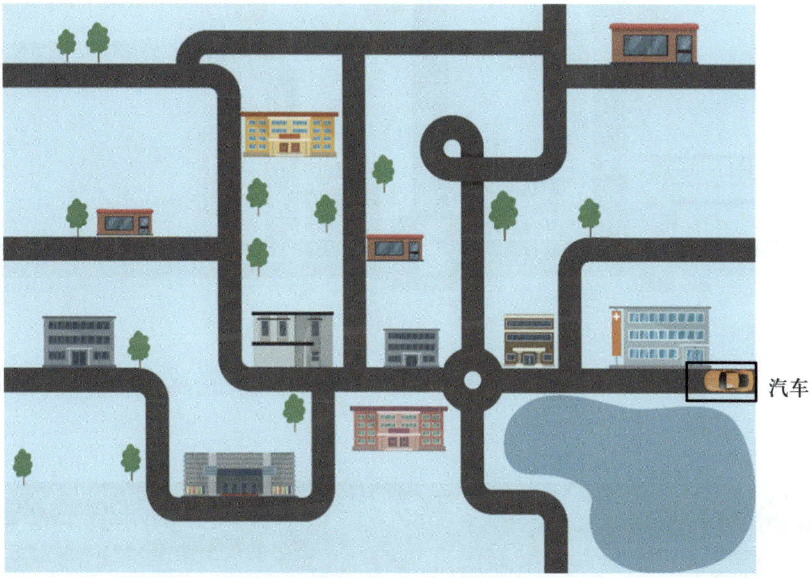

图 3-91　调整汽车的大小

Step6：按 F2 键取消选中所有图层，选择"钢笔工具"，在工具栏中设置填充为无、描边为青色（RGB：0、198、255），绘制路径，得到"形状图层 1"，路径的示例如图 3-92 所示。

图 3-92　路径的示例

Step7：依次使用"添加'顶点'工具""转换点工具"和"钢笔工具"调整路径，调整路径的示例如图 3-93 所示。

Step8：将"形状图层 1"重命名为"虚线"，设置描边宽度为 15 像素。

Step9：选择"虚线"→"内容"→"形状 1"→"路径 1"→"路径"选项，按 Ctrl+C 快捷键复制路径。

图 3-93　调整路径的示例

Step10：选择"汽车"图层，按 P 键调出"位置"属性，按 Ctrl+V 快捷键粘贴路径，得到关键帧，如图 3-94 所示。

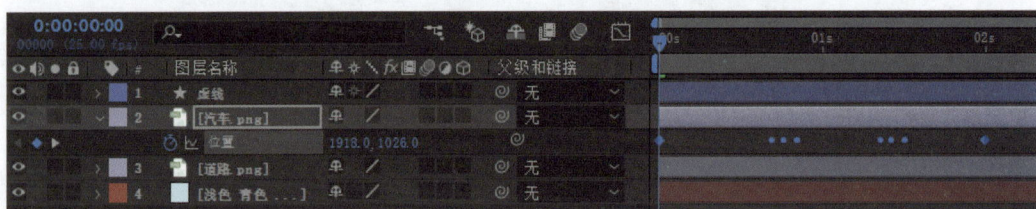

图 3-94　关键帧

Step11：选中最后一个关键帧，向后拖曳至第 10 秒处。

Step12：选中汽车所在图层，选择"图层"→"变换"→"自动定向"选项（或按 Ctrl+Alt+O 快捷键），在弹出的"自动方向"对话框中选中"沿路径定向"单选按钮，如图 3-95 所示。单击"确定"按钮，将汽车沿着路径自动定向。

Step13：调整汽车的角度为 -90°。将汽车所在图层的顺序调整至"虚线"图层上方。

2. 制作虚线延伸动画

Step1：选择"虚线"→"内容"→"形状 1"→"描边 1"→"虚线"选项，单击"虚线"后的 ✚ 图标，添加"虚线"和"偏移"，再次单击该图标，添加"间隙"，添加"虚线"属性的示例如图 3-96 所示。

图 3-95　"自动方向"对话框

图 3-96　添加虚线属性的示例

Step2：设置"虚线"为"30.0"，"间隙"为"15.0"。

Step3：为"虚线"图层添加"修剪路径"属性，选择"虚线"→"内容"→"修剪路径"→"结束"选项，设置"结束"为"0%"，并在第 0 帧处激活关键帧。

Step4：将时间指示器定位在第 9 秒第 24 帧处，设置"结束"为"100%"。

Step5：将时间指示器定位在第 0 帧处，选择"虚线"→"内容"→"形状 1"→"描边 1"→"偏移"选项，激活"偏移"关键帧。

Step6：将时间指示器定位在第 9 秒第 24 帧处，设置"偏移"为"−50.0"。

Step7：在图层编辑区中按 Ctrl+A 快捷键选中全部图层，按 Ctrl+~ 快捷键隐藏所有属性。虚线延伸动画部分截图如图 3-97 所示。

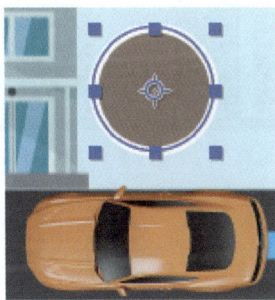

图 3-97　虚线延伸动画部分截图

3. 制作父子关系动画

Step1：按 F2 键取消选中所有图层，使用"椭圆工具"绘制一个正圆，得到"形状图层 1"，在工具栏中设置填充为浅棕色（RGB：160、135、110）、描边为白色、描边宽度为 5 像素。

Step2：按 Ctrl+Alt+Home 快捷键居中锚点，如图 3-98 所示。

Step3：将素材列表中的"人像 .png"素材拖曳至图层编辑区，调整它的位置及大小，人像位置及大小的示例如图 3-99 所示。

图 3-98　正圆的示例　　　　图 3-99　人像位置及大小的示例

Step4：选中"形状图层 1"和"人像 .png"图层，按 Ctrl+Shift+C 快捷键将图层预合成，在"预合成"对话框中设置预合成名称为"头像"。

Step5：拖曳"父级关联器"图标 ◎ 至"汽车 .png"图层上，确定父子关系。

4. 制作目的地标识动画

Step1：按 F2 键取消选中所有图层，在工具栏中选择"椭圆工具"，设置填充为蓝色（RGB：26、128、255）、描边为白色、描边宽度为 8 像素，并勾选"贝塞尔曲线路径"复选框，绘制一个正圆，得到"形状图层 1"。

Step2：选择"形状图层 1"→"内容"→"椭圆 1"→"路径 1"选项，使用"钢笔工具"，拖曳顶点，并按住 Alt 键将平滑点转化为角点。调整路径的示例如图 3-100 所示。

Step3：选中"形状图层 1"绘制一个稍小的正圆，如图 3-101 所示。

Step4：选中"形状图层 1"，为图层添加"合并路径"选项，设置"合并路径"的"模式"为"相减"。调整"形状图层 1"中两个形状的顺序，得到目的地标识如图 3-102 所示。

图 3-100   调整路径的示例　　图 3-101   小圆的示例　　图 3-102   目的地标识

Step5：按 Ctrl+Alt+Home 快捷键，将锚点居中。将"形状图层 1"重命名为"目的地 1"。

Step6：将目的地缩小，并放置在合适的位置，目的地的位置的示例如图 3-103 所示。

Step7：选中目的地标识所在图层，将时间指示器定位在第 2 秒处，按 S 键调出图层的"缩放"属性，激活关键帧。设置比例为"0.0，0.0%"。

Step8：按两下 PageDown 键后移两帧，设置"缩放"为"80.0，80.0%"；再按两下 PageDown 键后移两帧，设置"缩放"为"60.0，60.0%"。

Step9：选中"缩放"属性的所有关键帧，按 F9 键，为关键帧设置缓动效果。

Step10：选中"目的地 1"图层，按 Ctrl+D 快捷键复制图层，得到"目的地 2"图层。将复制的目的地标识放在合适的位置，如图 3-104 所示。

图 3-103   目的地的位置的示例

目的地2　　　　目的地1

图 3-104   目的地标识位置的示例

Step11：按 S 键调出"目的地 2"图层的"缩放"属性，选中所有关键帧，将关键帧向后移动至第 3 秒第 10 帧处。

Step12：按照 Step10 和 Step11 的步骤，复制目的地标识至所需位置，并调整关键帧的位置，以设置目的地标识出现的时间。目的地标识位置和关键帧位置的示例如图 3-105 和图 3-106 所示。

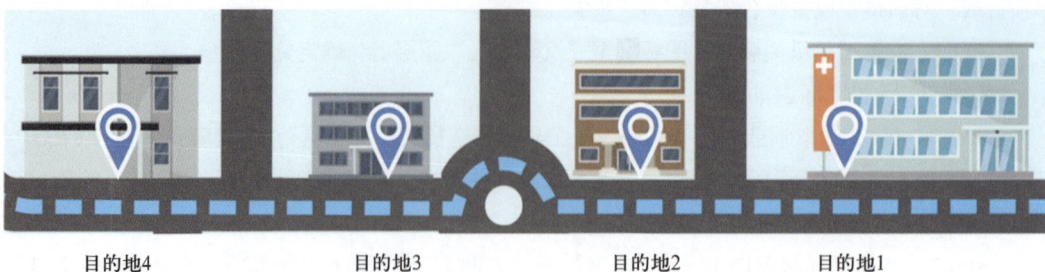

目的地4　　　　　　目的地3　　　　　　目的地2　　　　　　目的地1

图 3-105   目的地标识位置的示例

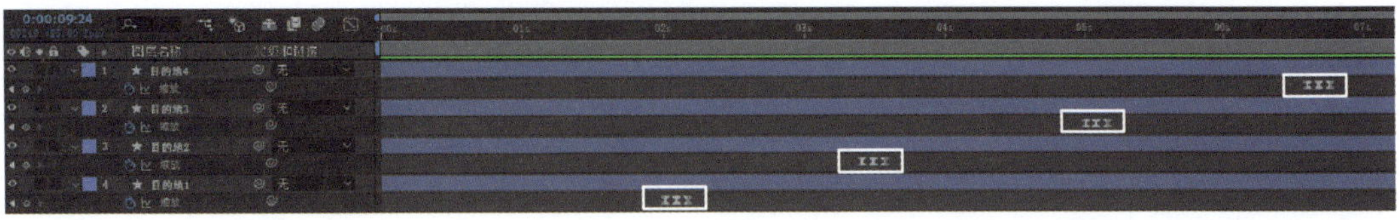

图 3-106　关键帧位置的示例

至此，汽车导航动画制作完成。

项目小结

项目 3 包括两个任务，其中任务 3-1 的目的是让读者认识形状的相关知识，包括形状概述、创建形状图层、添加形状属性、编辑形状属性、形状的布尔运算等。完成此任务，读者可以在 After Effects 中制作空间时钟动画。任务 3-2 的目的是让读者掌握路径的相关知识，包括路径概述、获取路径、调整路径、路径动画等。完成此任务，读者可以在 After Effects 中制作汽车导航动画。

通过学习项目 3，读者能够掌握形状和路径的相关知识。

项目实训：制作烟花动画

学习完前面的内容，接下来请根据要求完成项目实训。

要求：请结合前面所学知识，运用绘制路径、修剪路径和中继器等知识以及给出的素材制作一个烟花动画，烟花动画效果如图 3-107 所示。扫描二维码，查看动画效果。

烟花动画

图 3-107　烟花动画效果

项目 4

利用蒙版和轨道遮罩制作动画

学 习 目 标

◆ 掌握蒙版的使用技巧，能够使用蒙版完成火球环绕动画的制作。
◆ 掌握轨道遮罩的使用技巧，能够使用轨道遮罩完成打鼹鼠动画的制作。

项 目 介 绍

　　在 After Effects 中，利用蒙版和轨道遮罩可以将图层中的部分元素隐藏起来，制作一些特殊的融合效果。本项目将通过制作火球环绕动画和打鼹鼠动画两个任务，详细讲解蒙版和轨道遮罩的相关知识。

PPT：项目 4　利用
蒙版和轨道遮罩制
作动画

PPT

教学设计：项目 4
利用蒙版和轨道遮罩
制作动画

任务 4-1　火球环绕动画

在 After Effects 中，蒙版可以遮挡同一图层的元素。本任务将通过制作一个火球环绕动画，详细讲解蒙版的相关知识，包括蒙版概述、创建蒙版、蒙版的属性以及蒙版的布尔运算。通过本任务的学习，能够让读者对蒙版有一个基本的认识，掌握蒙版的使用技巧。火球环绕动画效果如图 4-1 所示。扫描二维码，查看动画效果。

图 4-1　火球环绕动画效果

■ 任务目标

知识目标	● 了解蒙版的概念，能够说出蒙版的工作原理 ● 掌握蒙版布尔运算的原理，能够说出不同运算模式的差异
技能目标	● 掌握创建蒙版的方法，能够运用不同的方法完成蒙版的创建 ● 掌握蒙版属性的设置方法，能够利用蒙版属性设置不同的蒙版效果

■ 任务分析

本任务的重点是让读者掌握蒙版的使用技巧。可以按照以下思路完成该任务。

1. 拼合场景

火球环绕动画中有许多元素，这些元素均是由素材构成的。可以导入这些素材，根据图层在上优先显示的原则，调整图层的排列顺序，完成场景的搭建。

拼合场景时，首先需要将这些元素拼合成一个静态的场景。然后区分场景中哪些元素是动态的，哪些元素是静止的。在火球环绕动画中，火球和眼睛是动态的，其他元素是静止的。

2. 制作眼睛闪动动画

在制作眼睛闪动动画时，可以先制作静止的眼睛，再添加动画效果，具体方法步骤如下。

① 使用"钢笔工具"绘制一只眼睛，包括眼白和眼珠。

② 在眼白部分添加一个蒙版隐藏眼珠的多余部分。

③ 把眼睛所在图层转换为一个合成。

④ 为眼睛所在的合成添加蒙版，通过蒙版的"蒙版扩展"属性，设置眼睛闭合和张开效果。

⑤ 做完一只眼睛的动画后，对这只眼睛复制和粘贴，得到另一只眼睛。

⑥ 调整另一只眼睛的位置关系。

3. 制作火球路径动画

火球的路径动画比较简单，可参照项目 3 中学习的路径动画制作方法来制作这个动画效果，具体方法步骤如下。

① 绘制一个火球的运动路径。

② 添加路径动画。

③ 调整路径动画的时长。

④ 复制和粘贴多个火球图层，分别调整这些火球图层动画的开始时间，完成多个火球环绕的效果。

4. 制作人物蒙版

当处于人物身后位置时，火球是不可见的。可以通过为人物添加蒙版的方式来完成火球的隐藏效果，具体方法步骤如下。

① 复制人物所在的图层。

② 在复制的人物图层中需要隐藏火球的位置绘制蒙版。

③ 将复制的人物图层移至火球所在图层的上方，隐藏火球部分路径动画。

■ 知识储备

1. 蒙版概述

在 After Effects 中，蒙版主要用于画面的合成和修饰，可以利用蒙版隐藏元素指定的区域。然而什么是蒙版？蒙版的实现原理是什么？一些刚刚接触 After Effects 的初学者不是很清楚。下面将详细讲解蒙版的基础知识。

理论微课 4-1：
蒙版概述

蒙版原本是摄影中的术语，是指用于控制照片不同区域曝光的传统技术。在 After Effects 中，蒙版是一个用来修改元素隐藏区域的属性。可以把蒙版理解为一个特定形状的"视觉窗口"。元素在"视觉窗口"内的部分可以显示，"视觉窗口"外的部分会被隐藏。

蒙版的实现原理就是控制图层的 Alpha 通道。Alpha 通道是一个包含图层透明度信息的通道，用于设置图层透明、半透明效果。当图层带有 Alpha 通道时，在查看器面板中单击"切换透明网格"按钮▨，可以查看图层中元素的透明区域。图 4-2 为默认显示效果和透明网格显示效果的对比示例。

从图 4-2 可以看出，图片变成了灰白棋盘形状的背景。这些灰白棋盘形状的背景即为透明区域。此外，也可以在查看器面板中查看图层的通道。单击"显示通道及色彩管理设置"按钮⬤，会弹出通道菜单，如图 4-3 所示。

默认显示效果　　　　　　　　　　透明网格显示效果

图 4-2　默认显示效果和透明网格显示效果的对比示例

选择图 4-3 中的 Alpha 选项，查看器面板中的视图区域会显示为黑白效果，如图 4-4 所示。

图 4-3　通道菜单　　　　　　图 4-4　黑白效果

在图 4-4 中，白色区域代表完全不透明，会被显示；黑色区域代表完全透明，不会被显示。除了透明和不透明外，在 Alpha 通道中还可以设置半透明效果，半透明效果显示为灰色。图 4-5 所示为不透明度为 30% 的 Alpha 通道显示效果的示例。

图 4-5　不透明度为 30% 的 Alpha 通道显示效果的示例

值得一提的是，当蒙版为闭合路径时，相当于给图层创建了一个 Alpha 通道。蒙版内的区域相当于 Alpha 通道的白色区域，会被显示；蒙版外的区域相当于 Alpha 通道的黑色区域，会被隐藏。

👆 **注意：**

在 After Effects 中，蒙版不能单独存在，需要创建在图层之上，作为图层的属性存在。

2. 创建蒙版

在 After Effects 中，创建蒙版的方法有 4 种，分别为使用形状工具绘制蒙版、使用钢笔工具绘制蒙版、使用第三方软件创建蒙版、将路径转换为蒙版。下面将详细讲解创建蒙版的 4 种方法。

理论微课 4-2：
创建蒙版

（1）使用形状工具绘制蒙版

使用形状工具绘制蒙版时，首先需要选中想要添加蒙版的图层，然后使用形状工具在视图区域中拖曳，即可创建一个蒙版。图 4-6 为圆形蒙版的示例。

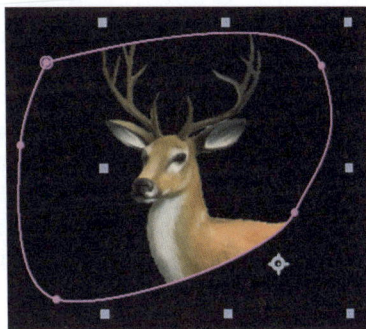

使用形状工具绘制蒙版和绘制形状方法类似，因此绘制形状的一些技巧，在使用形状工具绘制蒙版时依然适用，具体绘制方法如下。

① 绘制圆角矩形蒙版。绘制圆角矩形蒙版时，按 ↑、↓、←、→键可以调整圆角的弧度。其中↑键会增加圆角弧度，↓键会减小圆角弧度，←键会将圆角弧度调整为最小，→键会将圆角弧度调整为最大。

图 4-6　圆形蒙版的示例

② 绘制多边形和星形蒙版。绘制多边形和星形蒙版时，按↑键和↓键，可以控制边数和顶点数；按←键和→键，可以控制外圆度。

③ 快速创建形状蒙版。选中需要创建蒙版的图层，双击任意形状工具，即可创建一个和图层等大的形状蒙版。

④ 居中和等比例创建形状蒙版。按 Ctrl 键会以当前鼠标指针所在位置为中心创建蒙版。按 Shift 键可以创建等比例的蒙版。同时按 Ctrl 键和 Shift 键可以创建一个居中并等比例的蒙版。

⑤ 移动形状蒙版。绘制过程中，按住空格键可以移动形状蒙版。

需要注意的是，如果想要在形状图层中绘制蒙版，在选中对应的形状工具后，需要在工具栏中选中"工具创建蒙版"按钮▧，否则绘制出来的是形状，而不是蒙版。

（2）使用钢笔工具绘制蒙版

使用钢笔工具绘制蒙版时，同样需要选中想要添加蒙版的图层。然后在工具栏中选中钢笔工具绘制一个闭合路径，即可创建一个蒙版。使用钢笔工具创建的蒙版多为不规则形状。图 4-7 为钢笔工具创建蒙版的示例。

（3）使用第三方软件创建蒙版

除了 After Effects 自带的工具外，使用第三方软件（如 Photoshop、Illustrator 等）也可以创建蒙版。

使用第三方软件创建蒙版时，需要先在软件中绘制所需

图 4-7　钢笔工具创建蒙版的示例

的形状，然后按 Ctrl+C 快捷键复制形状，最后打开 After Effects，选中想要添加蒙版的图层，按 Ctrl+V 快捷键粘贴形状，即可创建一个蒙版。

（4）将路径转换为蒙版

也可以将 After Effects 中的路径直接转换为蒙版，这样蒙版的形状和路径的形状将完全保持一致。将路径转换为蒙版的流程如下。

① 复制路径。选中形状的"路径"属性，按 Ctrl+C 快捷键复制路径。

② 创建蒙版。选中需要创建蒙版的图层，选择"图层"→"蒙版"→"新建蒙版"选项（或按 Ctrl+Shift+N 快捷键），即可为图层添加一个蒙版，如图 4-8 所示。

图 4-8 "新建蒙版"选项

③ 选择"蒙版路径"。选择图层中的"蒙版路径"，如图 4-9 所示。

图 4-9 选择图层中的"蒙版路径"

④ 粘贴路径。按 Ctrl+V 快捷键即可将形状路径转换为蒙版路径。

3. 蒙版的属性

在 After Effects 中，调整蒙版的属性，可以得到更为丰富的蒙版效果，如羽化、不透明度等。当蒙版创建完成后，会作为图层的一个属性显示在对应图层的下方。图 4-10 为图层蒙版位置的示例。

图 4-10 图层蒙版位置的示例

单击图 4-10 蒙版前面的三角箭头按钮▶，或者选中图层，按两次 M 键，可以展开蒙版选项组，如图 4-11 所示。

图 4-11 蒙版选项组

蒙版选项组包含了 4 个蒙版属性，分别为"蒙版路径""蒙版羽化""蒙版不透明度""蒙版

理论微课 4-3：
蒙版的属性

扩展"，关于蒙版属性的具体介绍如下。

（1）"蒙版路径"

"蒙版路径"指的是蒙版的形状区域，通过"蒙版路径"可以对蒙版的大小和形状进行调整。选中添加蒙版的图层，按 M 键，可以快速打开"蒙版路径"。在调整"蒙版路径"时，可以通过蒙版形状面板进行精细调整，也可以通过拖曳的方式进行粗略调整，具体方法如下。

① 精细调整。单击"蒙版路径"后面的"形状"按钮打开"蒙版形状"对话框，如图 4-12 所示。

在图 4-12 所示的"蒙版形状"对话框中，定界框的顶部、底部、左侧、右侧分别用于控制蒙版的定界框上、下、左、右边框的位置。"形状"参数用于控制蒙版的形状，可以设置蒙版为矩形或圆形。调整好参数后，单击"确定"按钮，即可完成蒙版的调整。

② 粗略调整。选中"蒙版路径"后，按 Ctrl+T 快捷键，或双击视图区域的路径形状，均可打开蒙版定界框。蒙版定界框的示例如图 4-13 所示。

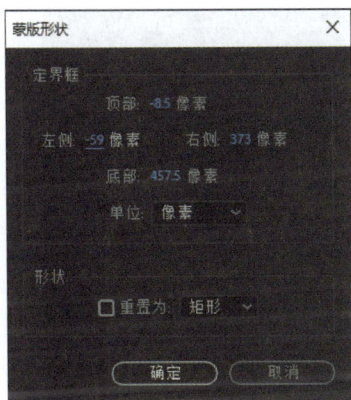

图 4-12　"蒙版形状"对话框

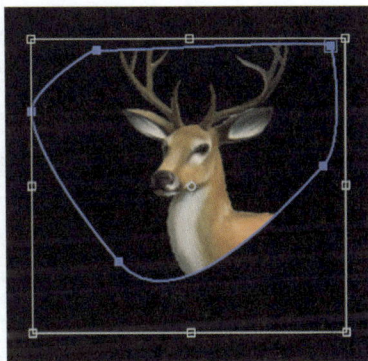

图 4-13　蒙版定界框的示例

通过拖曳蒙版定界框可以移动蒙版的位置或调整蒙版区域大小。蒙版定界框调整方式和图层定界框一致。

选中蒙版所在的图层，视图区域会显示该图层的蒙版路径。蒙版路径的示例如图 4-14 所示。

使用"选择工具" ▶ 拖曳蒙版路径的顶点，可以改变蒙版路径的形状。使用"转换'顶点'工具" ▷，可以改变蒙版路径的线条弧度。改变形状后的蒙版路径如图 4-15 所示。

图 4-14　蒙版路径的示例

图 4-15　改变形状后的蒙版路径

在拖曳顶点时，同时按 Shift 键，可以沿水平或垂直方向拖动顶点。

（2）"蒙版羽化"

"蒙版羽化"用于对蒙版边缘进行柔化处理，制作出半透明虚化边缘的效果。这样在拼合一些素材时，能够产生很好的过渡效果。选中添加蒙版的图层，按 F 键可以快速打开"蒙版羽化"参数面板，有一系列参数可以调整羽化效果，如图 4-16 所示。

对图 4-16 所示的蒙版羽化参数介绍如下。

① "约束比例"为选中状态时，表示关联水平方向羽化和垂直方向羽化，此时调整一个参数，另一个参数也会随之变化。取消选中状态时，可以单独设置某一个参数，另一个参数不会发生改变。

② "水平方向羽化"用于设置水平方向的羽化程度。

③ "垂直方向羽化"用于设置垂直方向的羽化程度。

例如，可以设置水平方向羽化和垂直方向羽化，效果如图 4-17 所示。

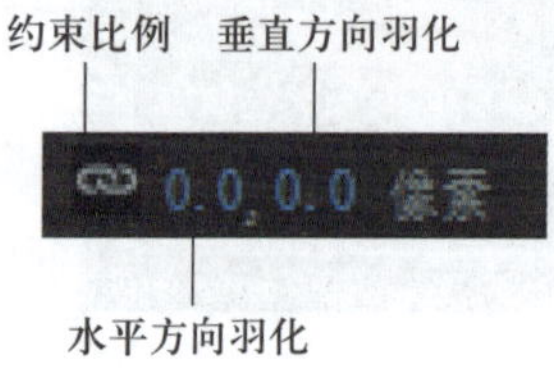

图 4-16　"蒙版羽化"参数 　　　　图 4-17　设置水平方向羽化和垂直方向羽化效果的示例

（3）"蒙版不透明度"

"蒙版不透明度"用于控制蒙版区域内元素的透明程度。选中添加蒙版的图层，按两次 T 键可以打开"蒙版不透明度"参数面板，调整"蒙版不透明度"后面的参数可以改变蒙版内元素的透明效果。

（4）"蒙版扩展"

"蒙版扩展"可以在不改变蒙版形状的前提下，扩展或收缩蒙版的显示区域。当参数为正数时，蒙版向外扩展；当参数为负数时，蒙版向内收缩。

除了蒙版的属性外，还可以勾选"反转"复选框，来更改蒙版的显示状态。当勾选"反转"复选框后，蒙版内的区域将被隐藏，蒙版外的区域将被显示。"反转"复选框位置如图 4-18 所示。

图 4-18　"反转"复选框位置

多学一招 / 使用"蒙版羽化工具"设置羽化效果

使用钢笔工具组中的"蒙版羽化工具" ✎ 也可以给蒙版添加局部的羽化效果，具体方法如下。

Step1：在菜单中选择"蒙版羽化工具"。

Step2：在图层编辑区中选中"蒙版路径"属性。

Step3：将鼠标指针移至视图区域的蒙版路径上，如图 4-19 所示。

Step4：单击即可在图 4-19 所示的蒙版路径添加控制点。其中 ◉ 表示选中的控制点，◉ 表示未选中的控制点。控制点的显示效果如图 4-20 所示。

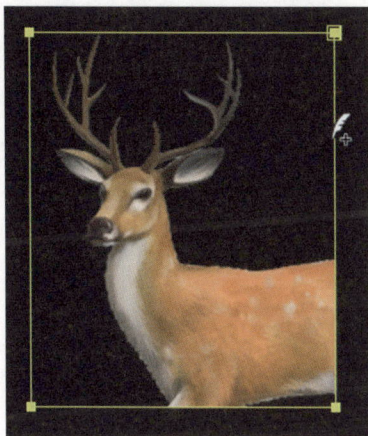

图 4-19　视图区域的蒙版路径

图 4-20　顶点的显示效果

Step5：拖曳顶点即可调整元素的羽化范围，如图 4-21 所示。

Step6：在调整过程中，按 Delete 键可以删除选中的顶点，来调整羽化区域。调整后的羽化区域如图 4-22 所示。

图 4-21　调整元素的羽化范围

图 4-22　调整后的羽化区域

4. 蒙版的布尔运算

运用蒙版的布尔运算可以制作出一些复杂的蒙版路径，实现一些特殊的显示效果。蒙版的布尔运算是指按照计算顺序和计算模式对蒙版路径进行相加、相减、交集等操作。下面将从计算顺序和计算模式两方面详细讲解蒙版布尔运算的方法。

理论微课 4-4：
蒙版的布尔运算

（1）计算顺序

在 After Effects 中，蒙版的布尔运算只能作用于同一图层不同蒙版之间。这些蒙版都是按照顺序从上到下排列的。蒙版的排列顺序的示例如图 4-23 所示。

图 4-23　蒙版的排列顺序的示例

第 1 个的蒙版默认计算模式为"相加"。需要从第 2 个蒙版开始调整该蒙版的计算模式，完成蒙版的布尔运算。

（2）计算模式

计算模式不同，蒙版进行布尔运算后显示的路径样式也不同。单击"相加"中的按钮▭会打开计算模式菜单，如图 4-24 所示。

对图 4-24 计算模式菜单各选项介绍如下。

① "无"：蒙版不会产生任何效果。

② "相加"：将多个蒙版区域叠加在一起。该模式是默认的蒙版计算模式。相加的示例如图 4-25 所示。

图 4-24　计算模式菜单

③ "相减"：第 1 个蒙版会减去和第 2 个蒙版重合的部分，显示第 1 个蒙版剩余部分，第 2 个蒙版不会显示。可以理解为减去顶层的蒙版形状。相减的示例如图 4-26 所示。

图 4-25　相加的示例

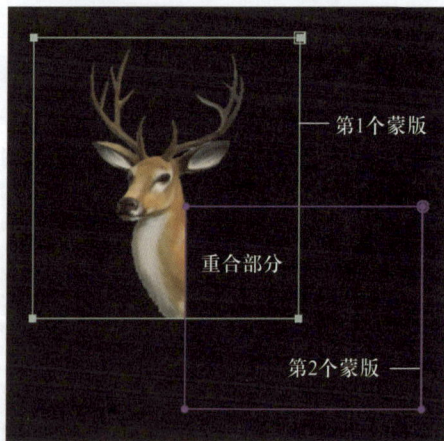

图 4-26　相减的示例

④ "交集"：会显示第 1 个蒙版和第 2 个蒙版的重合部分，其余部分不会显示。交集的示例如图 4-27 所示。

⑤ "变亮"：和相加类似，但取色方式不同。

⑥ "变暗"：和交集类似，但取色方式不同。

⑦ "差值"：蒙版显示除重合部分以外的所有区域。差值的示例如图 4-28 所示。

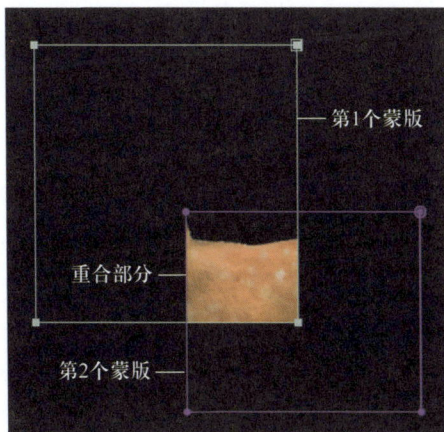

图 4-27　交集的示例

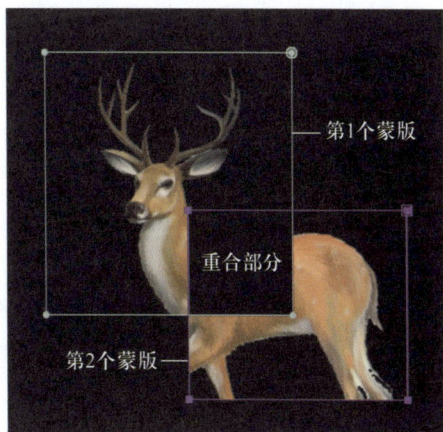

图 4-28　差值的示例

■ 任务实现

根据任务分析思路，"任务 4-1 火球环绕动画"的具体实现步骤如下。

1. 拼合场景

Step1：启动 After Effects，保存项目，将项目命名为"任务 4-1 火球环绕动画"。

Step2：选择"合成"→"新建合成"选项（或按 Ctrl+N 快捷键），在弹出的"合成设置"对话框中设置"合成名称"为火球环绕动画，"宽度"为"1000 px"，"高度"为"1000 px"，"帧速率"为"25 帧 / 秒"，"分辨率"为"完整"，"持续时间"为 10 秒。单击"确定"按钮完成合成的创建。合成的参数设置如图 4-29 所示。

图 4-29　合成的参数设置

Step3：双击"项目面板"中"素材列表区域"的空白位置，打开"导入文件"对话框，如图 4-30 所示。

图 4-30　"导入文件"对话框

Step4：选中"火球环绕动画"给出的所有素材，并导入到"项目面板"中，如图 4-31 所示。

Step5：选中"背景 .png"素材，拖曳至图层编辑区生成素材图层。

Step6：按照 Step5 的方法，分别将"蝙蝠 .png""草丛 .png""火球 _2.avi""人 .png"生成素材图层。生成图层后的视图区域效果如图 4-32 所示。

图 4-31　导入到项目面板中的素材

Step7：按照位于上方图层优先显示的原则，调整各素材图层顺序和位置，让素材均能显示在视图区域中，如图 4-33 所示。

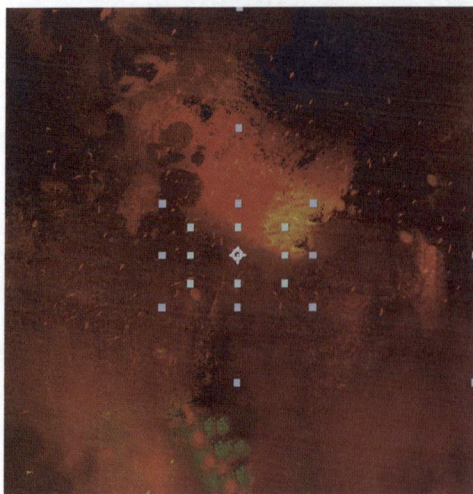

图 4-32　生成图层后的视图区域效果

图 4-33　调整图层顺序后的视图效果

2. 制作眼睛闪动动画

Step1：选择"钢笔工具"，在视图区域绘制眼睛形状，眼白为黄色（RGB：255、210、2），眼珠为深灰色（RGB：33、33、33），将图层命名为"眼睛"，如图 4-34 所示。

Step2：选择眼白（黄色形状）的路径属性，按 Ctrl+C 快捷键复制路径。

Step3：选中"眼睛"图层，按 Ctrl+Shift+N 快捷键添加"蒙版"属性。

Step4：选择"眼睛"→"蒙版"→"蒙版 1"→"蒙版路径"选项，按 Ctrl+V 快捷键粘贴复制的路径，即可隐藏凸出的眼球部分。添加蒙版后的眼球如图 4-35 所示。

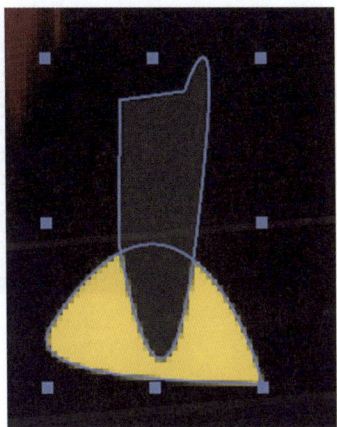

图 4-34　绘制眼睛形状

图 4-35　添加蒙版后的眼球

Step5：选择"眼睛"图层，选择"图层"→"预合成"选项（或按 Ctrl+Shift+C 快捷键），打开"预合成"对话框，如图 4-36 所示。

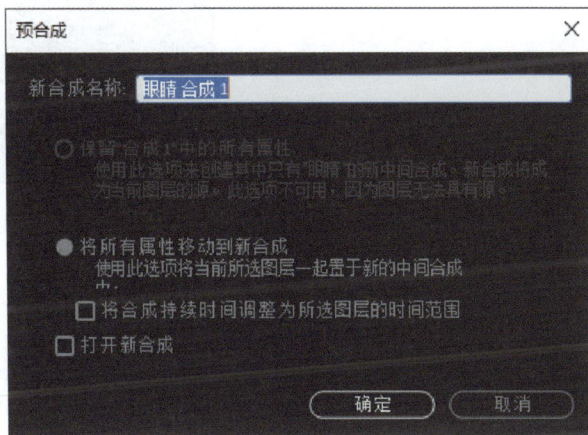

图 4-36　"预合成"对话框

Step6：单击图 4-36 中的"确定"按钮，将"眼睛"图层转换为合成。得到"眼睛 合成 1"。

Step7：选中"眼睛 合成 1"，选择"钢笔工具"，绘制一个蒙版，如图 4-37 所示。

Step8：将时间指示器定位在第 0 帧处，选择"眼睛 合成 1"→"蒙版"→"蒙版 1"→"蒙版扩展"选项，激活"蒙版扩展"关键帧，将"蒙版扩展"参数调整为"-15.0 像素"。此时眼睛处于闭合状态，如图 4-38 所示。

Step9：将时间指示器定位在第 2 秒处，将"蒙版扩展"参数调整为"0.0 像素"。此时眼睛处于打开状态。

Step10：按照 Step8 和 Step9 的方法。在第 2 秒 5 帧处，将"蒙版扩展"参数调整为"15.0 像素"。在第 2 秒 10 帧处，将"蒙版扩展"参数调整为"0.0 像素"。

Step11：按 Ctrl+D 复制"眼睛 合成 1"，将得到的新合成命名为"眼睛 合成 2"。

Step12：选择"图层"→"变换"→"水平翻转"选项，将"眼睛 合成 2"水平翻转，调整至如图 4-39 所示位置。

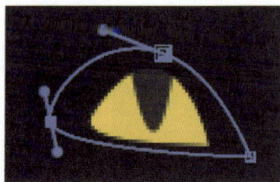

图 4-37　绘制蒙版　　　　图 4-38　眼睛处于闭合状态　　　　图 4-39　调整眼睛位置

3. 制作火球路径动画

Step1：选择"钢笔工具"绘制一个开放的路径，得到"形状图层 1"，如图 4-40 所示。

Step2：选择"形状图层 1"→"内容"→"形状 1"→"路径 1"→"路径"选项，按 Ctrl+C 快捷键复制路径。

Step3：单击"形状图层 1"前面的隐藏选项，隐藏该图层。

Step4：选择"火球 _2.avi"→"变换"→"位置"选项，按 Ctrl+V 快捷键粘贴路径。此时 After Effects 会自动创建一个路径动画。在合成编辑区域生成的动画关键帧如图 4-41 所示。

图 4-40　绘制一个开放的路径

图 4-41　动画关键帧

Step5：选中最后一个关键帧，拖曳至图层进度条末尾处。如图 4-42 所示。

图 4-42　拖曳至图层进度条末尾处

Step6：选择"图层"→"变换"→"自动方向"选项（或按 Ctrl+Alt+O 快捷键），打开自动方向对话框，选择"沿路径定向"选项，如图 4-43 所示。单击"确定"按钮，完成自动定向设置。

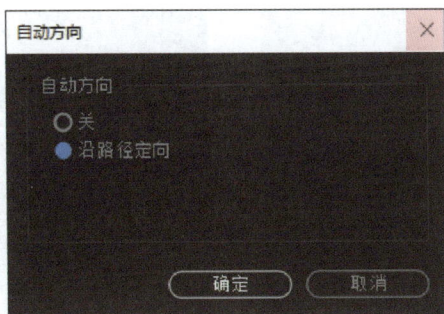

图 4-43　选择"沿路径定向"选项

Step7：在合成编辑区中，选中"火球 _2.avi"图层的全部关键帧。如图 4-44 所示。

图 4-44　选中全部关键帧

Step8：将鼠标指针悬浮在关键帧上方，右击，在弹出的快捷菜单中选择"关键帧辅助"→"缓动"选项（或按 F9 键），让火球的运动更加自然，如图 4-45 所示。

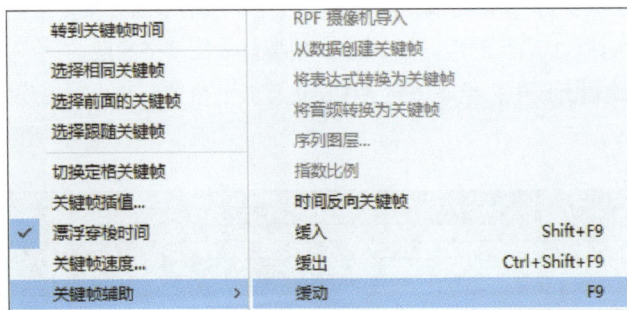

图 4-45　设置缓动

Step9：将时间指示器定位在第 0 帧处，选择"火球 _2.avi"→"变换"→"不透明度"选项，激活"不透明度"关键帧，将"不透明度"参数调整为"0%"。

Step10：在第 14 帧处，将不透明度调整为"100%"，制作出淡入效果。

Step11：选中第 14 帧处的关键帧，按 Ctrl+C 快捷键复制关键帧。在第 4 秒第 4 帧处，按 Ctrl+V 快捷键粘贴关键帧。

Step12：在第 4 秒第 14 帧处，将不透明度调整为"0%"，制作出淡出效果。

4. 制作人物蒙版

Step1：选中"人 .png"图层，按 Ctrl+D 快捷键复制图层，将新图层命名为"蒙版层"。

Step2：选中"火球 _2.avi"图层，使用"钢笔工具"在图 4-46 所示位置绘制蒙版。

Step3：将 Step2 绘制的蒙版复制到"蒙版层"，双击蒙版，使蒙版位置和 Step2 的蒙版位置保持一致，如图 4-47 所示。

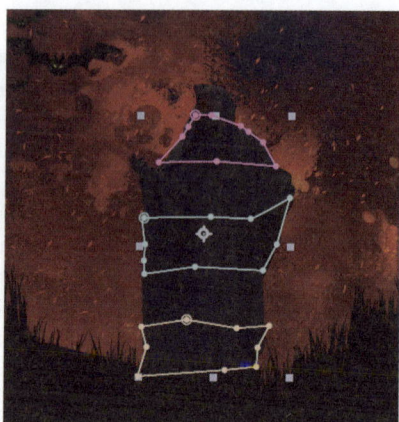

图 4-46　绘制蒙版　　　　　　　　图 4-47　复制蒙版

Step4：选中"火球 _2.avi"中的蒙版，按 Delete 键删除。

Step5：将"蒙版层"拖曳至"火球 _2.avi"图层的上方。图层编辑区位置如图 4-48 所示。

图 4-48　图层编辑区位置

Step6：选择"选取工具"，适当调整蒙版路径，让蒙版的隐藏效果更自然。

Step7：选中"火球 _2.avi"图层，按 Ctrl+D 快捷键复制多个图层。

Step8：在合成编辑面板中，粗略调整各图层进度条的位置，让火球出现的时间不同。图层进度条的位置如图 4-49 所示。

图 4-49　图层进度条的位置

至此，火球环绕动画效果制作完成。

任务 4-2　打鼹鼠动画

实践微课 4-2：
任务 4-2　打鼹
鼠动画

打鼹鼠动画

在 After Effects 中，轨道遮罩用于控制多个图层之间的遮挡效果，可以利用轨道遮罩将不同的图层融合成一幅画面。本任务将通过一个打鼹鼠动画，详细讲解轨道遮罩的相关知识。通过本任务的学习，读者能够区分蒙版和轨道遮罩的差异，掌握轨道遮罩的使用技巧。打鼹鼠动画效果如图 4-50 所示。扫描二维码，查看动画效果。

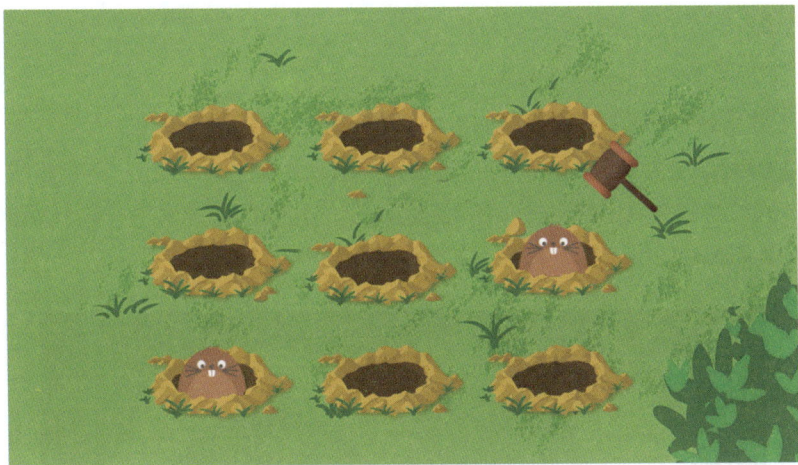

图 4-50　打鼹鼠动画效果

■ 任务目标

知识目标	● 了解轨道遮罩功能和作用，能够说出轨道遮罩和蒙版的差异
技能目标	● 掌握不同类型轨道遮罩的设置技巧，能够根据图层特点，设置不同类型的轨道遮罩

■ 任务分析

本任务的重点是让读者掌握轨道遮罩的使用技巧。可以按照以下思路完成该任务。

1. 绘制鼹鼠

鼹鼠可以使用形状工具绘制，通过圆形、圆角矩形、圆角三角形、长方形等多个几何图形拼合鼹鼠。拼合完成后可以创建一个预合成，方便后期重复使用。

2. 绘制锤子

锤子是用来击打鼹鼠的道具。同样可以使用圆形、圆角矩形、圆角三角形、长方形等多个几何图形拼合。拼合完成后也可以创建一个预合成。

3. 制作鼹鼠动画

在动画中包含 4 只鼹鼠，鼹鼠运动的规律为"隐藏→出现→保持出现状态→再次隐藏"。其中鼹鼠出现的效果，可以使用"钢笔工具"沿着地洞边缘绘制一个形状，然后通过创建 Alpha 遮罩实现。

在制作动画时，4 只鼹鼠动作相同，因此可以先制作一只鼹鼠的动画，然后通过复制粘贴得到 4 只鼹鼠动画效果。需要注意的是，被打中的鼹鼠运动的规律为"隐藏→出现→保持出现状态"，可以直接删除再次隐藏的关键帧。

4. 制作锤子动画

锤子在开始有一个直线的位移动画，可以直接通过"位置"属性来设置。当锤子靠近鼹鼠时，有一个转动击打的效果，可以通过"旋转"属性来设置。

■ 知识储备

1. 认识轨道遮罩

轨道遮罩和蒙版作用类似，也是为了显示或隐藏图层中元素的某些区域，制作更为丰富的融合效果。但蒙版作为图层的属性，只能作用于一个图层，而轨道遮罩是在图层之间建立遮挡关系，即让一个图层透过另一个图层的某些区域进行显示。因此建立轨道遮罩需要两个图层。图 4-51 为建立轨道遮罩图层的示例。

图 4-51　建立轨道遮罩图层的示例

图 4-51 所示的轨道遮罩图层示例中包含两个图层，即"毛笔透明 .png"和"彩色 .jpg"。其中"毛笔透明 .png"位于上方，称之为"遮罩图层"；"彩色 .jpg"位于下方，称之为"填充图层"。

① "遮罩图层"：在"遮罩图层"内的元素将被视作镂空区域，透出"填充图层"中的元素。该图层不需要添加轨道遮罩。

② "填充图层"：在"填充图层"中的元素将在"遮罩图层"的镂空区域被显示出来。该图层需要添加轨道遮罩。

添加轨道遮罩的方法十分简单。在图层编辑区域，单击底部的按钮　（或按 F4 键）展开 TrkMat 选项栏。选中一个"填充图层"，单击 TrkMat 选项栏下对应的按钮　，如图 4-52 所示。

此时会打开轨道遮罩菜单，如图 4-53 所示。在打开的轨道遮罩菜单中，选择对应的轨道遮罩类型即可。

图 4-52　TrkMat 选项栏

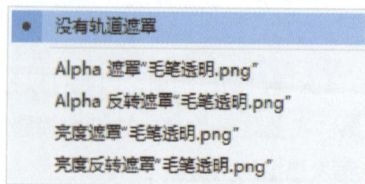

图 4-53　轨道遮罩菜单

当选择某一类型遮罩之后，After Effects 会自动将"填充图层"上层的图层转换为"遮罩图层"，并隐藏遮罩图层的显示 / 隐藏图标 。此时"遮罩图层"名称左侧会显示 图标。选择"没有轨道遮罩"选项，可以取消图层的轨道遮罩，此时两个图层将恢复为普通图层。

2. 轨道遮罩类型

在 After Effects 中，轨道遮罩类型有 4 种，分别为 Alpha 遮罩、Alpha 反转遮罩、亮度遮罩和亮度反转遮罩。轨道遮罩的类型不同，显示的遮罩效果也不同，以下将对 4 种类型的轨道遮罩进行详细介绍。

理论微课 4-6：轨道遮罩类型

（1）Alpha 遮罩和 Alpha 反转遮罩

Alpha 遮罩和 Alpha 反转遮罩都是通过遮罩图层中的 Alpha 通道来控制填充图层的显示或隐藏。因此这两种类型的遮罩需要在带有透明区域的图层上使用。设置 Alpha 遮罩后，遮罩图层的透明区域不显示下层元素，不透明区域显示下层元素。而 Alpha 反转遮罩效果刚好相反，遮罩图层的透明区域显示下层元素，不透明区域不显示下层元素。图 4-54 为 Alpha 遮罩和 Alpha 反转遮罩效果的示例对比。

遮罩图层　　　　　　　　　Alpha遮罩　　　　　　　　　Alpha反转遮罩

图 4-54　Alpha 遮罩和 Alpha 反转遮罩效果的示例对比

在图 4-54 中，遮罩图层是一个背景透明的笔刷素材。其中黑色部分为不透明区域，灰白棋盘图案部分为透明区域。添加 Alpha 遮罩后，不透明区域显示下层的填充，透明区域（灰白棋盘图案部分）不显示下层的填充。Alpha 反转遮罩效果则刚好相反。

（2）亮度遮罩和亮度反转遮罩

亮度遮罩和亮度反转遮罩是根据遮罩图层的颜色明度（颜色的明亮程度）来控制填充图层的显示或隐藏。当使用没有 Alpha 通道的图层创建轨道遮罩时，就可以使用这两种类型的遮罩。设置亮度遮罩后，遮罩图层的白色区域显示下层元素；黑色区域不显示下层元素；灰色区域下层元素会显示为半透明状态，其他颜色可以统一归类到为灰色区域。亮度遮罩会根据"遮罩图层"颜色明度来决定透明程度，颜色明度越低，"遮罩图层"越透明。亮度反转遮罩效果刚好相反。图 4-55 所示为亮度遮罩和亮度反转遮罩效果的示例对比。

在图 4-55 中，遮罩图层是一个背景为白色的笔刷素材。笔刷素材包含黑色和白色两种颜色。添加亮度遮罩后，黑色区域不透明，不显示下层元素；白色区域透明，显示下层元素。亮度反转遮罩效果相反。

遮罩图层　　　　　　　亮度遮罩　　　　　　　亮度反转遮罩

图 4-55　亮度遮罩和亮度反转遮罩效果的示例对比

多学一招／为多个图层创建轨道遮罩

　　轨道遮罩只能应用在两个图层之间。如果要为多个图层添加轨道遮罩，可以先预合成这些图层，再将轨道遮罩应用到预合成图层上。下面通过一个示例演示为多个图层创建轨道遮罩的方法，具体步骤如下。

　　Step1：将素材"背景 1.png""背景 2.png""三色 .png"导入到 After Effects 中。素材缩略图如图 4-56 所示。

背景1.png　　　　　　　背景2.png　　　　　　　三色.png

图 4-56　素材缩略图

　　Step2：将"三色 .png"拖曳至图层编辑区域。此时在图层编辑区域会自动生成一个名为"三色 .png"的图层。在项目面板的素材列表区域中会自动生成一个名为"三色"的合成。

　　Step3：分别将"背景 1.png""背景 2.png"拖曳至图层编辑区域，生成"背景 1.png"图层和"背景 2.png"图层。

　　Step4：选择"背景 1.png"图层和"背景 2.png"图层，按 Ctrl+Shift+C 快捷键，为两个图层创建预合成。将得到的预合成图层命名为"素材"。

　　Step5：双击打开"素材"预合成图层，将里面的"背景 1.png"图层和"背景 2.png"图层移动至图 4-57 所示位置。

　　Step6：切换到"三色"合成。为"素材"预合成图层添加"亮度反转遮罩"。"亮度反转遮罩"效果如图 4-58 所示。

　　至此，为多个图层创建轨道遮罩完成。

图 4-57　移动图层位置

图 4-58　"亮度反转遮罩"效果

■ 任务实现

根据任务分析思路,"任务 4-2 打鼹鼠动画"的具体实现步骤如下。

1. 绘制鼹鼠

Step1：启动 After Effects,按 Ctrl+S 快捷键保存项目,将项目命名为"任务 4-2 打鼹鼠动画"。

Step2：选择"合成"→"新建合成"选项(或按 Ctrl+N 快捷键),在弹出的"合成设置"对话框中设置"合成名称"为打鼹鼠动画、"宽度"为"1000 px"、"高度"为"559 px"、"帧速率"为"25 帧 / 秒"、"分辨率"为"完整"、"持续时间"为"10 秒"。单击"确定"按钮完成合成的创建。合成的参数设置如图 4-59 所示。

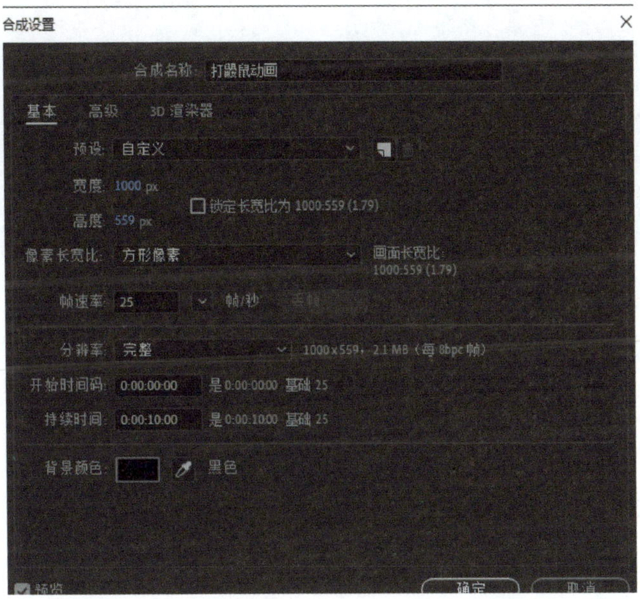

图 4-59　合成的参数设置

Step3：选择"背景 .png"素材,拖曳到项目面板的素材列表区域。"背景 .png"素材如图 4-60 所示。

图 4-60　"背景 .png"素材

Step4：将"背景 .png"素材拖曳至图层编辑区域生成图层。

Step5：选择"椭圆工具"，绘制一个椭圆形。椭圆形大小和背景的"地洞"相近即可。填充为褐色（RGB：185、106、67），描边为无。将得到的形状图层命名为"身体"。"身体"图层如图4-61 所示。

Step6：按 Ctrl+D 快捷键复制"身体"图层，得到"身体 2"图层。填充为浅褐色（RGB：201、124、78）。

Step7：在"身体 2"图层中，选择"变换"→"缩放"选项，设置"缩放"属性参数为75%。

Step8：将"身体 2"图层移动至图 4-62 所示位置。

图 4-61　"身体"图层

图 4-62　移动"身体 2"图层

Step9：运用"椭圆工具"分别绘制两个小的圆形，设置填充为白色。将两个小的圆形所在图层分别命名为"眼睛 1"和"眼睛 2"。"眼睛 1"图层和"眼睛 2"图层的位置如图 4-63 所示。

图 4-63　"眼睛 1"图层和"眼睛 2"图层的位置

Step10：再次运用"椭圆工具"绘制眼球，设置眼球填充颜色为深褐色（RGB：113、88、77），将得到的图层命名为"眼球1"和"眼球2"。眼球效果如图4-64所示。

图 4-64　眼球效果

Step11：选择"多边形工具"，绘制一个有圆角的三角形。将得到的图层命名为"鼻子"。三角形样式如图4-65所示。

Step12：调整三角形位置和大小，放置在图4-66所示位置作为鼹鼠的鼻子。

Step13：运用"矩形工具"，绘制一个深褐色（RGB：113、88、77）填充的矩形。按Ctrl+Alt+Home快捷键，让锚点居中。将得到的图层命名为"胡须1"。

图 4-65　三角形样式

图 4-66　调整三角形位置和大小

Step14：选择"变换"→"旋转"选项，设置旋转角度为"（0×+20.0°）"。旋转后的"胡须1"图层如图4-67所示。

Step15：按照Step13和Step14的方法制作出左侧"胡须"，左侧胡须的最终效果如图4-68所示。

图 4-67　旋转后的"胡须1"图层

图 4-68　"左侧胡须"的最终效果

Step16：将左侧胡须的3个图层创建预合成，将得到预合成图层命名为"左侧胡须"。

Step17：按 Ctrl+D 快捷键复制"左侧胡须"图层，将得到的新图层命名为"右侧胡须"。调整"右侧胡须"图层的位置，如图 4-69 所示。

Step18：运用"钢笔工具"，绘制出鼹鼠的头发。设置填充颜色为褐色（RGB：185、106、67）。鼹鼠头发的最终效果如图 4-70 所示。

图 4-69　调整"右侧胡须"图层的位置

图 4-70　鼹鼠头发

Step19：运用"矩形工具"绘制一个矩形，填充为白色，如图 4-71 所示。将得到的新图层命名为"牙齿 1"。

Step20：选择"牙齿 1"→"内容"→"矩形 1"→"路径 1"选项。此时，视图区域的牙齿出现路径，调整路径顶点，如图 4-72 所示。

图 4-71　绘制矩形

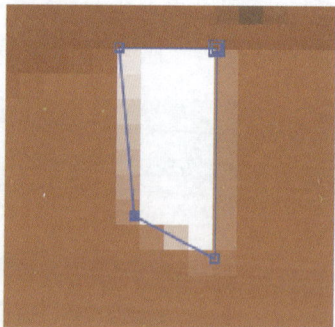

图 4-72　调整路径顶点

Step21：复制"牙齿 1"图层，将得到的新图层命名为"牙齿 2"。调整"牙齿 2"图层的位置，如图 4-73 所示。

Step22：选中鼹鼠包含的所有图层，按 Ctrl+Shift+C 快捷键，创建预合成，将得到的新图层命名为"鼹鼠"。

2. 绘制锤子

Step1：选择"圆角矩形工具"绘制一个圆角矩形，得到"形状图层 1"图层。设置填充颜色为褐色（RGB：137、79、51），如图 4-74 所示。

图 4-73　调整"牙齿 2"图层的位置

Step2：在菜单栏选择"图层"→"图层样式"→"内阴影"选项，为"形状图层 1"图层添加内阴影属性。

Step3：在图层编辑区域中，选择"形状图层 1"→"图层样式"→"内阴影"选项，设置属性的参数，其中"颜色"为棕色（RGB：105、47、47）、"不透明度"为"75%"、"角度"为"（0×+22.0°）"、"距离"为"6.0"、"大小"为"14.0"。设置参数后的效果如图 4-75 所示。

Step4：运用"圆角矩形工具"在同一图层中绘制两个圆角矩形，并填充橙红色（RGB：252、

128、77），得到"形状图层 2"。

Step5：调整"形状图层 2"大小和位置，如图 4-76 所示。

图 4-74 绘制圆角矩形　　图 4-75 设置参数后的效果 1　　图 4-76 调整"形状图层 2"大小和位置

Step6：在图层编辑区域中，选择"形状图层 1"→"图层样式"→"内阴影"选项，设置属性的参数，其中"颜色"为棕色（RGB：105、47、47）、"不透明度"为"75%"、"角度"为"（0×+22.0°）"、"距离"为"6.0"、"大小"为"14.0"。设置参数后的效果如图 4-77 所示。

Step7：运用"圆角矩形工具"绘制锤子手柄，并设置和"形状图层 1"相同参数的"填充"和"内阴影"。手柄效果如图 4-78 所示。

图 4-77 设置参数后的效果 2　　　　图 4-78 手柄效果

Step8：选中所有锤子包含的图层，按 Ctrl+Shift+C 快捷键，创建一个预合成，将得到的图层命名为"锤子"。

3. 制作鼹鼠动画

Step1：运用"钢笔工具"在"鼹鼠"图层上方，沿着"地洞"的边缘绘制一个形状，将得到的新图层命名为"遮罩"。形状的位置和样式如图 4-79 所示。

Step2：选择"鼹鼠"图层，添加"Alpha 遮罩"，并调整"鼹鼠"图层的位置。调整后的鼹鼠图层效果如图 4-80 所示。

Step3：选中"鼹鼠"图层，在合成编辑区域中将时间标尺的刻度最大化，并把时间指示器放置在第 0 帧处。

Step4：选择"鼹鼠"→"变换"→"位置"选项，设置"位置"属性的参数，将鼹鼠下移至完全隐藏。

Step5：鼹鼠隐藏后，单击"位置"属性前面的码表 🎬，创建第 1 个关键帧。

Step6：将时间指示器放置在第 5 帧，调整"位置"属性参数，创建第 2 个关键帧，此时鼹鼠上移显示，如图 4-81 所示。

图 4-79 形状的位置和样式

图 4-80 调整后的鼹鼠图层效果

Step7：将时间指示器放置在第 8 帧，不调整"位置"属性参数，单击"在当前时间添加或移除关键帧"按钮 ◆，创建第 3 个关键帧，使鼹鼠保持显示状态。

Step8：将时间指示器放置在第 12 帧，调整"位置"属性参数，创建第 4 个关键帧，将鼹鼠下移至完全隐藏。

Step9：选中"遮罩"图层和"鼹鼠"图层，如图 4-82 所示，按 Ctrl+D 快捷键进行复制。共复制 3 组图层。

图 4-81　鼹鼠上移显示

Step10：将所有"遮罩"图层和"鼹鼠"图层分别创建预合成，将得到的预合成命名为"逃跑鼹鼠 1""逃跑鼹鼠 2""打中鼹鼠 1""逃跑鼹鼠 3"。预合成图层列表如图 4-83 所示。

图 4-82　选中"遮罩"图层和"鼹鼠"图层

图 4-83　预合成图层列表

Step11：将时间指示器移至第 5 帧，将这些图层分布到其他"地洞"位置。分布效果如图 4-84 所示。

图 4-84　分布效果

Step12：在合成编辑区域，调整各图层进度条的位置，使鼹鼠出现时间不一致。图层进度条的调整位置如图 4-85 所示。

Step13：选中"打中鼹鼠 1"图层。双击进入合成文件，如图 4-86 所示。

Step14：在该合成中，隐藏"鼹鼠"图层，选择"打中鼹鼠"→"变换"→"位置"选项，此时在合成编辑区域将显示关键帧。

Step15：选择最后一个关键帧，如图 4-87 所示。按 Delete 键删除。让"打中鼹鼠 1"图层显示后不再隐藏。

图 4-85　图层进度条的调整位置

图 4-86　进入合成文件

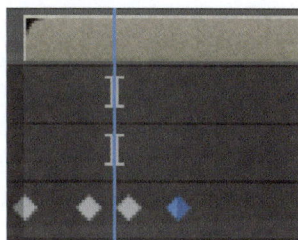

图 4-87　选择最后一个关键帧

4. 制作锤子动画

Step1：选择"锤子"→"旋转"选项，设置旋转角度为"（0×+45.0°）"并将锤子移至画面右上角位置，如图 4-88 所示。

图 4-88　将锤子移至画面右上角位置

Step2：将时间标尺刻度最大化，将时间指示器放置在第 2 秒。选择"锤子"→"位置"选项，创建一个关键帧。

Step3：将时间指示器移至第 3 秒第 6 帧，调整锤子位置至图 4-89 所示样式。此时系统会自动创建一个关键帧。

Step4：将时间指示器继续放在第 3 秒第 6 帧处，选择"锤子"→"旋转"选项，创建一个关键帧。

Step5：将时间指示器继续放在第 3 秒第 9 帧处，设置旋转角度为"（0×+26.0°）"，再次创建一个关键帧。此时锤子打中鼹鼠，如图 4-90 所示。

图 4-89　调整锤子位置　　　　　　　　　　图 4-90　锤子打中鼹鼠

至此，打鼹鼠动画制作完成。

项目小结

项目 4 包括两个任务，其中任务 4-1 的目的是让读者了解蒙版的实现原理，并能够为图层添加蒙版属性。完成此任务，读者可以在 After Effects 中制作蒙版动画。任务 4-2 的目的是让读者了解轨道遮罩的实现原理，并能够实现图层的遮罩效果。完成此任务，读者可以在 After Effects 中制作轨道遮罩动画。

通过对项目 4 的学习，读者能了解蒙版和遮罩的差异，并掌握蒙版和轨道遮罩的使用技巧。

项目实训：制作 App 启动页动画

学习完前面的内容，接下来请根据要求完成项目实训。

要求：请结合前面所学知识制作一个 App 启动页动画，App 启动页动画效果如图 4-91 所示。扫描二维码，查看动画效果。

App 启动页动画

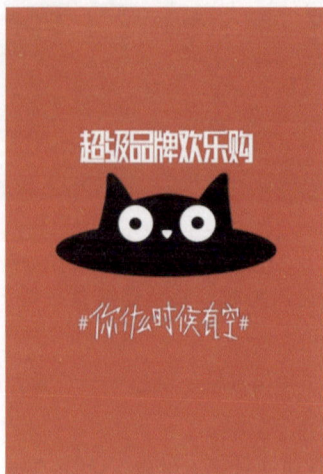

图 4-91　App 启动页动画效果

项目 5
制作文字动画

学习目标

◆ 掌握文字的基本操作，能够通过文字的特有属性完成网站宣传动画的制作。
◆ 掌握设置文字动画和逐字 3D 化的方法，能够通过动画属性和逐字 3D 化完成动态海报的制作。

项目介绍

　　在 After Effects 中可以创建文字、设置文字样式、设置文字属性，制作文字动画，并通过文字独有的动画属性和逐字 3D 化，为文字中的单个字符添加特殊样式。本项目将通过制作网站宣传动画和动态海报两个任务，详细讲解文字的相关知识。

PPT：项目 5　制作
文字动画

教学设计：项目 5
制作文字动画

PPT

任务 5-1	网站宣传动画

在 After Effects 中，可以通过文字工具创建文字，通过一些面板设置文字的参数，使用文字的特有属性制作文字动画。本任务将通过制作网站宣传动画，详细讲解文字的相关知识。网站宣传动画效果如图 5-1 所示。扫描二维码，查看动画效果。

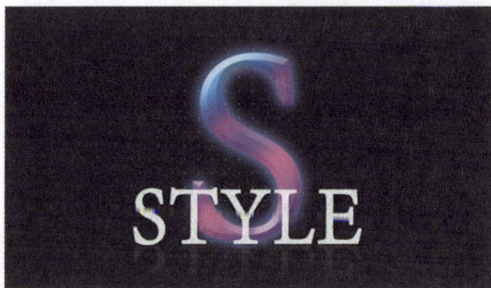

图 5-1　网站宣传动画效果

■ 任务目标

技能目标	● 掌握文字的创建方法，能够创建横排文字、直排文字和段落文字 ● 掌握设置文字的方法，能够调整文字和段落的样式 ● 掌握设置文字属性的方法，能够制作文字切换动画和文字路径动画

■ 任务分析

本任务的重点是介绍创建文字的方法，设置文字、段落的方法，以及使用文字属性制作文字动画的方法。可以将任务拆解为 4 部分，分别是制作背景、制作文字切换动画、制作文字路径动画以及制作蒙版动画。可以按照以下思路完成网站宣传动画。

1. 制作背景
背景为深蓝色，上面有光点移动的动画效果，在制作时，可以分为以下步骤。
① 创建纯色图层。
② 绘制正圆形状，添加中继器属性，形成光点。
③ 为光点制作动画。

2. 制作文字切换动画
网站宣传动画包含两部分内容，一是单词的大写字母，二是单词。制作步骤如下。
① 输入大写字母，为大写字母设置图层样式。
② 输入单词，为小写字母设置混合模式。
③ 制作单词的倒影效果。
④ 制作文字动画。

3. 制作文字路径动画
文字分别从两侧飞入，制作文字路径动画的具体步骤如下。

① 输入文字，并设置文字样式。

② 制作文字动画。

4. 制作蒙版动画

蒙版动画包含两部分内容，首先是图像的显示区域由小变大，直至图像完全显示；其次是文案飞入。制作步骤如下。

① 导入素材，生成图层。

② 为素材图层绘制蒙版。

③ 为蒙版制作动画效果。

④ 输入文字。

⑤ 制作文字动画。

■ 知识储备

1. 创建文字

文字不仅能够准确地传达作品所阐述的信息，也是丰富画面的途径之一。在 After Effects 中，文字被存放在文字图层中。创建文字的方法有两种，一种是通过命令创建文字，另一种是使用文字工具创建文字。下面针对创建文字的两种方法进行讲解。

理论微课 5-1：
创建文字

（1）通过命令创建文字

通过命令创建文字，通常创建的是横排文字。选择"图层"→"新建"→"文字"选项（或按 Ctrl+Shift+Alt+T 快捷键），可以创建文字图层。此时，在视图区域中，鼠标指针显示为"|"，在文字图层中直接输入文字即可。

（2）使用文字工具创建文字

使用文字工具创建文字时，能够自动生成文字图层，通过文字工具可以创建横排文字、直排文字和段落文字，下面进行具体讲解。

① 创建横排文字：在工具栏中选择"横排文字工具" T，在视图区域单击，鼠标指针会显示为"|"，输入需要的文字即可。在输入文字时，每行文字都是独立的区域，编辑文字时，行的长度会随文字长度增加或减少，但它不会换到下一行，按 Enter 键可换行。横排文字的示例如图 5-2 所示。

② 创建直排文字：在工具栏中长按"横排文字工具"按钮，在弹出的工具列表里选择"直排文字工具" IT，在视图区域单击，鼠标指针会显示为"一"，输入需要的文字即可。同横排文字类似，直排文字也不会自动换行。直排文字的示例如图 5-3 所示。

打雷要下雨，嘞哦！

图 5-2　横排文字的示例

下雨要打伞 嘞哦

图 5-3　直排文字的示例

③ 创建段落文字：使用"横排文字工具"或"直排文字工具"在视图区域中按住鼠标左键进行拖曳，可创建一个文字框，在文字框内直接输入文字，可实现段落文字的创建。段落文字能够基于文字框的大小进行换行，可以输入多个段落并应用段落样式（如首行缩进等），文字框的大小可进行随意调整。横排段落文字和直排段落文字的示例如图 5-4 所示。

横排段落文字   直排段落文字

图 5-4 横排段落文字和直排段落文字的示例

若要完成文字的输入，可按小键盘上的 Enter 键，或按 Ctrl+Enter 快捷键，此外，选择其他工具或其他图层也可完成文字的输入。

2. 编辑文字

在实际操作中，文字输入完成后，经常要对文字进行编辑。编辑文字操作包括移动文字、改变文字内容、设置文字样式和设置段落属性，下面将对编辑文字操作进行讲解。

（1）移动文字

移动文字的方法有两种，具体介绍如下。

① 在编辑文字的过程中，若要移动文字，可在按住 Ctrl 键的同时拖曳文字。

② 文字输入完成后，若要移动文字，需要选中文字所在的图层，使用"选取工具"直接进行拖曳。

（2）改变文字内容

完成文字的输入后，若想编辑文字，方法有两种，具体介绍如下。

① 双击文字所在图层的名称，此时，文字会进入可编辑状态。

② 使用文字工具在视图区域的文字上单击，此时，文字会进入可编辑状态。

此时即可对文字进行编辑。

（3）设置文字样式

设置文字样式主要是在"字符"面板中进行。选择"窗口"→"字符"选项（或按 Ctrl+6 快捷键）可调出"字符"面板，如图 5-5 所示。

在"字符"面板中，能够设置文字的字体、大小等，对"字符"面板中的各个选项说明如下。

① "设置字体系列" ▇ 用于设置字体。

② "字体样式" / "字体大小"用于设置字体的样式和大小。

图 5-5　"字符"面板

③ "填充颜色 / 描边颜色"用于设置文字的填充颜色和描边颜色，单击可弹出"文字颜色"对话框，在对话框中设置需要的颜色即可。若不想显示文字的填充颜色 / 描边颜色，可以单击▧图标，取消文字的填充和描边颜色。

④ "设置行距"▤，行距指文字中各个文字行之间的垂直间距，同一段落的行与行之间可以设置不同的行距。

⑤ "字偶间距"▨用于设置两个字符之间的间距，在两个字符间单击，调整参数即可。

⑥ "字符间距"▨用于调整多个选中的字符的字间距，按 Alt+ →或 Alt+ ←快捷键可以快速调整字间距的大小。

⑦ "描边宽度"▤用于设置文字描边的宽度。

⑧ "垂直缩放"▮ / "水平缩放"▮，垂直缩放用于调整字符的高度；水平缩放用于调整字符的宽度。这两个百分比相同时，可进行等比例缩放。

⑨ "基线偏移"▨用于控制文字与基线的距离，可以升高或降低所选文字。

⑩ "字符比例间距"▨用于设置所选字符的比例间距。

⑪ "特殊字体样式"用于创建仿粗体、斜体等文字样式，以及为字符添加下画线、删除线等文字效果。

（4）设置段落属性

"段落"面板用于设置段落属性。选择"窗口"→"段落"选项（或按 Ctrl+7 快捷键）可调出"段落"面板。"段落"面板如图 5-6 所示。

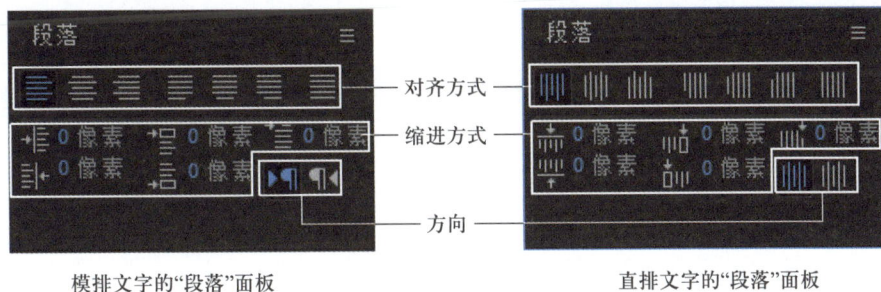

模排文字的"段落"面板　　　　　　　　　　直排文字的"段落"面板

图 5-6　"段落"面板

从图 5-6 中可以发现，横排文字和直排文字所对应的"段落"面板中的选项显示不一样，但它们所代表的意义类似。下面以横排文字的"段落"面板为例，对"段落"面板的选项进行说明。

① 对齐方式：用于设置文字以何种方式进行对齐。对齐方式包括"左对齐"█、"居中对齐"█、"右对齐"█、"最后一行左对齐"█、"最后一行居中对齐"█、"最后一行右对齐"█、"两端对齐"█。

② 缩进方式：用于设置段落缩进。缩进方式包括段落文字缩进和段落间距缩进。段落文字缩进包括"缩进左边距"█、"首行缩进"█、"缩进右边距"█；段落间距缩进包括"段前添加空格"█和"段后添加空格"█。

③ 方向：用于设置文字的方向，可以设置为"从左到右的文字方向"█和"从右到左的文字方向"█。若想将横排 / 直排文字转换为直排 / 横排文字，需要使用文字工具右击视图区域中的文字，在弹出的快捷菜单中选择"垂直"或"水平"选项，如图 5-7 所示。

图 5-7　选择"垂直" / "水平"选项

⏱ **多学一招** / 将文字转为路径

选择"图层"→"创建"→"从文字创建形状"选项，可快速创建一个文字的轮廓图层，用于存放文字的路径。

理论微课 5-3:
文字的属性

3. 文字的属性

在 After Effects 中，文字图层除了"变换"属性外，还包含一些文字特有的属性，利用这些属性可以制作文字动画，而不是图层的动画。文字属性包括"源文本""路径选项"和"更多选项"，下面对文字属性进行讲解。

（1）"源文本"

通过"源文本"可以快速实现文字的切换动画。一般用于制作视频中的字幕。使用"源文本"的方法如下。

① 输入文字，生成文字图层。

② 选择文字图层→"文本"→"源文本"选项，激活"源文本"关键帧（此处创建的关键帧为定格关键帧）。

③ 拖曳时间指示器至其他位置。

④ 更改文字内容。

此时，两个文字切换的动画完成。在实际操作中，可以为"源文本"添加无数个关键帧，以制作不同的文字切换效果。

下面以一个"文字变换"动画来演示"源文本"的使用方法。

Step1：在 After Effects 中打开"背景 .mov"素材。并以素材生成合成。

Step2：使用"横排文字工具"在视图区域中单击，输入文字"非凡 2021"，得到"2021"文字图层。

Step3：选择"非凡 2021"→"文字"→"源文本"选项，激活关键帧。

Step4：将关键帧定位至第 10 帧处，在第 0 帧处删除视图区域中的文字"非凡 2021"，系统自动添加第 2 个关键帧。

Step5：将时间指示器定位在第 10 帧处，依次按 Ctrl+Alt+Home 快捷键和 Ctrl+Home 快捷键进行锚点居中和视点居中，文字如图 5-8 所示。

Step6：将时间指示器定位在第 2 秒第 10 帧处，删除文字，系统自动添加第 3 个关键帧。

Step7：将时间指示器定位在第 2 秒第 13 帧处，双击文本图层，编辑文字为"时刻准备"。系统自动添加第 4 个关键帧。

Step8：将时间指示器定位在第 4 秒第 16 帧处，删除文字，系统自动添加第 5 个关键帧。

Step9：将时间指示器定位在第 4 秒第 20 帧处，双击文本图层，编辑文字为"进入战斗"。系统自动添加第 6 个关键帧。

至此，文字变换动画制作完成。

（2）"路径选项"

使用"路径选项"可以将文字沿着路径进行排列，主要用于制作文字路径动画。制作文字路径动画的流程如下。

① 绘制蒙版。选中文字所在图层，使用"钢笔工具"绘制一条蒙版路径。

② 在"路径选项"中，设置"路径"为绘制好的蒙版路径，如"蒙版 1"。设置路径后，"路径选项"中会出现一系列属性，如图 5-9 所示。

图 5-8　文字

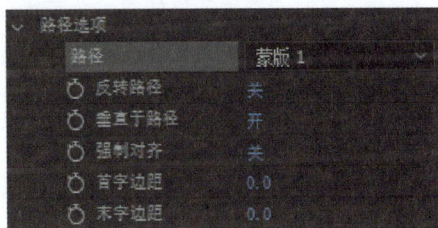

图 5-9　"路径选项"属性

"路径选项"中包含"反转路径""垂直于路径""强制对齐""首字边距""末字边距"5 个属性，关于这 5 个属性的解释如下。

- "反转路径"用于设置文字在路径上（内）还是在路径下（外）。
- "垂直于路径"用于设置文字是否和路径垂直。
- "强制对齐"用于设置文字与路径首尾是否对齐。
- "首字边距"用于设置首字与路径开头的边距。
- "末字边距"用于设置末字与路径结尾的边距。

下面以一个"文字路径动画"为例，演示"路径选项"的使用方法。

Step1：使用"横排文字工具"输入文字"文字路径动画"，得到"文字路径动画"文字图层。

Step2：选中文字图层，使用"钢笔工具"绘制一条曲线路径，得到"蒙版 1"，如图 5-10 所示。

Step3：选择"文字路径动画"→"文字"→"路径选项"→"路径"选项，设置"路径"为

"蒙版 1"，此时文字沿着路径进行排列，如图 5-11 所示。

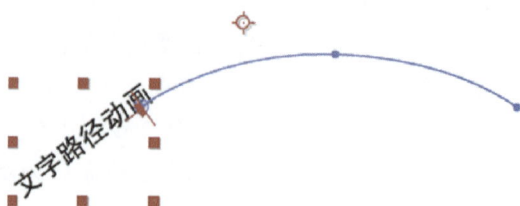

图 5-10　"蒙版 1"　　　　　　　　　　图 5-11　文字沿着路径进行排列

Step4：激活"首字边距"关键帧，将时间指示器定位在第 2 秒处，改变"首字边距"属性的参数为"1090.0"。

至此，文字路径动画制作完成。

（3）"更多选项"

"更多选项"中的属性用于为文字调节出更加丰富的效果，例如，可以在"更多选项"中更改文字填充和描边的位置。在"更多选项"中，包含"锚点分组""分组对齐""填充和描边""字符间混合"等属性。"更多选项"属性如图 5-12 所示。

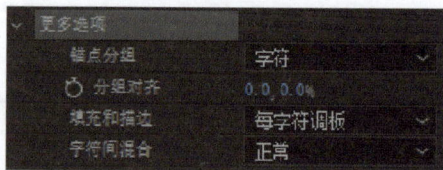

图 5-12　"更多选项"属性

关于"更多选项"中的各个属性的介绍如下。

① "锚点分组"用于设置文字的分组方式，设置后，有对应的锚点处于文字下方，锚点显示样式为■。当对字符进行旋转或缩放等操作时，是基于文字的锚点进行操作。锚点分组包含"字符""词""行"和"全部"等选项，对这些选项的说明如下。

- "字符"把每一个字符作为整体，分配在路径上。
- "词"把每一个词作为一个整体，分配在路径上。词与词之间要留有空格。
- "行"把一行文字作为一个整体，分配在路径上。
- "全部"把所有文字分配在路径上。

② "分组对齐"用于控制文字围绕路径排列的随机度。

③ "填充和描边"用于设置文字填充与描边的方式，包括"每字符调板""全部填充在全部描边之上"和"全部描边在全部填充之上"等选项。

④ "字符间混合"用于设置字符间的混合模式。

■ 任务实现

根据任务分析思路，"任务 5-1 网站宣传动画"的具体实现步骤如下。

1. 制作背景

Step1：启动 After Effects，保存项目，将项目命名为"任务 5-1 网站宣传动画"。

Step2：按 Ctrl+N 快捷键，在弹出的"合成设置"对话框中设置"合成名称"为"网站宣传动画"、"宽度"为 1920 px、"高度"为 1080 px、"持续时间"为 10 秒。合成的参数设置如图 5-13 所示。

Step3：按 Ctrl+Y 快捷键新建一个深蓝色（RGB：22、19、39）的纯色背景。

图 5-13 合成的参数设置

Step4：使用"椭圆工具"绘制一个颜色为青色（RGB：76、140、156）的小正圆，为图层添加"中继器"属性，得到"中继器 1"，设置中继器的"副本"为"32.0"。

Step5：选择"中继器 1"→"变换"→"位置"选项，设置"位置"为"50.0，0.0"，中继器效果示例如图 5-14 所示。

Step6：选中小正圆所在图层，再次添加"中继器"属性，得到"中继器 2"，设置"中继器 2"的副本为"17.0"。

Step7：选择"中继器 2"→"变换"→"位置"选项，设置"位置"为"0.0，50.0"，中继器效果示例如图 5-15 所示。

图 5-14 中继器效果示例 1

图 5-15 中继器效果示例 2

Step8：选择小正圆所在图层，选中"矩形工具"，在工具栏中单击"工具创建蒙版"按钮，在视图区域中绘制一个矩形蒙版，如图 5-16 所示。

Step9：选择"蒙版"→"蒙版 1"→"蒙版羽化"选项，设置"蒙版羽化"为"350.0，350.0"。

Step10：选择"蒙版"→"蒙版 1"→"蒙版路径"选项，激活"蒙版路径"关键帧，在视图区域移动蒙版，如图 5-17 所示。

图 5-16　矩形蒙版　　　　　图 5-17　移动蒙版示例 1

Step11：将时间指示器定位在第 1 秒处，在视图区域拖曳蒙版，移动蒙版示例如图 5-18 所示。

图 5-18　移动蒙版示例 2

Step12：将时间指示器定位在第 2 秒处，复制两个关键帧，在时间指示器的位置粘贴，将小正圆所在的形状图层命名为"背景光点"。

2. 制作文字切换动画

Step1：使用"横排文字工具"在视图区域中单击，输入"S"，设置字体为"Adobe 宋体 Std"、文字大小为"1000 像素"，并设置为"仿粗体"。

Step2：将时间指示器定位在第 6 帧处，激活"源文本"关键帧，再将时间指示器定位在第 0 帧处，删除文字。

Step3：将时间指示器定位在第 17 帧处，将文字改为"C"，在第 1 秒第 3 帧处，将文字改为"D"，在第 1 秒第 11 帧处，将文字改为"S"。

Step4：将文字图层重命名为"大写字母"。并为其添加"斜面和浮雕""渐变叠加"和"外发光"图层样式，3个图层样式的参数如图 5-19~图 5-21 所示，所对应的效果示例如图 5-22 所示。

Step5：继续输入文字"STYLE"，并将其放置在合适位置，文字位置示例如图 5-23 所示。

Step6：将新的文字图层重命名为"单词"，将时间指示器定位在第 8 帧处，激活"源文本"关键帧，并在第 0 帧处删除文字。

Step7：按照 Step6 的步骤，在第 18 帧处，将文字改为"COLOR"；在第 1 秒 4 帧处，将文字改为"DESIGN"；在第 1 秒 12 帧处，将文字改为"SHOW"。

Step8：设置"单词"图层的混合模式为"动态抖动溶解"，并将图层"不透明度"设置为"80%"。

图 5-19　"斜面和浮雕"参数

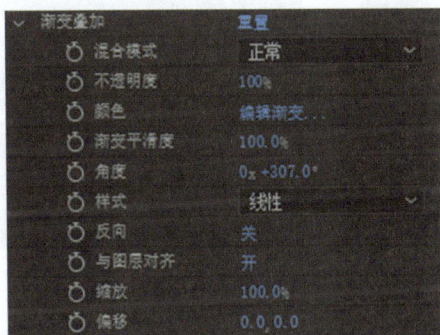

图 5-20　"渐变叠加"参数

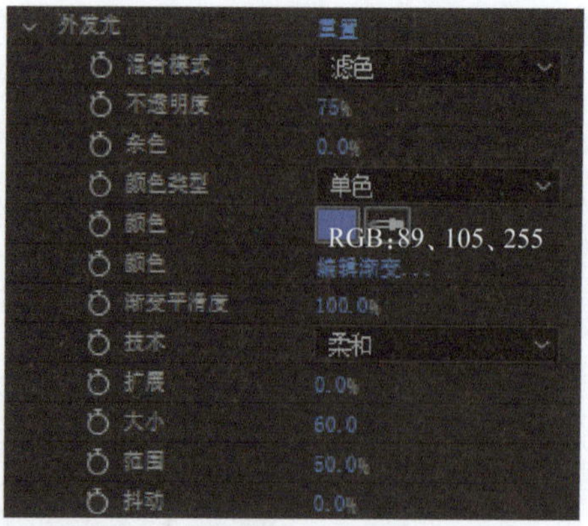

图 5-21   "外发光"参数

图 5-22   效果示例

图 5-23   文字位置示例

Step9：复制"单词"图层，命名为"单词2"图层，设置混合模式为"正常"，并将图层垂直翻转，将图层的不透明度设置为"10%"。

Step10：选中"单词2"图层，绘制一个矩形蒙版，如图 5-24 所示。

图 5-24   矩形蒙版

Step11：设置"蒙版羽化"为"120.0，120.0 像素"。

Step12：选中"单词"图层，为图层添加"投影"图层样式，设置"颜色"为紫色（RGB：85、16、116）、"距离"为"30.0"、"大小"为"30.0"。

Step13：选中"大写字母""单词"和"单词2"图层，将时间指示器定位在第 1 秒第 18 帧处，按 Alt+] 快捷键隐藏后半部分。

3. 制作文字路径动画

Step1：将时间指示器定位在第 1 秒第 20 帧处，输入文字"ARE"，创建文字图层，将新建的文字图层重命名为"are you ready go"。选中该图层，按 Alt+[快捷键隐藏第 1 秒第 20 帧之前的部分。

Step2：激活"are you ready go"图层的"源文本"关键帧，将时间指示器定位在第 2 秒第 4 帧处，更改文字为"YOU"；在第 2 秒第 10 帧处，将文字改为"READY"；在第 2 秒第 21 帧处，将文字改为"GO！"。

Step3：将时间指示器定位在第 3 秒第 7 帧处，按 Alt+] 快捷键，隐藏后半部分。

Step4：输入文字"时尚双十二"，得到"时尚双十二"图层。设置文字的字体为"造字工房朗倩"、颜色为黄色（RGB：255、216、0），将文字放置在合适的位置，文字的样式及位置示例如图 5-25 所示。

图 5-25　文字的样式及位置示例

Step5：选中"时尚双十二"图层，绘制一条路径，路径示例如图 5-26 所示。

Step6：选择"时尚双十二"→"文字"→"路径选项"→"路径"选项，设置"路径"为"蒙版 1"。隐藏第 3 秒第 8 帧前的部分。

Step7：第 3 秒第 8 帧处，选择"时尚双十二"→"文字"→"路径选项"→"路径"→"首字边距"选项，激活"首字边距"关键帧。

Step8：在第 3 秒第 14 帧处，更改"首字边距"的参数为"1523.0"。

Step9：按照 Step4~Step6 的方法，输入文字"打折促销日"，并为文字添加路径，文字路径示例如图 5-27 所示。

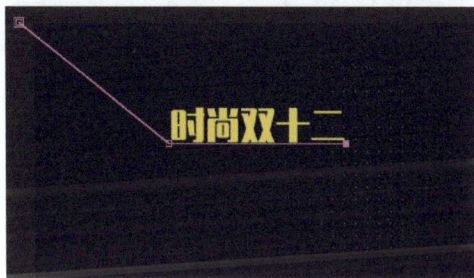

图 5-26　路径示例

图 5-27　文字路径示例

Step10：选择"时尚双十二"→"文字"→"路径选项"→"路径"→"反转路径"选项，设置"反转路径"为"开"。

Step11：在第 3 秒第 14 帧处，更改"首字边距"的参数为"2094.0"；在第 3 秒第 18 帧处，更改"首字边距"的参数为"596.0"。

Step12：为"时尚双十二"和"打折促销日"两个图层设置运动模糊，并隐藏两个图层第 4 秒后的部分。

4. 制作蒙版动画

Step1： 导入图 5-28 所示的"墨镜 .jpg"素材，将其拖曳至图层编辑区，将第 4 秒第 1 帧之前的部分隐藏，并为墨镜所在图层绘制一个圆形蒙版，蒙版示例如图 5-29 所示。

图 5-28　"墨镜 .jpg"素材

图 5-29　蒙版示例

Step2： 选择"墨镜 .jpg"→"蒙版"→"蒙版 1"→"蒙版扩展"选项，在第 4 秒第 1 帧处激活"蒙版扩展"关键帧，向左侧拖曳数值，更改"蒙版扩展"的参数，直至完全隐藏墨镜素材。

Step3： 在第 4 秒第 6 帧处，向右拖曳数值，直至墨镜素材完全显示。为墨镜所在图层添加运动模糊效果。

Step4： 绘制矩形、输入文字并对文字的颜色进行调整，得到如图 5-30 所示的文字排版示例。

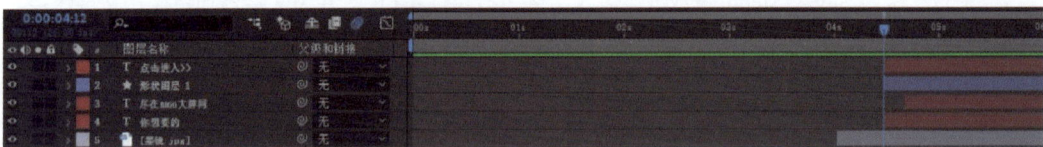

Step5： 调整图层进度条的位置，如图 5-31 所示。

图 5-30　文字排版示例

图 5-31　图层进度条位置示例

Step6： 依次为矩形和文字设置位移动画，并设置运动模糊。位移动画示例如图 5-32 所示。

图 5-32　位移动画示例

Step7：选中所有图层，按 U 键调出所有关键帧，选中所有线性关键帧，按 F9 键将线性关键帧设置为缓动关键帧。

Step8：导入"节奏控 .mp3"素材，将其拖曳至图层编辑区中。拖曳工作区结尾至第 6 秒处。至此，网站宣传动画制作完成。

任务 5-2　动态海报

文字的动画属性能够针对文字创建动画效果，而逐字 3D 化能够使文字处于一个三维空间，可以在三维空间对文字进行编辑。本任务将通过一个动态海报，详细讲解文字的动画属性及逐字 3D 化的方法。动态海报效果如图 5-33 所示。扫描二维码，查看动画效果。

实践微课 5-2：
任务 5-2　动态
海报

动态海报动画

图 5-33　动态海报效果

■ 任务目标

技能目标	● 掌握文字动画属性的设置方法，能够通过范围选择器制作文字动画 ● 掌握逐字 3D 化方法，能够在三维空间中编辑文字

■ 任务分析

本任务的重点是掌握文字的动画属性和逐字 3D 化的使用方法。可以将任务拆解为两部分，一部分是制作静态海报；另一部分是制作运动的文字，包括海报上的文案和围绕奶茶杯旋转的文字。可以按照以下思路完成动态海报动画制作。

1. 制作海报静态效果

静态海报包括背景、奶茶杯、文案以及环绕在奶茶杯周围的文字，其中文案和围绕在奶茶杯周围的文字需要通过文字工具进行创建，为其设置样式，并为围绕在奶茶杯周围的文字开启逐字 3D 化。

2. 制作海报动态效果

运动的文字是指为静态海报中的文字内容添加不同的动画效果，其中文案由大变小、由不可见到可见。此时，需要设置文案所在图层的"缩放"和"不透明度"属性。在制作围绕在奶茶杯周围的文字时，需要先对文字启用逐字 3D 化，文字围绕奶茶杯且分别按不同的方向进行旋转，此时，需要设置围绕在奶茶杯周围的文字的"旋转"属性。

■ 知识储备

1. 文字的动画属性

在 After Effects 中，通过文字的动画属性，可以将文字动画的效果制作得更加丰富，如颜色变化的动画。展开文字图层，单击"动画" ▶ 图标，在弹出的添加动画菜单中选择需要的动画选项即可。添加动画菜单如图 5-34 所示。

理论微课 5-4：
文字的动画属性

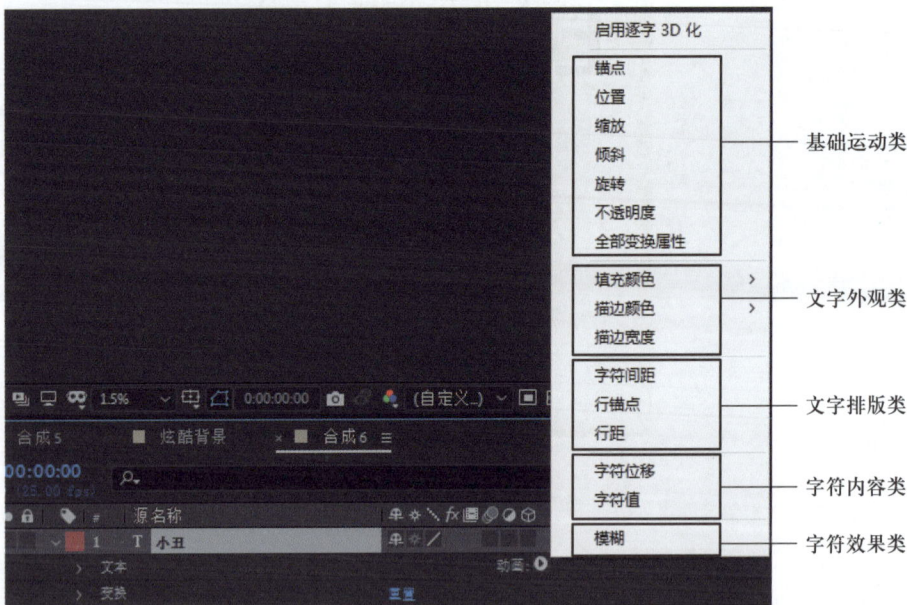

图 5-34　添加动画菜单

在添加动画菜单中，可以看到多种动画属性，包括基础运动类、文字外观类、文字排版类、字符内容类和字符效果类等。下面针对这几个属性进行讲解。

（1）基础运动类

基础运动类中的动画属性主要为文字添加丰富的动画效果，如缩放、旋转等。基础运动类的动画属性包括"锚点""位置""缩放""倾斜""旋转""不透明度"和"全部变换属性"。"全部变换属性"中包含了"锚点""位置"等一系列基础运动类的属性，在实际操作中，可以选择"全部变换属性"，方便查看不同属性对文字的影响。添加"全部变换属性"示例如图 5-35 所示。

添加"全部变换属性"后，可以看到，图层下方会出现"动画制作工具 1"属性，下面的一系列属性和图层的"变换"属性类似，不同的是，在制作文字动画时，不需要单独为属性添加不同参数的关键帧，只需要设置参数，再通过"范围选择器"来控制文字的变化。接下来对"范围选择器"进行讲解。

　　"范围选择器"用于选择文字的范围。添加第 1 个动画属性时，软件会自动建立一个"范围选择器"。"范围选择器"包括"起始""结束""偏移"和"高级"4 个属性，如图 5-36 所示。

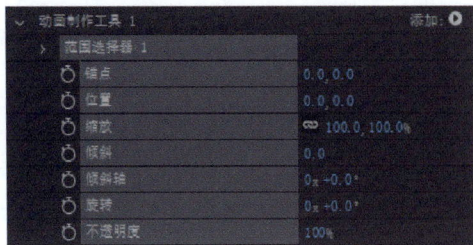

图 5-35　添加"全部变换属性"示例

图 5-36　"范围选择器"属性

　　下面对"范围选择器"中的属性进行介绍。

　　①"起始"/"结束"："起始"是指文字的开始位置占整个文字的比例；"结束"是指文字的结束位置占整个文字的比例。图 5-37 是设置"起始"为"30%"、"结束"为"60%"的范围示例。

　　②"偏移"是把起始值和结束值的范围进行整体移动。图 5-38 展示的是设置"偏移"为"20%"的示例。

图 5-37　设置"起始"为"30%"、"结束"为"60%"的范围示例

图 5-38　设置"偏移"为"20%"的示例

　　③"高级"用于设置文字的变化过程是以何种方式进行的，可以为文字动画增添多样性，在"高级"属性中，包括"单位""依据""模式""数量""形状""平滑度""缓和高""缓和低""随机排序"和"随机植入"等参数，"高级"属性面板如图 5-39 所示。

　　关于"高级"属性中的参数介绍如下。

　　●"单位"用于设置"起始""结束"和"偏移"的单位，包括"百分比"和"索引"两个选项。

　　●"依据"用于控制文字以字符、不包含空格的字符、词或者行的方式来制作动画。

　　●"模式"用于设置动画的属性和文字的组

图 5-39　"高级"属性面板

合方式，包括"相加""相减""相交""最小值""最大值"和"差值"等选项。

　　●"数量"用于控制文字受动画属性影响的程度。值为 0% 时，添加的动画属性不影响文字；值为 100% 时，则添加的动画属性完全影响文字。

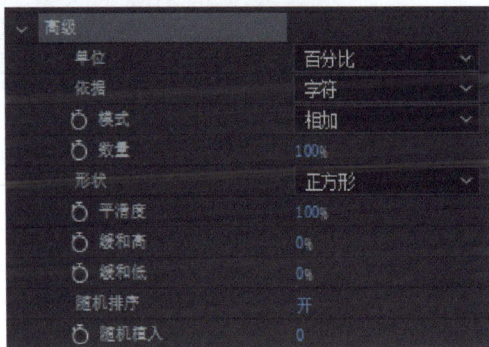

● "形状"用于设置字符的排列方式和文字运动速度的变化，包括"正方形""上斜坡""下斜坡""三角形""圆形"和"平滑"等选项。使用不同的"形状"选项，可以更改动画的外观。

● "平滑度"，指当"形状"为"正方形"时，动画从一个字符过渡到另一个字符所用的时间。

● "缓和高"/"缓和低"用于控制文字动画过渡时的速率。

● "随机排序"用于控制文字动画的随机性，设置为"关"时，文字动画按顺序显示；设置为"开"时，文字动画随机显示。

● "随机植入"用于在"随机排序"选项设置为"打开"时，计算范围选择器的随机顺序。

下面以一个"文字旋转掉落"的动画来演示范围选择器的用法。

Step1：按 Ctrl+N 快捷键创建合成，在"合成设置"对话框中设置"合成名称"为"范围选择器的用法"，"宽度"为 1920 px、"高度"为 1080 px，详细参数的设置如图 5-40 所示。

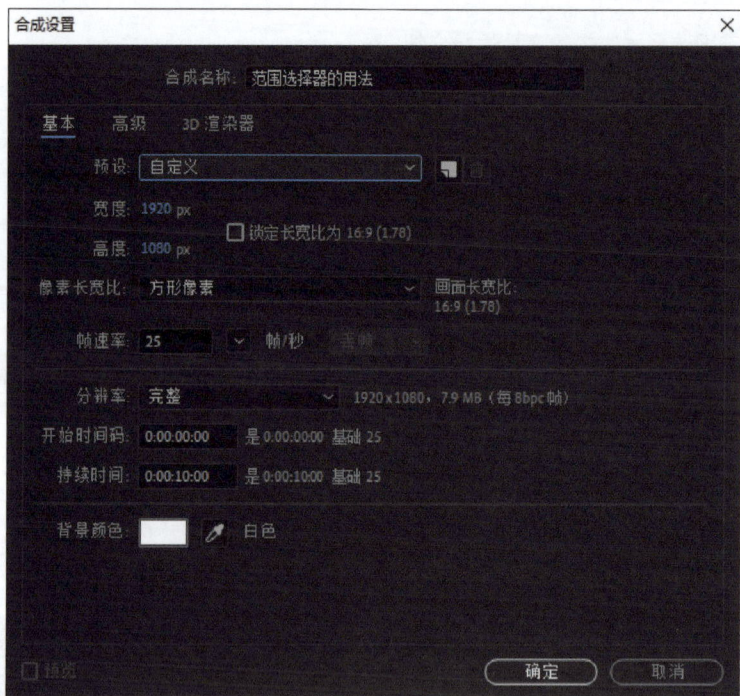

图 5-40　详细参数的设置

Step2：使用"横排文字工具"输入文字"为千万学生少走弯路而著书"，得到文字图层。设置字体为"方正行楷简体"、颜色为深灰色（RGB：48、48、48），文字示例如图 5-41 所示。

为千万学生少走弯路而著书

图 5-41　文字示例

Step3：展开文字图层，单击"动画" ▶ 按钮，在弹出的动画选项菜单中选择"全部变换属性"。

Step4：使用"选取工具"将文字向上移动，移出视图区域。设置"位置"为"0.0，600.0"，"旋转"为"$1_x+0.0°$"。

Step5：选择"动画制作工具 1"→"范围选择器 1"→"结束"选项，设置"结束"为

"0%"，在第 0 帧处激活"结束"关键帧。

Step6：在第 2 秒处，设置"结束"为"100%"，拖曳工作区结尾至第 2 秒处，播放动画可以看到文字从上方旋转掉下的效果，动画效果的示例如图 5-42 所示。

图 5-42　动画效果的示例

至此，"文字旋转掉落"动画制作完成。

（2）文字外观类

文字外观类中的动画属性主要用于设置文字的外观，包括"填充颜色""描边颜色"和"描边宽度"等选项。当选择"填充颜色"和"描边颜色"时，会弹出颜色列表，如图 5-43 所示。

颜色列表中包括"RGB""色相""饱和度""亮度"和"不透明度"等选项，选择其中一个选项，文字颜色会基于对应的选项进行变化。

例如，输入文字"爱拼才会赢"，将文字颜色改为灰绿色（RGB：193、207、188），为文字添加"填充颜色"→"饱和度"属性，接下来设置文字动画，文字动画的效果如图 5-44 所示。

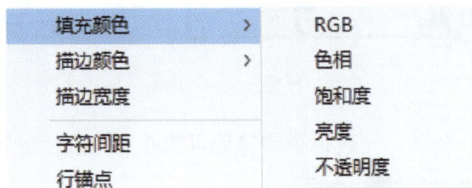

图 5-43　颜色列表

图 5-44　文字动画的效果

（3）文字排版类

文字排版类中的动画属性主要用于设置文字的排版样式，包括"字符间距""行锚点"和"行距"等选项，具体介绍如下。

① "字符间距"用于设置字符间的距离变化。

② "行锚点"用于设置每行文字的对齐方式。

③ "行距"用于设置行与行之间的距离变化。

（4）字符内容类

字符内容类的动画属性可以自动更改文字的内容，包括"字符位移"和"字符值"，具体介绍如下。

①"字符位移"用于将字符内容进行偏移,一般用于数字或字母的变化。例如,输入字母A,设置"字符位移"为"5",那么变化将是字母由 A 变为 F。

②"字符值"用于将字符内容使用 Unicode(统一码)所对应的值进行替换。

（5）字符效果类

字符效果类中的"模糊"属性用于设置字符的清晰度变化。

2. 逐字 3D 化

理论微课 5-5:
逐字 3D 化

前面介绍的文字是在有 X 轴和 Y 轴的二维空间进行创建的,当对文字进行位移、旋转等操作时,只能在 X 轴和 Y 轴进行。若想使文字在具有 X 轴、Y 轴和 Z 轴的三维空间中运动,就需要启用逐字 3D 化(在添加动画菜单中选择"启用逐字 3D 化"选项即可)。启用逐字 3D 化后,文字图层中的每个字符都可以在三维空间中进行运动。

例如,为文字图层启用逐字 3D 化后,添加"旋转"动画属性,可以看到旋转参数的变化,图 5-45 展示的是未启用逐字 3D 化和启用逐字 3D 化的参数对比的示例。

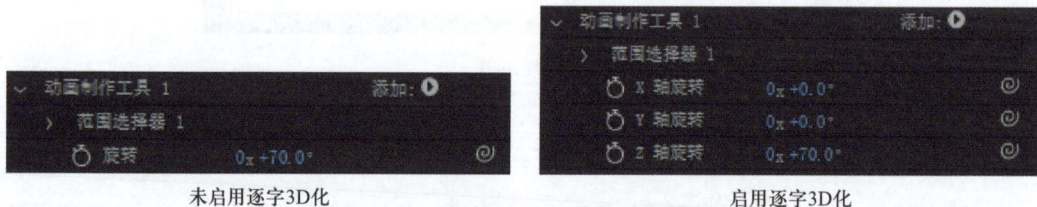

未启用逐字3D化　　　　　　　　　　　　启用逐字3D化

图 5-45　未启用逐字 3D 化和启用逐字 3D 化的参数对比的示例

未启用逐字 3D 化和启用逐字 3D 化的文字旋转示例如图 5-46 和图 5-47 所示。

图 5-46　未启用逐字 3D 化文字旋转示例　　　　图 5-47　启用逐字 3D 化的文字旋转示例

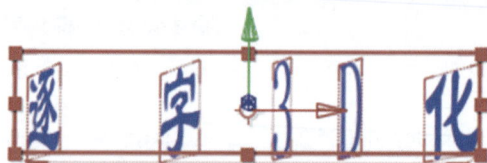

在图 5-47 中可以看到,每一个字符周围都有一个框,代表每个字符都可以在三维空间进行旋转。若想取消三维空间,单击三维开关"⬛"所对应的"⬛"即可。

■ 任务实现

根据任务分析思路,"任务 5-2 动态海报"的具体实现步骤如下。

1. 制作海报静态效果

Step1:启动 After Effects,保存项目,将项目命名为"任务 5-2 动态海报"。

Step2:导入素材"奶茶背景 .jpg"和"奶茶杯 .png"素材,以素材"奶茶背景 .jpg"创建合成。将"奶茶杯 .png"素材拖曳至图层编辑区,素材的位置示例如图 5-48 所示。

Step3:输入文字"新品上市",设置字体为"方正兰亭大黑简体"、字体大小为"90 像素"、字体颜色为深灰色(RGB:50、50、50)、描边颜色为白色、描边宽度为"10 像素",文字的示例如图 5-49 所示。

图 5-48　素材的位置示例

图 5-49　文字的示例 1

Step4：继续输入文字"秋天的第一杯咖啡送给最爱的你"，设置字体为"方正兰亭黑简体"、字体颜色为绿色（RGB：113、141、0），文字的示例如图 5-50 所示。

Step5：导入"戳 .png"素材，将其拖曳至图层编辑区，戳的位置的示例如图 5-51 所示。

图 5-50　文字的示例 2

图 5-51　戳的位置的示例

Step6：继续输入文字，中文字体为"方正兰亭黑简体"、英文字体为"Arial"、字间距为"100"，将中文文字所在图层重命名为"中文"，将英文文字所在图层重命名为"英文"，示例如图 5-52 所示。

秋季燕麦奶茶，滴滴真情，口口醇香

AUTUMN OATMEAL MILK TEA, DRIPPING TRUE FEELINGS, MELLOW MOUTH

图 5-52　文字及其样式的示例

Step7：选中中文文字所在图层，按 Ctrl+Alt+Home 快捷键使锚点居中，在锚点处绘制正圆，正圆示例如图 5-53 所示。

Step8：选择"中文"→"文字"→"路径选项"→"路径"选项，设置"路径"为"蒙版 1"，路径文字的示例如图 5-54 所示。

Step9：双击文字，复制并粘贴文字，使文字充满路径。为文字启用逐字 3D 化，并添加"旋转"动画属性，设置"X 轴旋转"为"0_x -90.0°"。

Step10：选择"中文"→"变换"→"X 轴旋转"选项，设置"X 轴旋转"为"0_x +90.0°"；选择"中文"→"变换"→"Y 轴旋转"选项，设置"Y 轴旋转"为"0_x +22.0°"。如图 5-55 所示。

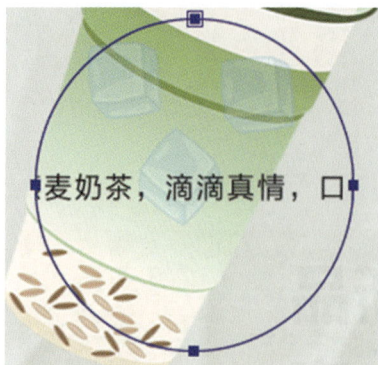

图 5-53 正圆示例

图 5-54 路径文字的示例

Step11：选择"中文"→"文字"→"路径选项"→"反转路径"选项，设置"反转路径"为"开"。调整"中文"图层的位置如图 5-56 所示。

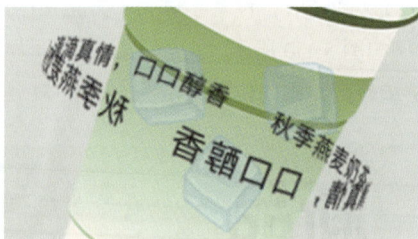

图 5-55 文字旋转的示例

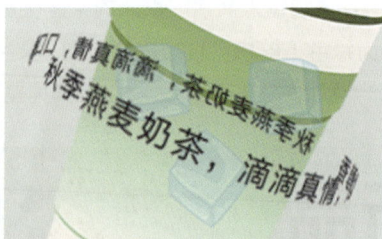

图 5-56 调整"中文"图层的位置

Step12：按照 Step7~Step11 的步骤，为英文文字制作旋转效果。如图 5-57 所示。

Step13：按 Ctrl+D 快捷键复制"奶茶杯图层"图层，将图层重命名为"蒙版"。使用"钢笔工具"绘制蒙版，将其拖曳至"中文"和"英文"图层的上方，蒙版的示例如图 5-58 所示。

图 5-57 英文文字的旋转效果示例

图 5-58 蒙版的示例

2. 制作海报动态效果

Step1：选中"中文"和"英文"图层，按 R 键调出"旋转"属性，在第 0 帧处激活"Z 轴旋转"关键帧，在第 10 秒处分别设置"中文"图层的"Z 轴旋转"为"$-3_x+0.0°$"，"英文"图层的"Z 轴旋转"为"3ₓ+0.0°"。

Step2：选择"新品上市"图层，为图层添加"全部变换属性"动画属性。设置"位置"为"0.0，−300.0"、"缩放"为"400%"。展开"范围选择器"，在第 0 帧处激活"起始"关键帧，在第 1 秒处，设置"起始"为"100%"。选中关键帧，按 F9 键，将其设置为缓动关键帧。

Step3：选中戳所在图层，在第 2 秒第 10 帧处，激活"缩放"关键帧，将时间指示器定位在第 2 秒处，设置"缩放"为"500%"。在第 2 秒第 10 帧处，激活"不透明度"关键帧，将时间指示器定位在第 2 秒处，设置"不透明度"为"0%"。将所有关键帧设置为缓动关键帧。

Step4：选中右上角文字所在图层，为文字添加"不透明度"动画属性，设置"不透明度"为"0%"，在第 2 秒第 10 帧处，激活"起始"关键帧，在第 4 秒处设置"不透明度"为"100%"。

Step5：导入"背景音乐 .mp3"，将其拖曳至图层编辑区。按 Ctrl+K 快捷键，设置合成"持续时间"为 10 秒。

至此，动态海报制作完成。

项目小结

项目 5 包括两个任务，其中任务 5-1 的目的是让读者掌握文字的创建、设置，以及文字属性的设置。完成此任务，读者能够制作网站宣传动画。任务 5-2 的目的是让读者掌握文字的动画属性及逐字 3D 化的作用及使用方法。完成此任务，读者能够在 After Effects 中制作动态海报。

通过学习项目 5，读者能够掌握文字的相关知识，并能够制作文字动画。

项目实训：制作歌词字幕动画

学习完前面的内容，接下来请根据要求完成项目实训。

要求：请结合前面所学知识，运用文字的设置、文字的属性、文字的动画属性及逐字 3D 化等知识以及给出的素材制作一个歌词字幕动画，歌词字幕动画的效果如图 5-59 所示。扫描二维码，查看动画效果。

歌词字幕动画

图 5-59　歌词字幕动画的效果

项目 6 ⟫⟫⟫⟫
制作三维动画

学习目标

◆ 掌握三维属性和摄像机的用法，能够运用三维属性和摄像机完成宣传片头动画的制作。

◆ 掌握灯光属性的用法，能够运用灯光属性完成音频可视化动画的制作。

项目介绍

在 After Effects 中，可以将二维图层转换为三维图层。三维图层具有三维空间，可以按照水平、垂直、纵深三个方向设置素材位置。在动画制作中，三维图层配合 After Effects 中的摄像机和灯光，可以制作一些效果绚丽的三维动画。本项目将通过制作宣传片头动画和音视频可视化动画两个任务详细讲解三维动画的相关知识。

PPT：项目 6　制作三维动画

教学设计：项目 6　制作三维动画

PPT

任务 6-1　宣传片头动画

三维属性配合摄像机可以模拟真实的三维场景特效。本任务将通过一个宣传片头动画，详细讲解三维属性和摄像机的相关知识，包括认识三维空间、三维开关、三维属性、认识摄像机、创建摄像机以及摄像机的属性。通过本任务的学习，能够让读者对三维动画有一个基本的认识，可以运用三维属性和摄像机制作一些简单的三维动画。宣传片头动画效果如图 6-1 所示。扫描二维码，查看动画效果。

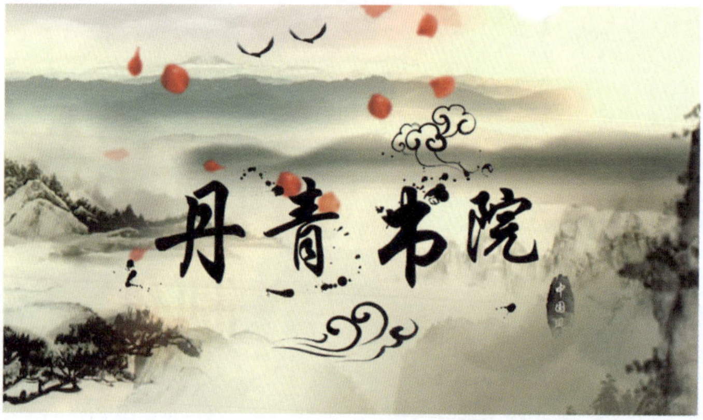

图 6-1　宣传片头动画效果

■ 任务目标

知识目标	● 了解三维空间，能够说出二维空间和三维空间之间的差异 ● 熟悉 After Effects 摄像机各参数的作用，能够列举实例说明
技能目标	● 掌握三维开关和三维属性的用法，能够制作三维动画 ● 熟悉创建摄像机的方法，能够在 After Effects 中创建摄像机 ● 掌握摄像机属性的用法，能够运用摄像机属性制作镜头移动动画效果

■ 任务分析

本任务的重点是让读者掌握三维属性和摄像机属性的用法。可以按照以下思路完成该任务。

1. 拼合场景

宣传片头动画中包含许多素材。可以导入这些素材，并生成图层。根据图层在上优先显示的原则，调整各素材图层的排列顺序和位置，完成场景的搭建。

搭建场景时，首先需要将这些元素拼合成一个静态的场景，然后分析场景中哪些元素是动态的，哪些元素是静止的。在宣传片头动画中，大雁、文字和整个场景是动态效果，其他元素是静止效果。

2. 制作文字动画

文字动画有一个从无到有的动效，可以使用轨道遮罩来完成。通过缩放遮罩图层来控制文字的隐藏和显示，具体操作步骤如下。

①设置遮罩图层和填充图层。

②为遮罩图层添加由缩小到放大的动画。

3. 制作摄像机动画

摄像机动画主要用来控制视图区域视角的移动。可以通过摄像机的"目标点"属性和"位置"属性来控制摄像机移动，具体操作步骤如下。

①添加双节点摄像机。

②调出摄像机的"目标点"属性和"位置"属性。添加第1组关键帧，作为摄像机最终位置。

③调整"目标点"属性和"位置"属性的参数，让摄像机向右移动，得到第2组关键帧。将第2组关键帧作为摄像机的初始位置。此时整个场景将有一个向左移动的动画效果。

④因为摄像机移动会导致背景偏移露出透明底色，所以需要为背景图层添加"位置"属性，调整参数值遮挡露出部分。

4. 制作大雁动画

大雁素材是动态图，动画持续时间较短，需要延长大雁动态图的持续时间。此外大雁素材还要有一个向右移动的动画。制作大雁动画的具体步骤如下。

①通过"解释素材"选项增加大雁动态图的循环次数，延长大雁动态图的持续时间。

②为两个"大雁.gif"添加向右移动动画，调整 X 轴和 Y 轴的参数值。

■ 知识储备

1. 认识三维空间

前面项目中的动画大都是在二维空间中制作的。二维空间也称平面空间，仅由 X 轴和 Y 轴两个轴组成。其中 X 轴代表长度，Y 轴代表宽度。二维空间只沿长度和宽度延伸扩展，如图 6-2 所示。

理论微课 6-1：
认识三维空间

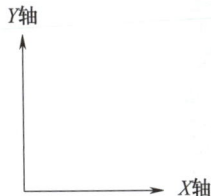

三维空间是建立在二维空间基础上的，相比二维空间，三维空间不仅包含 X 轴和 Y 轴，还包含 Z 轴。Z 轴是三维空间的关键，代指纵深方向。可以把纵深方向理解为远近。图 6-3 为三维空间示例。

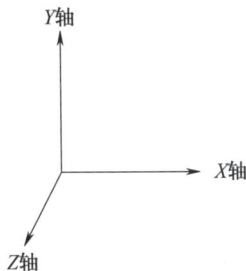

图 6-2 二维空间示例　　图 6-3 三维空间示例

在三维空间中，可以通过对 X 轴、Y 轴、Z 轴坐标值的调整，确定一个元素在三维空间中的位置。

在 After Effects 中，可以把二维图层转换为三维图层，从而实现视觉上的三维效果。但 After Effects 并不能像专业的三维软件那样，随意地操控和编辑三维图层，也不能在三维空间中建立新的三维物体。但 After Effects 可以导入一些三维软件的文件。

在实际工作中，After Effects 主要用来模拟三维场景，建立位置关系。例如，使用三维空间对比两个图层的位置关系，如图 6-4 所示。

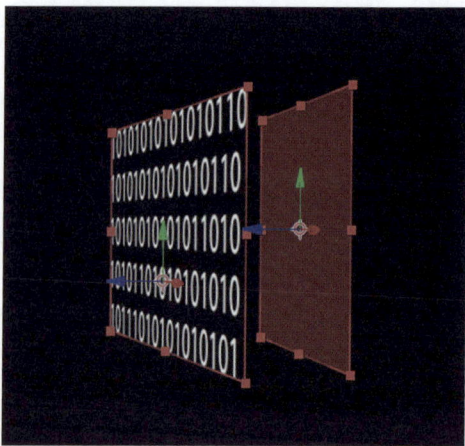

2. 三维开关和三维属性

在 After Effects 中不能直接创建三维图层，只能创建二维图层。前面使用的各类图层都是二维图层，例如，素材图层、文字图层等。通过三维开关可以将这些图层转换为三维图层。三维图层包含对应的三维属性，这些三维属性可用于调整元素样式。下面，将详细讲解三维开关和三维属性的设置方法。

图 6-4　使用三维空间对比两个图层的位置关系

理论微课 6-2：
三维开关和三维属性

（1）三维开关

三维开关是图层编辑区域中图层的一个选项，可以控制二维图层和三维图层的转换。三维开关显示样式为"▣"。

在图层编辑区域找到"▣"对应的一列，单击"■"位置，打开对应图层的三维开关，二维图层会被转换为三维图层。再次单击会关闭三维开关，图层会转换为二维图层。图 6-5 为纯色图层转换为三维图层的示例。

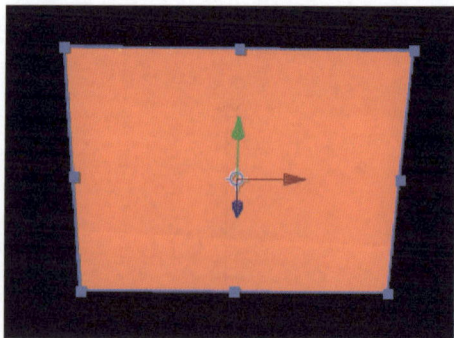

值得一提的是，除了使用三维开关将二维图层转换为三维图层外，还可以通过选择"图层"→"3D 图层"选项，将选中的二维图层转换为三维图层。当图层转换成三维图层后，"3D 图层"选项将变为不可选中状态。同时，三维图层中会显示三维开关"▣"。

将二维图层转换为三维图层后，旋转图层，可以查看图层的三维效果。选中三维图层，可以看到图层的三维坐标，其中红色箭头代表 X 轴，绿色箭头代表 Y 轴，蓝色箭头代表 Z 轴。图 6-6 为三维坐标示例。

图 6-5　纯色图层转换为三维图层

图 6-6　三维坐标示例

（2）三维属性

将二维图层转换为三维图层后，在图层"变换"属性中，会增加新的三维属性。三维图层包

括"变换""几何选项""材质选项"，具体介绍如下。

①"变换"属性

三维图层和二维图层都具有"变换"属性，但三维图层的"变换"属性比二维图层多了一些子属性。图 6-7 为三维图层属性和二维图层属性的对比示例。

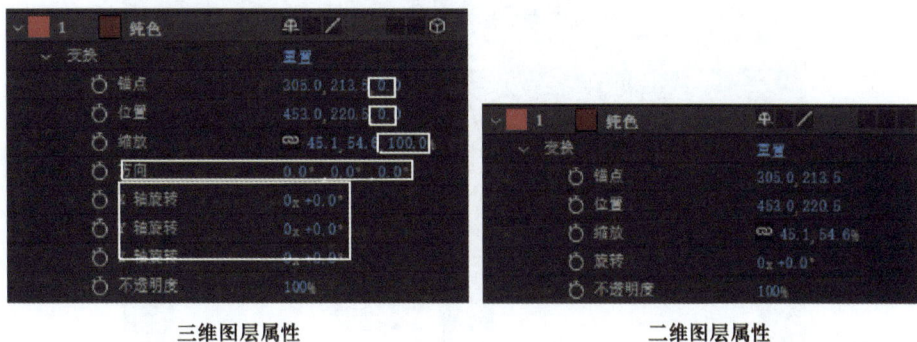

三维图层属性　　　　　　　　　　　　　　　　二维图层属性

图 6-7　三维图层属性和二维图层属性的对比示例

对比观察可以发现，三维图层的属性要比二维图层更加丰富。线框标示即为三维图层的专有属性。

● "锚点""位置""缩放"：这三个属性均比二维图层多了 Z 轴参数，用于控制图层 Z 轴。

● "方向""X 轴旋转""Y 轴旋转""Z 轴旋转"：这 4 个属性均用于控制 X 轴、Y 轴、Z 轴旋转角度，"方向"属性和下面的"X 轴旋转""Y 轴旋转""Z 轴旋转"基本一致。但"方向"属性只能设置 1 周或 1 周以内的旋转。"X 轴旋转""Y 轴旋转""Z 轴旋转"不仅可以设置一周旋转，可以设置多周旋转。

②"几何选项"属性

"几何选项"属性用于设置元素的渲染效果，不同类型的二维图层转化成三维图层时，对应的"几何选项"属性也不同。

默认情况下"几何选项"属性显示为灰色，不可编辑。可以单击图 6-8 所示的"更改渲染器"按钮，在打开的"合成设置"对话框中将"渲染器"选项设置为"CINEMA 4D"，如图 6-9 所示。

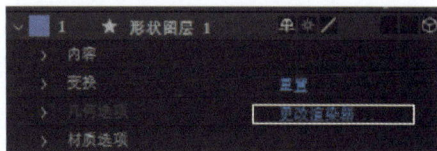

图 6-8　"更改渲染器"

"CINEMA 4D"是 After Effects 新增渲染器，常用于渲染文本图层和形状图层。单击"确定"按钮可激活"几何选项"属性。单击"几何选项"属性前的"▶"按钮，可以打开"几何选项"属性的子属性。需要注意的是，图层类型不同，"几何选项"属性的子属性也不同，如图 6-10 所示。

图 6-10 中的这些子属性主要用于为元素添加三维效果。例如，设置"弯度"属性和"段"属性的素材效果示例如图 6-11 所示。

③"材质选项"属性

"材质选项"属性需要配合"灯光"使用，用于设置元素的光影关系。例如，高光、投影、反光等。使用的渲染器不同，"材质选项"属性的子属性也不同。图 6-11 所示为"CINEMA 4D"渲染器和"经典 3D"渲染器子属性的对比。

图 6-9　设置为"CINEMA 4D"

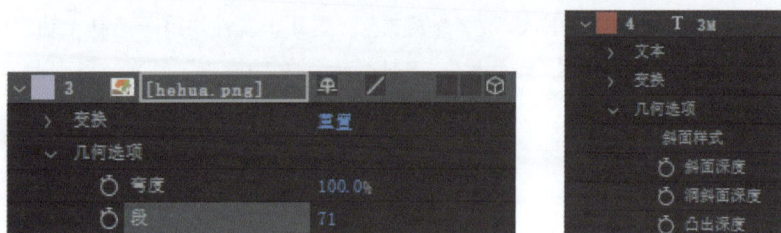

素材图层子属性　　　　　　　　　　文字图层子属性

图 6-10　素材图层子属性和文字图层子属性对比示例

图 6-11　设置"弯度"属性和"段"属性的素材效果示例

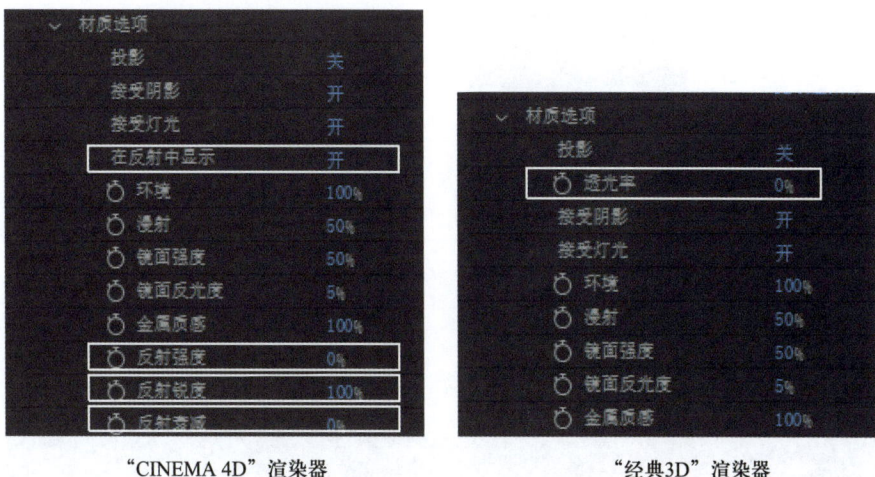

"CINEMA 4D"渲染器   "经典3D"渲染器

图 6-12 "CINEMA 4D"渲染器和"经典 3D"渲染器子属性的对比

通过图 6-12 可以看出，"在反射中显示""反射强度""反射锐度""反射衰减"是使用
"CINEMA 4D"渲染器时独有的属性，"透光率"是使用"经典 3D"渲染器时独有的属性，其他
属性为共有属性。对"CINEMA 4D"渲染器和"经典 3D"渲染器子属性的具体介绍如下。

●"投影"用于打开和关闭投影效果。投影的角度和明度可以从"灯光选项"属性中调整。
因此想要观察投影效果，必须先创建一个灯光图层，并打开灯光图层中的"投影"开关。

●"接受阴影"用于控制当前图层是否接受其他图层投射的阴影。当选择为"仅"时会只显
示阴影，不显示图层。

●"接受灯光"用于控制当前图层是否受灯光照射效果。

●"在反射中显示"用于控制当前图层是否出现在其他图层的反射中。

●"环境"用于设置反射周围物体的比率。

●"漫射"用于设置光的发散比率。

●"镜面强度"用于设置光线被图层反射的比率。

●"镜面反光度"用于控制高光范围的大小。

●"金属质感"用于控制高光的颜色。取最大参数值时，高光颜色与图层颜色一致；取除最
大参数值之外的其他参数值时，高光颜色和灯光颜色一致。

●"反射强度"用于设置其他反射的图层显示在当前图层的程度。

●"反射锐度"用于控制反射的模糊程度。

●"反射衰减"用于控制光处于掠射角（光线入射时角度接近于 90° 的角）时的反射程度。

●"透光率"用于设置光线透过的比率。

设置三维属性后，查看器面板的视图区域会显示调整后的三维图层。默认显示视图模式为
"活动摄像机"。在查看器面板的设置栏中单击"活动摄像机"可以打开视图模式菜单，如图 6-13
所示。

在视图模式菜单中，可以选择"正面""左侧""顶部"等视图模式改变视图的预览角度。当
单击"1 个"选项，会弹出视图布局菜单，如图 6-14 所示。

在视图布局菜单中，选择多个视图预览，即可打开多个视图区域。图 6-15 为 4 个视图的
示例。

图 6-13　视图模式菜单　　　图 6-14　视图布局菜单

图 6-15　4 个视图的示例

　　了解了三维开关和三维属性的用法后，接下来通过一个拼合魔方的案例做具体演示。案例需要运用给出的 6 张图片素材拼合成一个立方体魔方，案例的最终效果如图 6-16 所示。

图 6-16　拼合魔方的最终效果

　　下面分步骤实现图 6-16 所示的魔方效果。

　　Step1：选择"合成"→"新建合成"选项（或按 Ctrl+N 快捷键），在弹出的"合成设置"对话框中设置"合成名称"为拼合魔方，"宽度"1200 px，"高度"1200 px，"帧速率"为 25 帧 / 秒，"分辨率"为完整，持续时间 10 秒。单击"确定"按钮完成合成的创建。合成设置参数如图 6-17 所示。

　　Step2：将素材"白色 .png""橙色 .png""红色 .png""黄色 .png""蓝色 .png""绿色 .png"，导入到项目面板中。

　　Step3：将导入的素材拖曳至图层编辑区域，分别生成素材图层。此时视图区域将显示素材图片，如图 6-18 所示。

　　Step4：选中所有的素材图层，打开"三维开关"，使素材图层转化为三维图层，如图 6-19 所示。

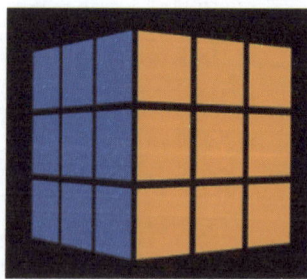

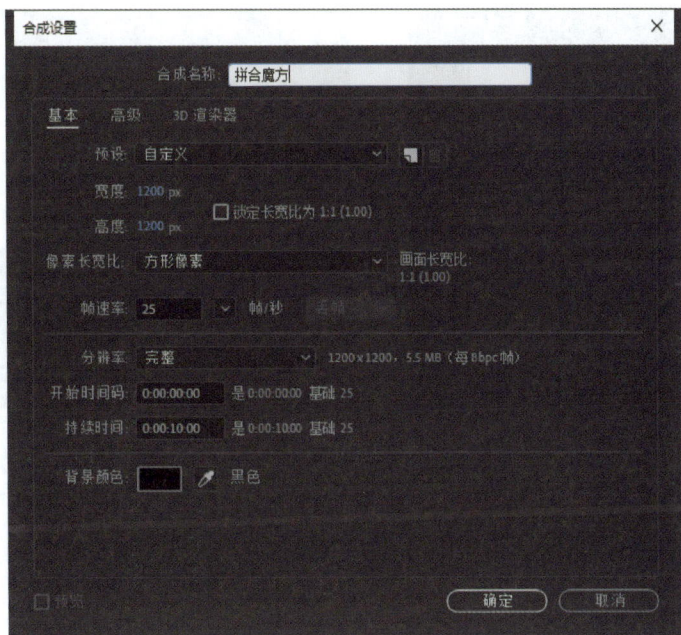

图 6-17 合成设置参数

图 6-18 视图区域显示素材图片

图 6-19 素材图层转化为三维图层

Step5：选中"白色 .png"图层，选择"向后平移（锚点）工具"，按住 Ctrl 键，拖曳锚点，将锚点移至左下角位置，如图 6-20 所示。

Step6：按 A 键打开"白色 .png"图层的"锚点"属性。按 Shift+P 快捷键打开"白色 .png"图层的"位置"属性。打开属性后的图层如图 6-21 所示。

Step7：选中"锚点"属性和"位置"属性，按 Ctrl+C 快捷键复制属性。

Step8：选中剩余图层，按 Ctrl+V 快捷键，将复制的属性粘贴到剩余图层。

Step9：选中"白色 .png"图层，按 R 键调出方向属性。在"方向"属性中，设置沿 Y 轴方向旋转 90°，如图 6-22 所示。"白色 .png"图层旋转后的效果如图 6-23 所示。

图 6-20　将锚点移至左下角位置

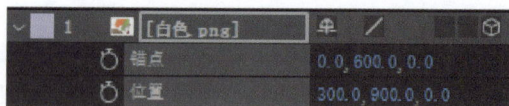

图 6-21　打开属性后的图层

图 6-22　沿 Y 轴方向旋转 90°

Step10：选中"橙色 .png"图层，按 R 键打开"方向"属性。在"方向"属性中，设置沿 Y 轴方向旋转 90°，按 Shift+P 快捷键打开"位置"属性，设置沿 X 轴方向移动 600 px。"橙色 .png"图层的最终效果如图 6-24 所示。

图 6-23　"白色 .png"图层旋转后的效果

图 6-24　"橙色 .png"图层的最终效果

Step11：按照 Step10 的方法，分别为其他图层设置不同的旋转角度和位移，拼合成一个立方体。

Step12：在查看器面板的设置栏中，将视图模式改为"自定义视图 1"，此时即可预览立方体效果，如图 6-25 所示。

Step13：切换到"活动摄像机"视图模式，选中所有图层，按 Ctrl+Shift+C 快捷键，创建预合成。将得到的预合成图层命名为"立方体"。

Step14：将"立方体"预合成图层转换为三维图层，按 R 键，打开"旋转"属性。在"方向"属性中，设置沿 Y 轴旋转 45°。旋转后的"立方体"预合成图层效果如图 6-26 所示。

Step15：为"立方体"预合成图层添加"折叠变换" ✦，呈现立方体效果。

至此立方体魔方制作完成。

🖐 **注意**：

　　在旋转物体时，如果不做旋转动画，使用"方向"属性即可；如果制作旋转动画，要使用"X 轴旋转""Y 轴旋转""Z 轴旋转"。

图 6-25 预览立方体效果

图 6-26 旋转后的"立方体"预合成图层效果

理论微课 6-3:
认识摄像机

3. 认识摄像机

说起摄像机大家并不陌生,日常生活中观看的电影、电视、短视频都可以通过摄像机拍摄。真实摄像机如图 6-27 所示。

同样,After Effects 也提供了摄像机。After Effects 中的摄像机用于拍摄视图区域中的元素。通过摄像机的属性变换,可以改变视角的位置,制作镜头运动动画,如镜头由远到近、由整体到局部等。此外,使用摄像机还可以从不同角度和距离查看三维图层中的元素,方便调整元素位置。

图 6-27 真实摄像机

After Effects 中的摄像机分为两种类型,一种是单节点摄像机,另一种是双节点摄像机。单节点摄像机,只能移动摄像机机身,不能移动镜头区域。双节点摄像机,既可以移动摄像机机身,还可以移动镜头区域。

图 6-28 为单节点摄像机和双节点摄像机的对比示例。

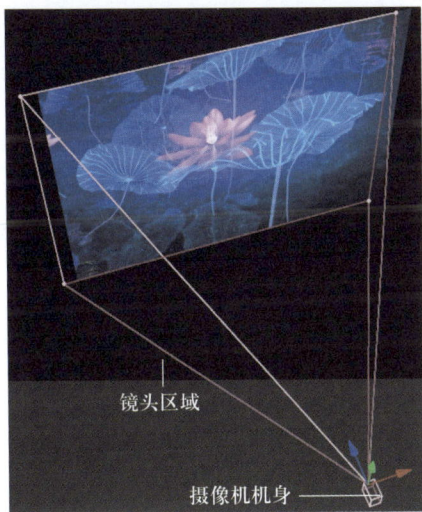

单节点摄像机

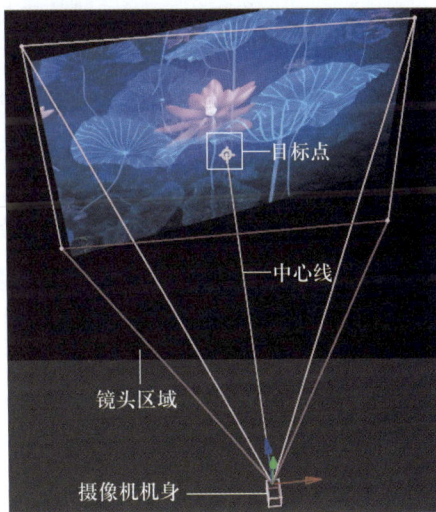

双节点摄像机

图 6-28 单节点摄像机和双节点摄像机的对比示例

通过图6-28可以看出，单节点摄像机和双节点摄像机的镜头区域由4条线和1个矩形组成，不同的是双节点摄像机比单节点摄像机多出1条中心线和1个目标点。将鼠标指针放置在目标点位置，拖曳目标点可以移动镜头区域。此外，无论是单节点摄像机还是双节点摄像机，当拖曳摄像机机身时，均可移动摄像机位置。实际使用中一般选择双节点摄像机。

4. 创建摄像机

理论微课6-4：
创建摄像机

想要运用摄像机制作动画，首先要创建一个摄像机。创建摄像机的方法十分简单，选择"图层"→"新建"→"摄像机"选项（或按Ctrl+Shift+Alt+C快捷键）即可打开"摄像机设置"对话框，如图6-29所示。

图6-29　"摄像机设置"对话框

在"摄像机设置"对话框中，可以设置摄像机的参数，具体介绍如下。

① "类型"可以选择双节点摄像机或单节点摄像机。

② "名称"用于设置摄像机的名字。用户可以自行设置。

③ "预设"用于设置镜头类型。每个类型的镜头都有各自默认的缩放、视角、焦距、光圈等参数组合。常用的镜头类型有35毫米和50毫米。镜头的数值越大，焦距越长；数值越小，焦距越短。长焦距适合拍摄远处场景细节，短焦距适合拍摄大范围场景。

④ "缩放"用于设置镜头区域的延伸。数值越大镜头区域延伸越远，反之镜头区域延伸越近。

⑤ "视角"用于设置镜头区域的大小。数值越大，视角越大。

⑥ "胶片大小"用于模拟摄像机所使用胶片（这里的胶片是After Effects模拟的，并非真实摄像机所用胶片）的大小。

⑦ "焦距"用于模拟胶片到摄像机镜头的距离。

⑧ "启用景深"用于建立摄像机调焦效果，调焦效果可以将焦点范围之外的图像模糊。选中该选项，可以激活"焦距""光圈""光圈大小""模糊层次"4个参数，调整这些参数，可以设置不同的效果。这些参数会显示在"摄像机选项"的子属性中。

⑨ "锁定到缩放" 也叫固定焦距。选中该复选框，可以使 "焦距" 和 "缩放" 参数等比调整。

设置完成摄像机的参数之后，单击 "确定" 按钮，在 "图层编辑区域" 会生成 1 个摄像机图层。当图层编辑区域中有三维图层时，使用工具栏中的 "统一摄像机工具" ，可以调整摄像机视角，从不同的角度查看三维图层。使用 "统一摄像机工具" 时，可以对摄像机进行旋转、平移和推拉操作，具体方法如下。

（1）旋转摄像机

选择 "统一摄像机工具"，按住鼠标左键不放，在视图区域拖曳鼠标指针，即可旋转摄像机。图 6-30 所示为双节点摄像机旋转示例。

图 6-30　双节点摄像机旋转示例

此外，选择摄像机工具组中的 "轨道摄像机工具" ，也可以旋转摄像机。

（2）平移摄像机

选择 "统一摄像机工具"，按住鼠标滚轮，在视图区域拖曳鼠标指针，即可平移摄像机。此外，选择摄像机工具组中的 "跟踪 XY 摄像机工具" ，也可以平移摄像机。

（3）推拉摄像机

选择 "统一摄像机工具"，按住鼠标右键，在视图区域拖曳鼠标指针，即可以推拉摄像机。此外，选择摄像机工具组中的 "跟踪 Z 摄像机工具" ，也可以推拉摄像机。

5. 摄像机的属性

运用摄像机属性可以制作镜头动画效果，例如镜头的变焦、推拉、旋转等。摄像机的属性包含 "摄像机选项" 和 "变换" 两类，具体介绍如下。

理论微课 6-5：
摄像机的属性

（1）"摄像机选项"

"摄像机选项" 主要用于设置视图的显示效果，该属性包含若干子属性。单击 "摄像机选项" 前的 "❯" 按钮，可以打开 "摄像机选项" 子属性，如图 6-31 所示。

在图 6-31 所示的 "摄像机选项" 子属性中，"景深" "焦距" "光圈" "模糊层次" 这几个属性在实际工作中最为常用，具体介绍如下。

① "景深"：景深在摄影中指的是拍摄场景的深度。景深最直观的效果就是背景虚化。例如拍摄一朵花，花的图片景深效果如图 6-32 所示。

从图 6-32 可以看出，花的主体部分是清晰的，而花后面的背景是模糊的，这样作为主体的花就能够凸显出来。这就是景深效果的体现。同样在 After Effects 中，"景深" 属性也用于模拟真实摄像机拍摄效果，配合 "焦距" "光圈" "模糊层次" 制作出背景模糊、主体清晰的图片。

要想使用景深效果，需要将 "景深" 属性的开关设置为 "开"，如图 6-33 所示。

此外如果在创建摄像机时，勾选 "启用景深" 选项，在摄像机属性中会自动打开 "景深" 属性。

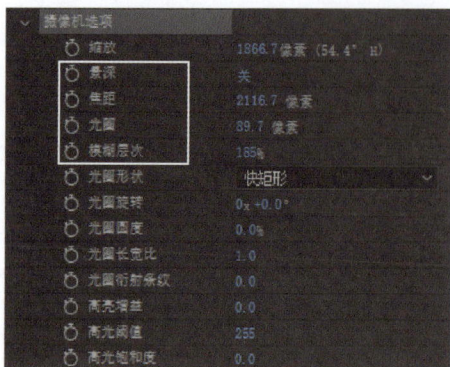

图 6-31　"摄像机选项"子属性

图 6-32　花的图片景深效果

② "焦距"：焦距在摄影中指的是透镜光心到光聚集的焦点之间的距离，焦距的示意图如图 6-34 所示。

图 6-33　打开"景深"属性

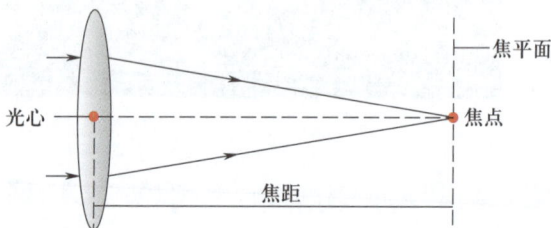

图 6-34　焦距的示意图

在 After Effects 中，"焦距"属性主要用于控制焦平面的位置。"焦平面"是指"焦点"所在位置垂直于光心所在轴线的一个平面。位于焦平面上的物体在画面中会清晰显示，焦平面周围的物体会以焦平面所在位置为半径，模糊显示。周围物体离焦平面位置越远，模糊程度越明显，如图 6-35 所示。

在图 6-35 中包含 3 张图片，分别为"松鼠""大象"以及"背景"。其中"松鼠""背景"模糊显示，"大象"清晰显示。切换视图布局为双视图显示，3 张图片的位置如图 6-36 所示。

图 6-35　"焦平面"示例

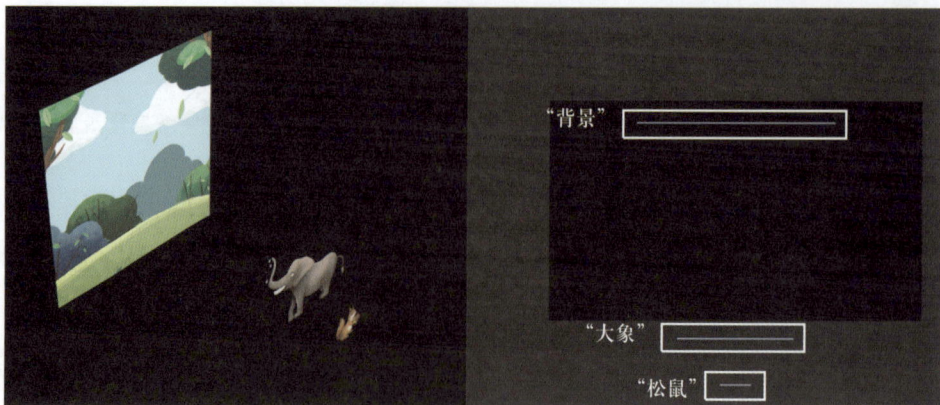

图 6-36　3 张图片的位置

在"顶部"视图中，摄像机和图片的位置关系，如图 6-37 所示。

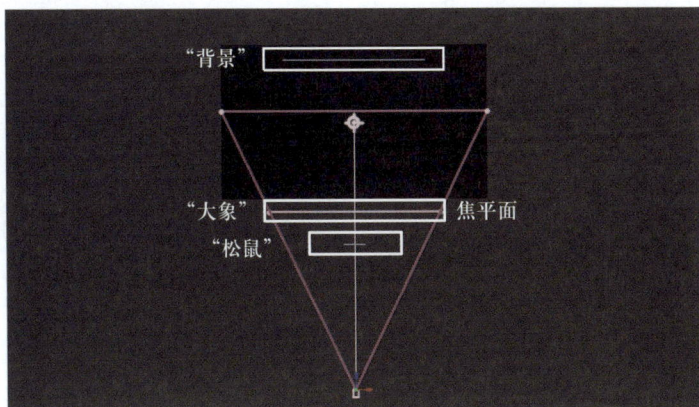

图 6-37 摄像机和图片的位置关系

通过图 6-37 可以看出摄像机的焦平面和"大象"图片重合，因此"大象"图片最清晰。如果调整"焦距"属性，焦平面将发生位移，如图 6-38 所示。

此时各图片均有不同程度的模糊，图片距焦平面越近，清晰度越高。图片的模糊效果如图 6-39 所示。

③"光圈"：在摄影中，光圈用于控制镜头的进光量。在 After Effects 中，"光圈"属性用于控制焦平面周围物体的模糊程度。"光圈"属性的值越大，物体的模糊程度越高；值越小，物体的模糊程度越低。

④"模糊层次"："模糊层次"属性是 After Effects 软件特有的属性，在真实的摄影中并不存在。"模糊层次"属性主要用于配合"光圈"属性来控制景深效果的模糊程度，数值越大，物体越模糊。

图 6-38 焦平面发生位移

图 6-39 图片的模糊效果

注意：

当"光圈"属性值为 0 时，"模糊层次"属性将不会生效。

（2）"变换"

"变换"属性主要用于制作摄像机镜头运动效果。单击"变换"前的"❯"按钮，可以打开"变换"子属性，如图 6-40 所示。

对"变换"子属性介绍如下。

① "目标点"："目标点"属性用于控制摄像机镜头的方向，是"双节点摄像机"图层的专有属性，"单节点摄像机"图层中不存在该属性。"目标点"属性有 3 个属性参数，分别用于控制摄像机镜头沿 X 轴移动、沿 Y 轴移动、沿 Z 轴移动的量。

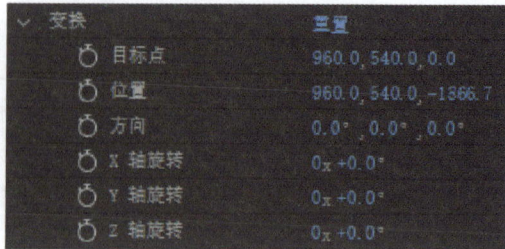

图 6-40   "变换"子属性

② "位置"："位置"属性用于控制摄像机在空间中的位置。"位置"属性的 3 个属性值分别用于控制摄像机沿 X 轴移动、沿 Y 轴移动、沿 Z 轴移动的量。

③ "方向"："方向"属性用于控制摄像机的旋转角度。"方向"属性的 3 个属性值分别用于控制摄像机沿 X 轴旋转、沿 Y 轴旋转、沿 Z 轴旋转的量。

④ "X 轴旋转""Y 轴旋转""Z 轴旋转"：这 3 个属性和"方向"属性类似，同样用于控制摄像机镜头的旋转。不同的是，"方向"属性的属性值范围只能为 0~360°，而"X 轴旋转""Y 轴旋转""Z 轴旋转" 3 个属性，可以通过旋转圈数，设置大于 360° 的旋转效果。

了解了摄像机属性的设置方法，下面根据给出的素材制作一个摄像机镜头推进的动画效果，具体步骤如下。

Step1：打开素材"动物图片示例素材 .aep"，切换视图布局为双视图，其中第 1 个视图设置为"顶部"模式，第 2 个视图设置为"活动摄像机"模式。双视图布局效果如图 6-41 所示。

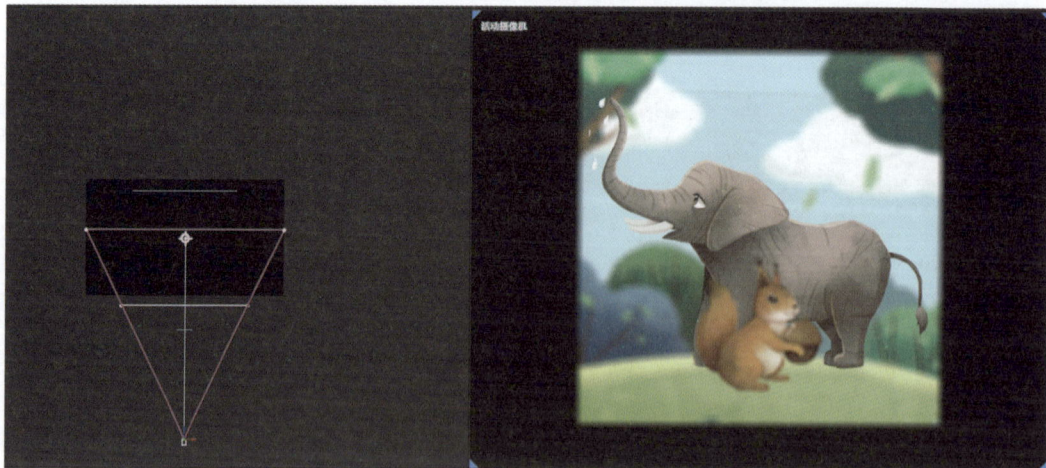

图 6-41   双视图布局

Step2：选中"摄像机 1"图层，按 P 键打开"位置"属性。

Step3：将时间指示器定位在第 0 帧处，激活"位置"关键帧。

Step4：将时间指示器定位在第 9 秒处，调整"位置"属性中 Z 轴属性参数，让摄像机推进。此时摄像机位置如图 6-42 所示。

Step5：摄像机到达目标点尽头会自动调转镜头，如图 6-43 所示。

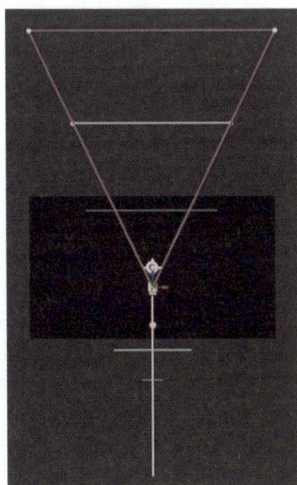

图 6-42 摄像机位置　　　　　　图 6-43 自动调转镜头

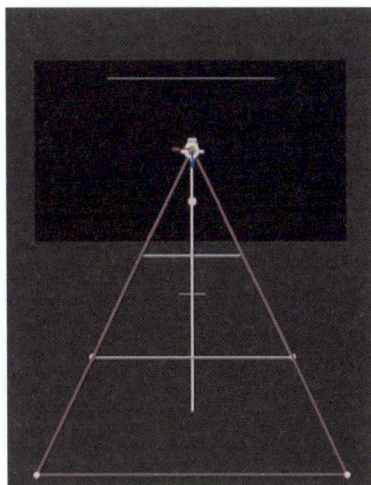

Step6：按 A 键调出"目标点"属性，将"目标点"属性 Z 轴属性参数调大。直至目标点超过"背景"图片，如图 6-44 所示。

Step7：按 Shift+P 快捷键打开"位置"属性，将"位置"属性的 Z 轴属性值继续增大，使摄像机穿过背景，如图 6-45 所示。

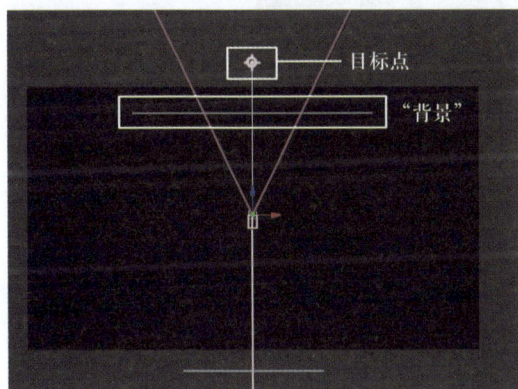

图 6-44 调整"目标点"　　　　　　图 6-45 摄像机穿过背景

Step8：按空格键预览动画，画面将推进展示，如图 6-46 所示。

第2秒推进效果　　　　　　　　　　第3秒推进效果

图 6-46 推进效果

至此，摄像机推进动画制作完成。

■ 任务实现

根据任务分析思路，"任务 6-1 宣传片头动画"的具体实现步骤如下。

1. 拼合场景

Step1：启动 After Effects，保存项目，将项目命名为"任务 6-1 宣传片头动画"。

Step2：选择"合成"→"新建合成"选项（或按 Ctrl+N 快捷键），在弹出的"合成设置"对话框中设置"合成名称"为宣传片头动画，"宽度"为 1920 px，"高度"为 1080 px，"帧速率"为 25 帧 / 秒，"分辨率"为完整，"持续时间"为 10 秒。单击"确定"按钮完成合成的创建。合成的参数设置如图 6-47 所示。

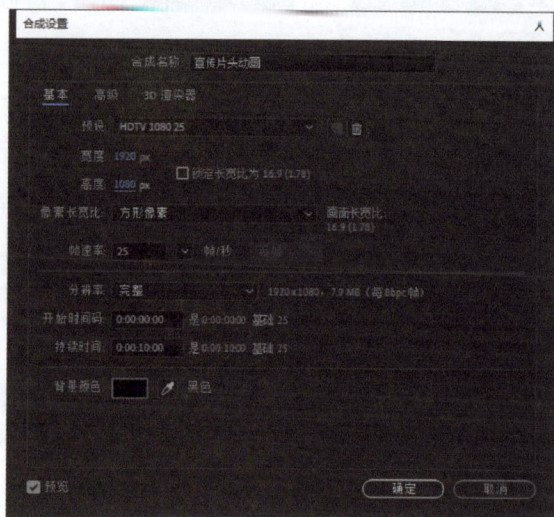

图 6-47　合成参数设置

Step3：双击"项目面板"中"素材列表区域"的空白位置，打开"导入文件"对话框。如图 6-48 所示。

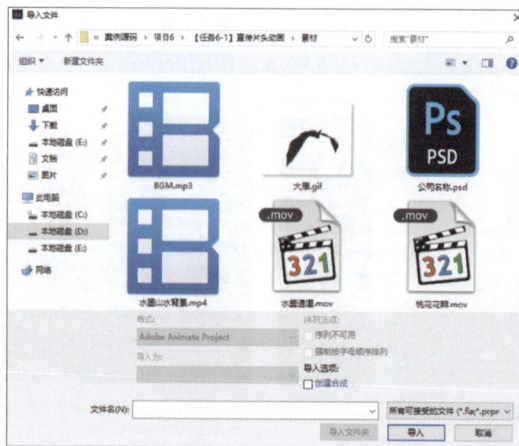

图 6-48　"导入文件"对话框

Step4：将素材导入"项目面板"中。"公司名称.psd"素材导入类型选择"合成－保持图层大小"，其他素材直接按默认类型导入即可。导入到项目面板中的素材如图6-49所示。

Step5：选择"水墨山水背景.mp4"，拖曳到图层编辑区域，生成图层。此时视图区域的效果如图6-50所示。

Step6：选择"图层"→"变换"→"适合复合"选项（或按Ctrl+Alt+F快捷键），让"水墨山水背景.mp4"适应合成大小，铺满视图区域。

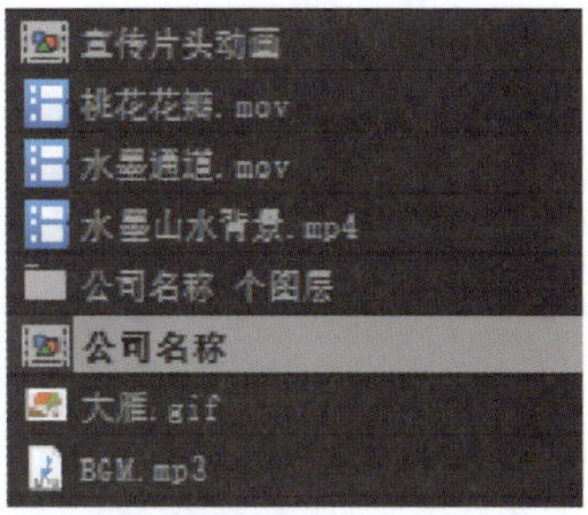

图 6-49 导入到项目面板中的素材

图 6-50 视图区域的效果

Step7：选择素材"大雁.gif"和"桃花花瓣.mov"拖曳到图层编辑区域，放置在"水墨山水背景.mp4"图层上方生成新图层。此时图层排列顺序如图6-51所示。

Step8：选中"大雁.gif"图层，设置图层混合模式为"变暗"，删掉白色背景。不同模式显示效果如图6-52所示。

图 6-51 图层排列顺序

"正常"模式　　　"变暗"模式

图 6-52 不同模式显示效果

Step9：选中"大雁.gif"素材，右击，在弹出的快捷菜单中选择"解释素材"→"主要"选项（或按Ctrl+Alt+G快捷键），在打开的"解释素材"面板中设置循环为"20次"，如图6-53所示。

图 6-53 设置循环为"20次"。

Step10：在合成编辑区域中，选择"大雁 .gif"的图层进度条，拖曳至第 10 秒处。拖曳前后图层进度条对比如图 6-54 所示。

图 6-54　拖曳前后图层进度条对比

Step11：选中"大雁 .gif"图层，按 Ctrl+D 快捷键复制一层。选中大雁所在的两个图层，移至图 6-55 所示位置。

图 6-55　移动大雁图层

Step12：选中"公司名称"合成，拖曳至图层编辑区域，放置在所有图层的最上方，生成新合成图层。视图区域显示效果如图 6-56 所示。

图 6-56　视图区域显示效果

Step13：双击"公司名称"合成图层，在查看器面板底栏选择"切换透明网格" ▣，显示出效果图，如图 6-57 所示。

Step14：在图层编辑区域选中所有图层，开启三维开关，将这些图层转换为三维图层，如图 6-58 所示。

图 6-57　显示出效果图

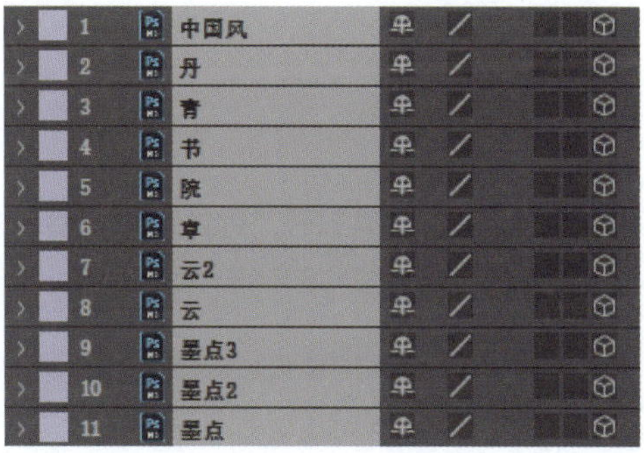

图 6-58　转换为三维图层

Step15：在查看器面板底栏选择"2 个视图 – 水平"，切换视图布局，如图 6-59 所示。

图 6-59　切换视图布局

Step16：调整文字和图案的位置，使公司名称在空间上的合理分布。分布后的样式如图 6-60 所示。

图 6-60　分布后的样式

Step17：选择"1 个视图"，将视图模式调整为"自定义视图 1"，视图区域效果如图 6-61 所示。

图 6-61　视图区域效果 1

Step18：选择"公司名称"合成图层，为其打开"折叠变换" ✹ 开关，视图区域效果如图 6-62 所示。

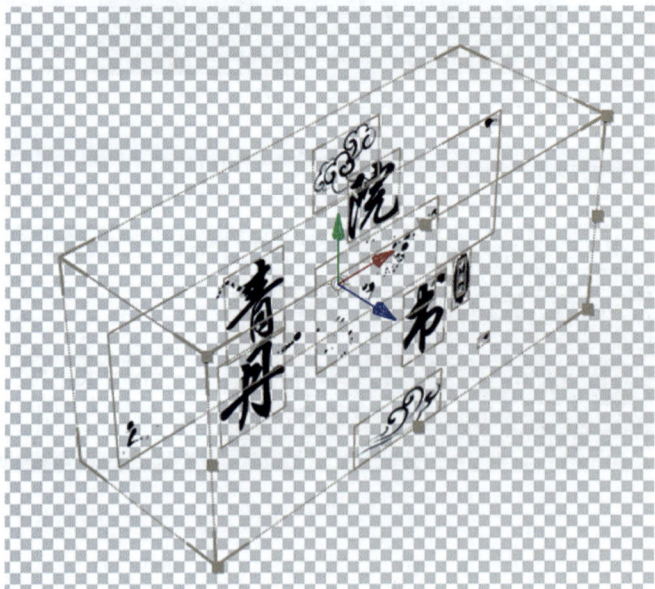

图 6-62　视图区域效果 2

Step19：将"桃花花瓣 .mov""大雁 .gif""水墨山水背景 .mp4"图层转换为三维图层，视图 区域效果如图 6-63 所示。

Step20：后移背景图层，显示出背景图层遮挡的文字，视图区域效果如图 6-64 所示。

Step21：将视图模式切换为"活动摄像机"，此时背景图层和合成图层之间会产生间隙，如 图 6-65 所示。

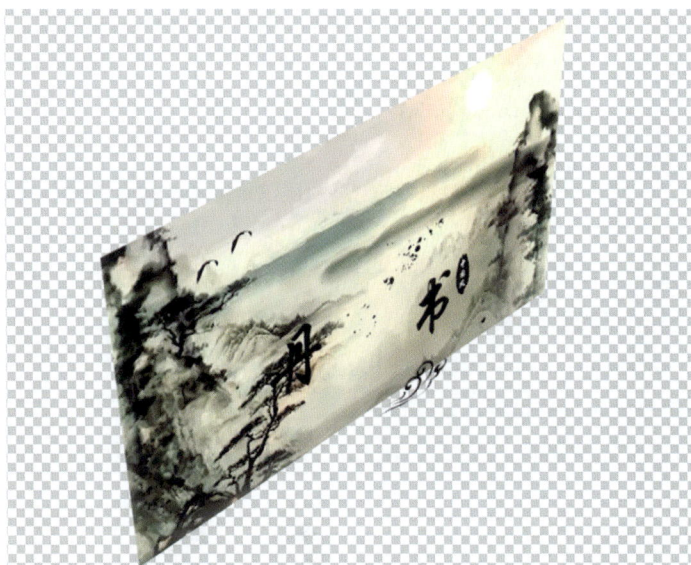

图 6-63 视图区域效果 3

图 6-64 视图区域效果 4

图 6-65 背景图层和合成图层之间会产生间隙

Step22：按 S 键打开"缩放"属性，放大"水墨山水背景 .mp4"铺满视图区域。

Step23：取消"桃花花瓣 .mov"图层和"水墨山水背景 .mp4"图层自带的背景音乐。

Step24：将"BGM.mp3"拖曳至图层编辑区域，作为背景音乐。

2. 制作文字动画

Step1：选择"水墨通道 .mov"素材，拖曳至图层编辑区域，放置在"公司名称"图层上方，得到"水墨通道 .mov"图层。

Step2：将"水墨通道 .mov"图层作为遮罩层，将"公司名称"图层作为填充层，为"公司名称"图层添加"Alpha 遮罩"。

Step3：选中"水墨通道 .mov"图层，按 S 键打开"缩放"属性。

Step4：在第 0 秒处设置关键帧，设置缩放数值为"74%"；在第 4 秒处添加关键帧，设置缩放数值为"380%"；为文字添加一个从无到有的动画效果。如图 6-66 所示。

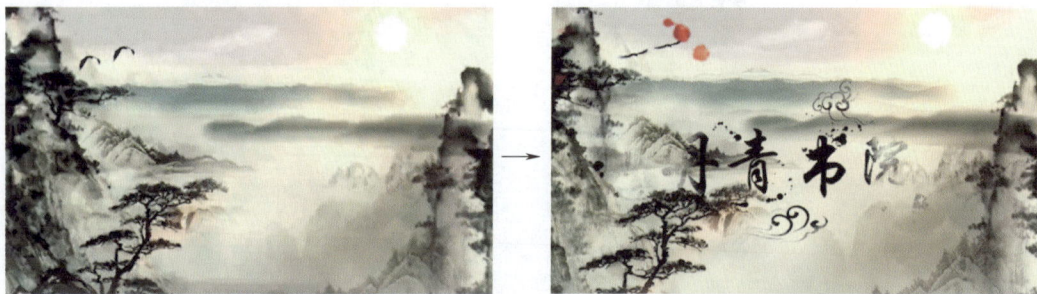

图 6-66　动画效果

3. 制作摄像机动画

Step1：按 Ctrl+ Shift+ Alt+C 快捷键打开"摄像机设置"对话框。设置类型为"双节点摄像机"，预设为"35 毫米"，其他参数使用默认值即可。"摄像机设置"对话框如图 6-67 所示。

图 6-67　摄像机设置对话框

Step2：单击图 6-67 中的"确定"按钮添加摄像机，视图区域效果如图 6-68 所示。

图 6-68　视图区域效果

Step3： 选择"统一摄像机工具"，按住鼠标右键，向上拖曳鼠标指针，拉近摄像机位置，让背景充满整个屏幕。

Step4： 选择"摄像机 1"图层，按 A 键打开"目标点"属性，按 Shift+P 快捷键打开"位置属性。"同时选中"目标点"和"位置"属性，在第 0 秒处创建关键帧。

Step5： 选中 Step4 创建的两个关键帧，移至第 4 秒位置。如图 6-69 所示。

Step6： 将时间指示器移至 0 秒位置，选择"统一摄像机工具"，按住鼠标滚轮，向右移动鼠标指针。此时可以在第 0 秒位置创建新的关键帧。摄像机移动后的效果如图 6-70 所示。

图 6-69　移至第 4 秒位置

图 6-70　摄像机移动后的效果

Step7： 选择"水墨山水背景 .mp4"图层，按 P 键打开"位置"属性。在第 0 秒处新建关键帧，并将新建的关键帧移至第 4 秒。

Step8： 在第 0 秒处再次创建关键帧，调整"水墨山水背景 .mp4"图层"位置"属性 X 轴参数值，填满露出的透明区域。此时，由于摄像机的移动，文字和大雁会出现向左移动的动画效果。

4. 制作大雁动画

Step1：选中两个"大雁.gif"图层，按 P 键打开"位置"属性。在第 0 秒处添加关键帧。

Step2：选中 Step1 创建的两个关键帧，移动至第 4 秒位置，调整大雁在图中的位置，位置对比效果如图 6-71 所示。

图 6-71 位置对比效果

Step3：在第 0 秒位置创建关键帧，将大雁移至图 6-72 所示位置。

Step4：将时间指示器移至第 4 秒处，按 N 键，将第 4 秒设置为工作区域结尾。至此宣传片头动画制作完成。

图 6-72 移动大雁

任务 6-2 音频可视化动画

实践微课 6-2：
任务 6-2 音频
可视化动画

音频可视化动画

灯光用于为三维场景模拟真实的光照效果。本任务将通过一个音频可视化动画，详细讲解灯光的相关知识，包括认识灯光和灯光的属性。通过本任务的学习，能够让读者对灯光有一个基本的认识，可以运用灯光属性为三维场景制作投影效果。音频可视化动画效果如图 6-73 所示。扫描二维码，查看动画效果。

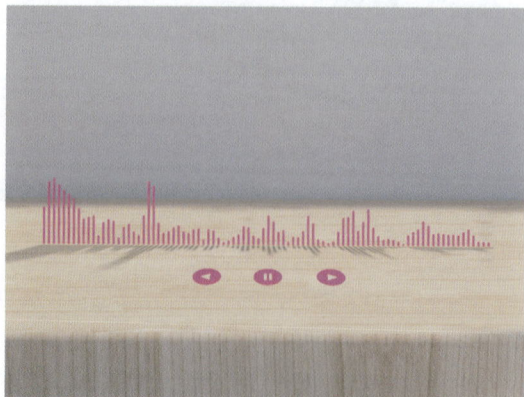

图 6-73 音频可视化动画效果

■ 任务目标

| 知识目标 | ● 了解灯光，能够说出 After Effects 中灯光的作用 |
| 技能目标 | ● 掌握灯光属性的用法，能够运用灯光属性制作光照场景和阴影效果 |

■ 任务分析

本任务的重点是让读者掌握灯光属性的使用技巧。可以按照以下思路完成该任务。

1. 拼合场景

音频可视化动画中包含背景、音频频谱、播放控件等元素。只需要导入素材，并参照动画效果按顺序排列好各素材图层即可。

2. 创建三维场景

在音频可视化动画中，音频频谱、播放控件和背景图有空间上的位置关系，可以通过三维属性参数和不同的视图模式，来调整各图层的位置关系，具体方法步骤如下。

① 设置音频频谱直立在桌面。

② 设置音频控件，平铺在桌面。

③ 调整音频频谱和播放控件的大小和混合模式，让它们融入背景中。

3. 添加灯光投影

在添加灯光投影时，可以创建两种类型的灯光，即环境光和点光。通过环境光可以为场景照明，通过点光可以增加投影，具体方法步骤如下。

① 创建一个纯色图层作为投影面，调整空间位置。

② 创建环境光，照亮场景。

③ 创建点光，添加阴影效果。

④ 通过"接受阴影"属性，只保留纯色图层的阴影效果。

⑤ 调整阴影位置、颜色、模糊程度。

■ 知识储备

1. 认识灯光

在一些舞台场景中，可以看到很多灯光设备。这些灯光设备中高亮度灯光设备可以照明，使观众可以看清演员表演和景物形象；彩色灯光设备可以渲染气氛，丰富艺术感染力。演唱会的舞台灯光效果如图 6-74 所示。

理论微课 6-6：
认识灯光

在 After Effects 中同样可以设置灯光。和实际生活中的灯光作用类似，After Effects 中的灯光也有两个作用：第 1 个作用是照亮场景，并使三维图层产生投影效果；第 2 个作用是影响场景的颜色。无灯光效果和添加灯光效果的文字图层如图 6-75 所示。

可以看出，受灯光影响，文字颜色发生变化，并产生了投影效果，这些都是 After Effects 中灯光作用的体现。根据实际灯光的特点和作用，After Effects 把灯光分为 4 种类型，分别为平行、聚光、点和环境，具体介绍如下。

图 6-74　演唱会的舞台灯光效果

无灯光效果　　　　　　　　　　添加灯光效果

图 6-75　无灯光效果和添加灯管效果的文字图层

（1）平行

平行类型的灯光可以照亮场景中位于目标位置的每一个对象，并且它的光照范围是可以无限延伸的，不受距离限制。在平行类型的灯光中，光线会从源点发射，平行照向目标位置。平行类型灯光照射效果如图 6-76 所示。

（2）聚光

聚光类型的灯光可以照亮场景中位于圆形区域的对象，被照射物体上会形成一个圆形的光照范围，可以通过调整"锥形角度"属性参数来控制灯光的照射范围。在聚光类型的灯光中，光线会从源点发射，以圆锥形呈放射状照向目标位置。聚光类型灯光照射效果如图 6-77 所示。

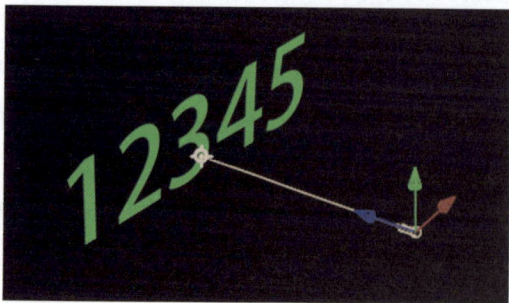

图 6-76　平行类型灯光照射效果

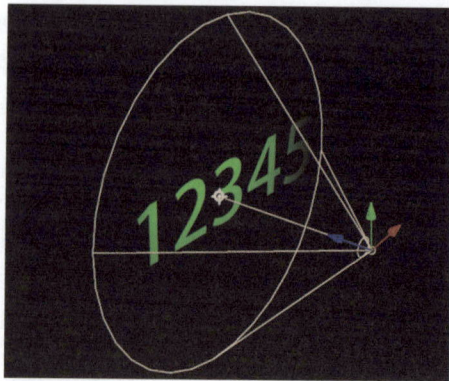

图 6-77　聚光类型灯光照射效果

（3）点

点类型的灯光同样可以照亮场景中的对象，但点类型的灯光离被照射对象越近，光照越强；离被照射对象越远，光照越弱。在点类型的灯光中，光线会从原点发射向四周扩散。点类型灯光照射效果如图6-78所示。

（4）环境

环境类型的灯光可以照亮场景中的所有对象，但无法产生投影效果。可以通过改变环境类型的灯光颜色，来统一整个画面的色调。环境类型灯光的照射效果如图6-79所示。

图 6-78　点类型灯光照射效果

图 6-79　环境类型灯光的照射效果

2. 灯光的属性

灯光属性是"灯光"图层特有的属性，可以控制物体光影变化效果，制作灯光动画。灯光的类型不同，其属性也不同。

要设置灯光属性，首先需要创建灯光。创建灯光的方法非常简单，可以选择"图层"→"新建"→"灯光"选项（或按 Ctrl+Shift+Alt+L 快捷键）打开"灯光设置"面板，如图6-80所示。

对"灯光设置"面板各选项介绍如下。

① "名称"用于设置灯光的名字。

② "灯光类型"可以选择"平行""聚光""点""环境" 4 种类型的灯光。灯光类型不同，作用不同。

③ "颜色"用于设置灯光颜色，可以单击色块选择颜色，也可以使用吸管吸取颜色。

④ "强度"用于设置灯光的亮度，数值越高，灯光亮度越高。

⑤ "锥形角度"，当灯光类型为聚光时，激活该选项，用于设置光照的范围。数值越大，范围越广。

⑥ "锥形羽化"，当灯光类型为聚光时，激活该选项，用于设置光照边缘的模糊程度。数值越大，光照边缘越模糊。

⑦ "衰减"用于设置光照的强弱，可以通过"半

理论微课 6-7：灯光的属性

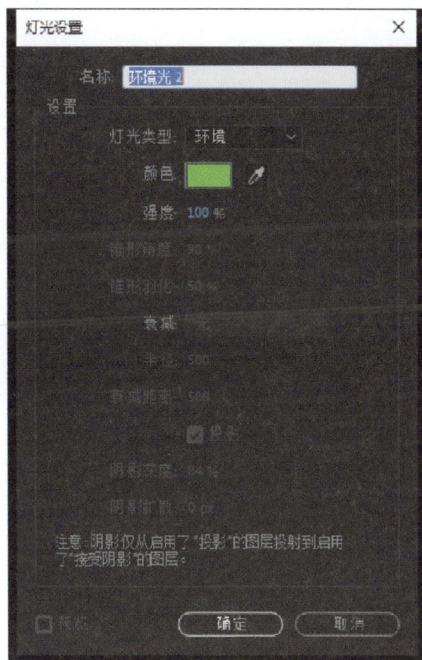

图 6-80　"灯光设置"面板

径"和"衰减距离"控制灯光的衰减程度。衰减可以选择"平滑"和"反向正方形已固定"这两种模式，二者的差异如下。

- "平滑"：按照软件计算进制衰减。
- "反向正方形已固定"：基于平方反比定律（一种计算衰减的方式），模拟真实的衰减方式。

⑧"投影"。平行、聚光、点 3 种类型灯光特有的属性，勾选后被灯光照射的对象会添加投影效果。

- 阴影深度：用于设置投影颜色的暗度。
- 阴影扩散：用于设置投影边缘的模糊程度。

⑨"预览"。设置灯光后，需要调整灯光参数时，勾选"预览"复选框，可以随时查看调整效果。

灯光对应的参数设置完成之后，单击"确定"按钮，在"图层编辑区域"会生成 1 个灯光图层。灯光图层默认带有"变换"和"灯光选项"两个属性。

"变换"属性和摄像机的"变换"属性一致，也包括"目标点""位置""方向""X 轴旋转""Y 轴旋转""Z 轴旋转"等一系列子属性。这些子属性参数的设置方式和摄像机一致，用于设置灯光的动效。

"灯光选项"属性中的子属性参数既可以在创建灯光时设置，也可以在灯光图层中设置。需要注意的是，不同类型的灯光，对应的属性也不同。环境类型灯光属性和聚光类型灯光属性的对比如图 6-81 所示。

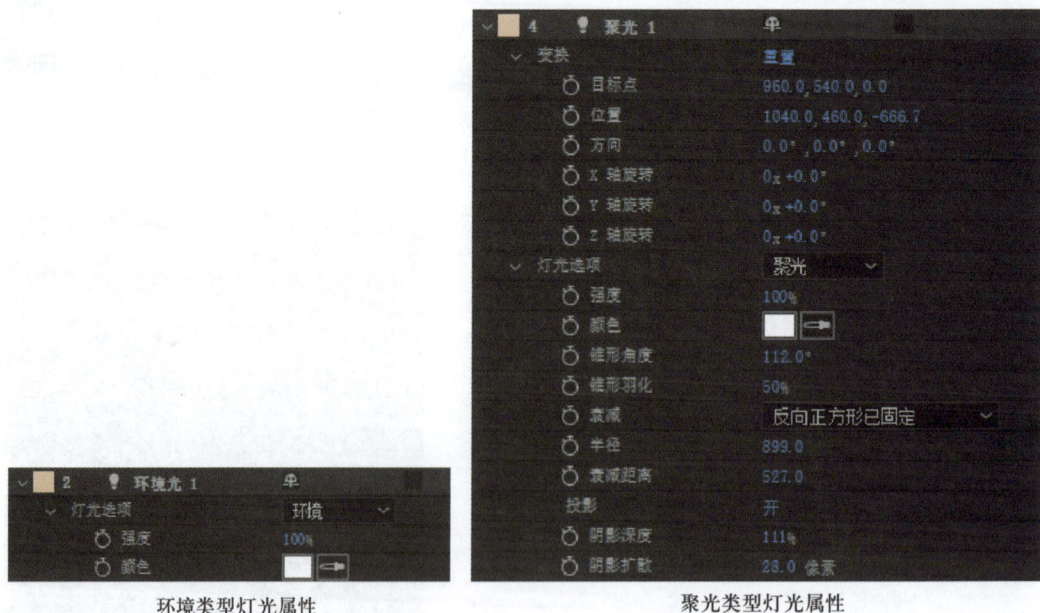

环境类型灯光属性　　　　　　　聚光类型灯光属性

图 6-81　环境类型灯光属性和聚光类型灯光属性的对比

可以看出，环境类型灯光只包含"灯光选项"属性，并且"灯光选项"属性的子属性只有"强度"和"颜色"。聚光类型灯光包含了"变换"属性和"灯光选项"属性，并且里面的子属性也相对较多。

创建灯光后，三维属性中的"材质选项"属性（详见任务 6-1 三维开关和三维属性）参数就会生效。可以利用灯光属性和"材质选项"属性为三维图层添加光影效果。接下来，通过一个文字投影的案例详细演示灯光属性和"材质选项"属性的用法。

Step1：选择"合成"→"新建合成"选项（或按 Ctrl+N 快捷键），在弹出的"合成设置"对话框中设置"合成名称"为立体文字投影，"宽度"为 1920 px，"高度"为 1080 px，"帧速率"为 25 帧 /秒，"分辨率"为完整，"持续时间"为 10 秒。单击"确定"按钮完成合成的创建。合成设置参数如图 6-82 所示。

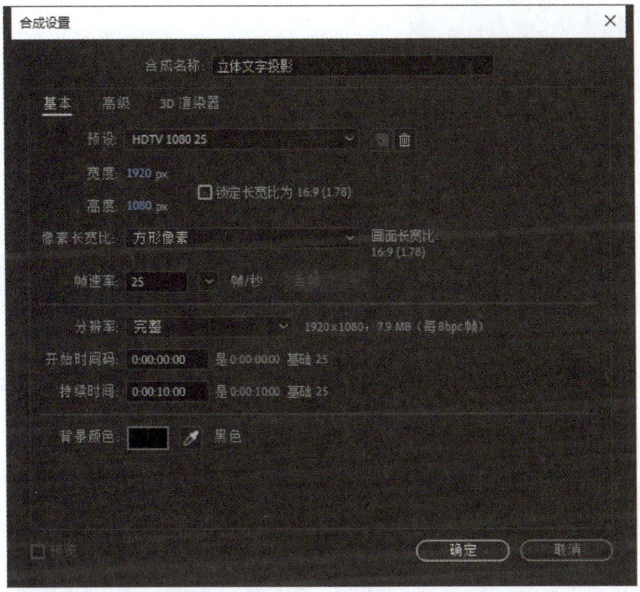

图 6-82　合成设置参数

Step2：在图层编辑区域右击，在弹出的快捷菜单中选择"新建"→"纯色"选项，创建一个填充为金色（RGB：205、192、155）的纯色层，如图 6-83 所示。

Step3：选择"横排文字工具" ▮，在视图区域创建文字"after effects"，颜色为白色，调整至图 6-84 所示大小，得到名称为"after effects"的图层。

图 6-83　创建纯色层

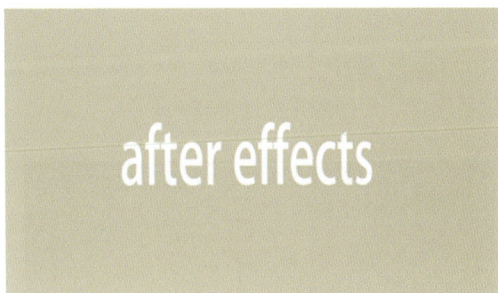

图 6-84　调整文字

Step4：打开三维开关，将创建的纯色图层和文字图层转换为三维图层。

Step5：按 Ctrl+Shift+Alt+L 快捷键打开灯光设置面板。灯光具体参数设置如图 6-85 所示。

Step6：选择"after effects"图层中的"材质选项"→"投影"属性，设置为"开"，如图 6-86 所示。

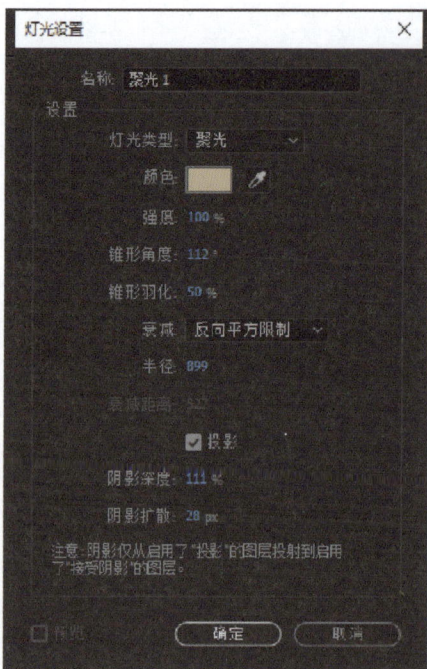

图 6-85　灯光具体参数设置

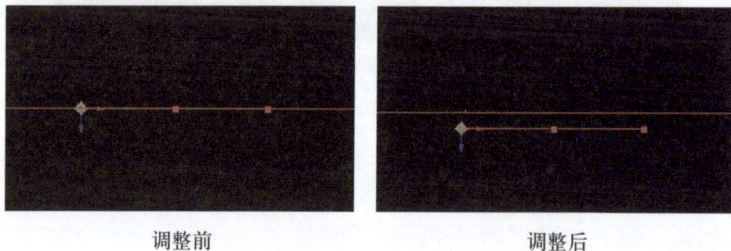

图 6-86　打开"投影"属性

Step7：按 P 键，打开"after effects"图层的位置属性，调整 Z 轴参数前移文字。文字调整前后的位置对比如图 6-87 所示。此时文字出现投影效果，如图 6-88 所示。

调整前　　　　　　　　　　　　　调整后

图 6-87　文字调整前后的位置对比

Step8：选择"材质选项"→"镜面强度"选项，将"镜面强度"参数调整为"100%"，调整"镜面强度"后的效果如图 6-89 所示。

图 6-88　文字出现投影效果　　　　　　　　图 6-89　调整"镜面强度"后的效果

至此，文字投影制作完成。

■ 任务实现

根据任务分析思路，"任务 6-2 音频可视化动画"的具体实现步骤如下。

1. 拼合场景

Step1：启动 After Effects，保存项目，将项目命名为"任务 6-2 音频可视化动画"。

Step2：将素材"音符 .aep""音乐 .mp3""桌面 .png""播放 .png""上一首 .png""下一首 .png"导入到项目面板。素材存放位置如图 6-90 所示。

图 6-90　素材存放位置

Step3：将"桌面 .png"拖曳至图层编辑区，在项目面板自动生成"桌面"合成，在图层编辑区域自动生成"桌面 .png"图层。

Step4：在项目面板中，选择"音符 .aep"文件夹中的"合成 1"，拖曳至图层编辑区域"桌面 .png"图层上方，生成"合成 1"图层。视图区域出现音频频谱如图 6-91 所示。

Step5：选择"合成 1"图层，按 S 键，打开"缩放"属性窗口，调整音频频谱至图 6-92 所示大小，使音频频谱在视图区域完全显示。

图 6-91　视图区域出现音频频谱

图 6-92　调整音频频谱

Step6：将素材"播放 .png""上一首 .png""下一首 .png"拖曳至图层编辑区，生成图层。调整 3 个素材图层至合适大小和位置，调整后的最终效果如图 6-93 所示。

图 6-93 调整后的最终效果

2. 创建三维场景

Step1：选中图层编辑区域的所有图层，打开三维开关，将图层全部转换为三维图层，如图 6-94 所示。

Step2：在视图区域中，将视图布局设置为"2 个视图 -水平"，其中左边视图模式设置为"顶部"，右边视频模式设置为"自定义视图 1"。视图区域布局效果如图 6-95 所示。

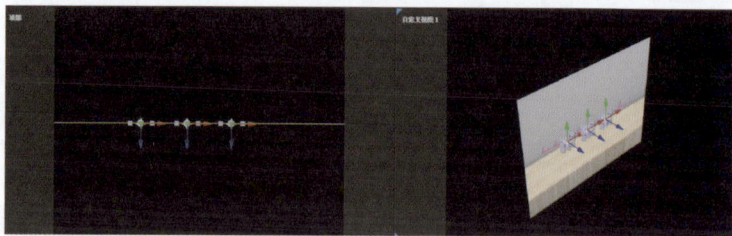

图 6-94 将图层全部转换为三维图层

图 6-95 视图区域布局效果

Step3：选中"播放 .png""上一首 .png""下一首 .png"3 个图层，按 R 键打开"旋转"属性，设置 X 轴旋转 90°，如图 6-96 所示。

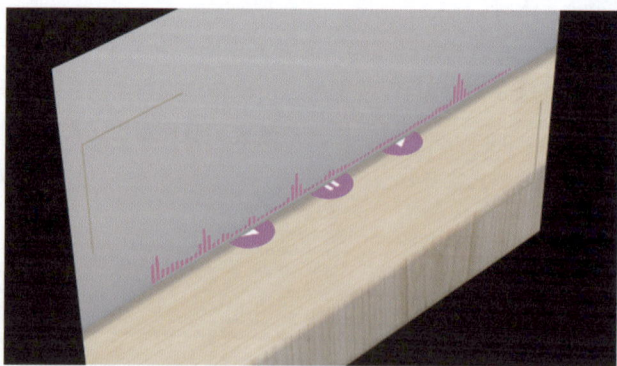

图 6-96 设置 X 轴旋转 90°

Step4：按 P 键打开"位置"属性窗口，调整 3 个图层至图 6-97 所示位置。

Step5：调整"合成 1"图层（音频频谱所在图层）至图 6-98 所示位置。

Step6：将视图布局设置为"1 个视图"，视图模式设置为"活动摄像机"。此时视图区域效果如图 6-99 所示。

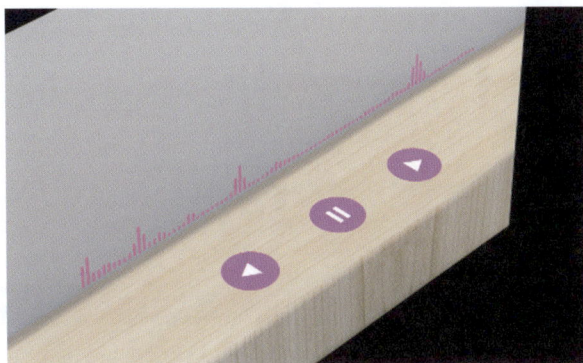

图 6-97　调整 3 个图层

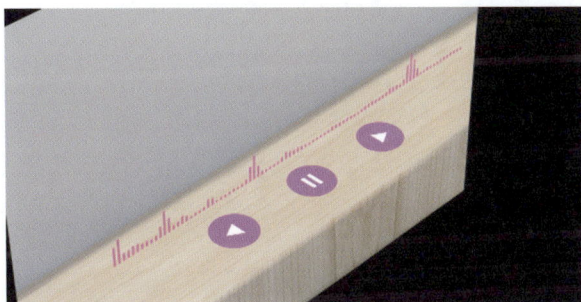

图 6-98　调整"合成 1"图层（音频频谱）位置

图 6-99　视图区域效果

Step7：再次调整"播放 .png""上一首 .png""下一首 .png"图层的旋转角度和位置。调整后 3 个图层的效果如图 6-100 所示。

图 6-100　调整后 3 个图层的效果

Step8：再次调整"合成1"图层至图6-101所示位置，让该图层接触桌面部分。

图6-101　再次调整"合成1"图层

Step9：调整"播放.png""上一首.png""下一首.png"的大小和位置，并设置这3个图层的混合模式为"颜色加深"。调整后的3个图层效果如图6-102所示。

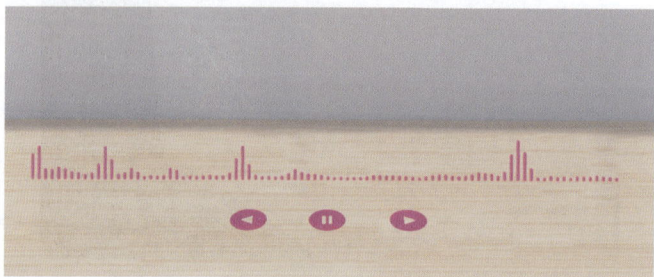

图6-102　调整3个图层后的效果

3. 添加灯光投影

Step1：在图层编辑区域最上方，新建一个纯色图层，将图层命名为"阴影"。此时"阴影"图层覆盖整个视图区域，如图6-103所示。

Step2：将"阴影"图层转换为三维图层，按R键，打开旋转属性窗口，设置"阴影"图层沿 X 轴旋转110°，如图6-104所示。

图6-103　"阴影"图层覆盖整个视图区域

图6-104　设置"阴影"图层沿 X 轴旋转110°

Step3：调整"阴影"图层的位置，作为阴影地面。"阴影"图层调整后的效果如图6-105所示。

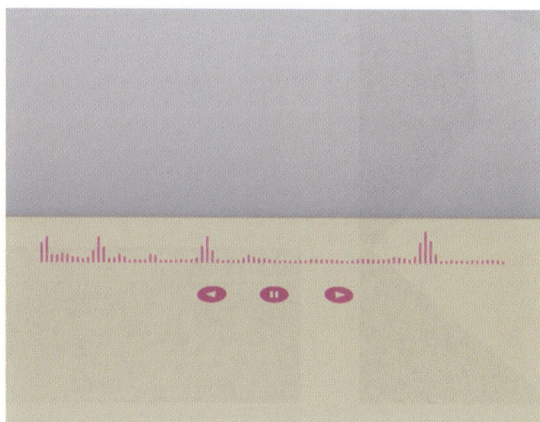

图 6-105　"阴影"图层调整后的效果

Step4： 按 Ctrl+Shift+Alt+L 快捷键，打开"灯光设置"面板，创建一个颜色为"白色"、强度为"100%"的环境光，其他参数使用默认设置即可，如图 6-106 所示。

Step5： 再次按 Ctrl+Shift+Alt+L 快捷键，打开"灯光设置"面板，创建一个点光。点光的参数设置如图 6-107 所示。

图 6-106　创建环境光

图 6-107　点光的参数设置

Step6： 在视图区域，将视图模式切换为"自定义视图 1"，此时点光位置如图 6-108 所示。

Step7： 选择"合成 1"→"材质选项"→"投影"选项，将"投影"属性设置为"开"，如图 6-109 所示。此时音频频谱将产生投影效果，如图 6-110 所示。

Step8： 选择"投影"→"材质选项"→"接受阴影"属性，设置参数为"仅"，如图 6-111 所示。

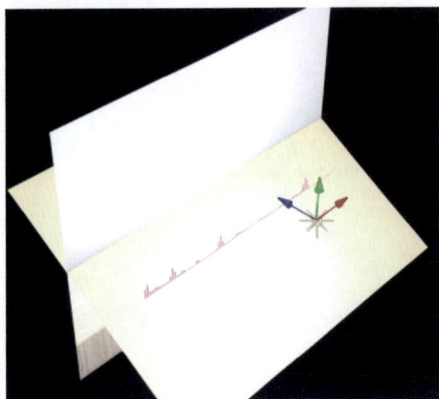

图6-108 点光位置

图6-109 将"投影"属性设置为"开"

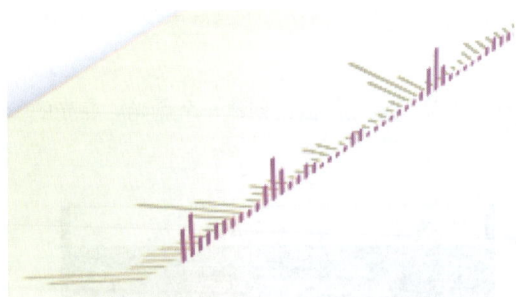

图6-110 音频频谱产生的投影效果

图6-111 设置参数为"仅"

Step9：调整点光的位置至图6-112所示位置，将视图模式切换为"活动摄像机"。

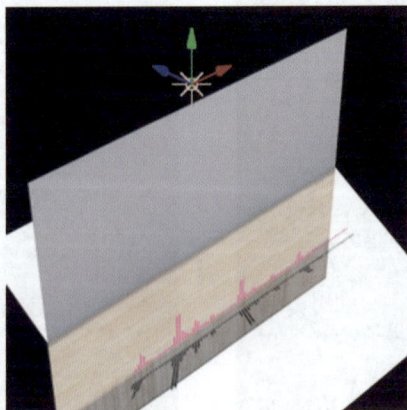

图6-112 调整点光的位置

Step10：调整"合成1"图层位置，使其和阴影连接在一起，连接阴影后的效果如图6-113所示。

图6-113 连接阴影后的效果

Step11：在图层编辑区域，选择点光所在的图层，打开"灯光选项"属性窗口，设置"投影深度"属性参数为"40%"，"阴影扩散"属性参数为"30%"，减淡投影颜色，如图 6-114 所示。

图 6-114　减淡投影颜色

至此，音频可视化动画制作完成。

项目小结

项目 6 包括两个任务，其中任务 6-1 的目的是让读者了解三维动画和摄像机的实现原理，并掌握三维属性和摄像机属性的设置方法。完成此任务，读者可以在 After Effects 中制作宣传片头动画。任务 6-2 的目的是让读者了解灯光的作用，并掌握灯光属性的设置方法。完成此任务，读者可以在 After Effects 中制作音频可视化动画。

通过对项目 6 的学习，读者能够掌握三维属性、摄像机、灯光的使用技巧，熟练制作三维动画。

项目实训：制作三维文字投影

学习完前面的内容，接下来请根据要求完成项目实训。

要求：请运用前面所学知识，结合给出的素材制作一个三维文字投影。三维文字投影效果如图 6-115 所示。扫描二维码，查看动画效果。

三维文字投影

图 6-115　三维文字投影效果

项目 7

利用 After Effects 内置效果制作动画

学习目标

◆ 掌握效果的基本操作，并通过颜色校正、抠像等效果完成怪兽动画的制作。

◆ 掌握模拟下雨、闪电等自然现象的效果，能够通过这些效果完成天气预报动画的制作。

项目介绍

使用 After Effects 中的内置效果，可以使画面更具表现力。例如，使用 "CC Rainfall" 效果能够模拟下雨效果，使用 "高级闪电" 效果能够模拟闪电效果。本项目将通过制作怪兽动画和天气预报动画两个任务，详细讲解内置效果的相关知识。

PPT：项目 7　利用 After Effects 内置效果制作动画

PPT

教学设计：项目 7 利用 After Effects 内置效果制作动画

任务 7-1　怪兽动画

After Effects 中包含多个内置效果，不同效果带来的视觉感受也不同。本任务将通过一个怪兽动画，讲解效果及效果的基本操作，并以颜色校正、抠像、模糊和锐化为例，讲解不同效果的属性给画面带来的影响。怪兽动画效果如图 7-1 所示。扫描二维码，查看动画效果。

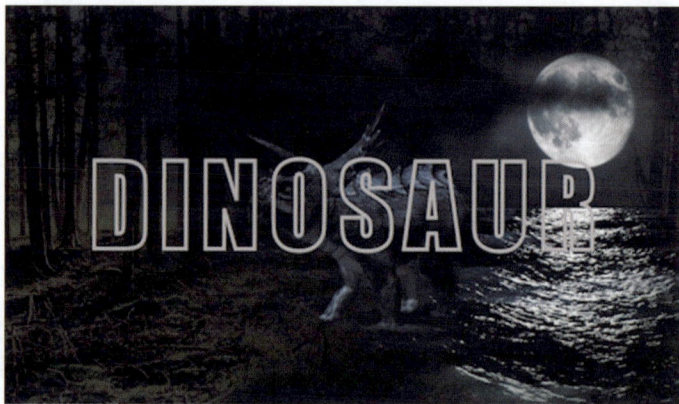

图 7-1　怪兽动画效果

■ 任务目标

知识目标	● 了解效果的作用，能够描述效果的优势
技能目标	● 掌握效果的基本操作，能够应用、关闭和删除效果 ● 掌握颜色校正的方法，能够使用不同效果对画面颜色进行调整 ● 掌握抠像的方法，能够针对不同素材，运用不同方法进行抠像 ● 掌握模糊和锐化的方法，能够通过不同效果对画面进行不同程度的模糊和锐化

■ 任务分析

本任务的重点是让读者掌握效果的应用。任务中的整个画面共由 3 个不同大小的素材组成，因此可以将任务拆解为 3 部分，分别是拼合素材、为素材调色、添加文字和音乐。可以按照以下思路完成怪兽动画的制作。

1. 拼合素材

拼合素材是将 3 个不同大小的素材进行整合，使其均能在视图区域中显示，具体方法及步骤如下。

① 使用"钢笔工具"在树林所在图层上绘制蒙版，遮住树林的右半部分。

② 调整蒙版的羽化程度。

③ 使用"颜色键"等抠像效果将巨角兽的绿色背景抠除。

2. 为素材调色

使用"色相 / 饱和度""亮度和对比度"等效果将 3 个素材的颜色调整和谐。

3. 添加文字和音乐

添加文字和音乐能够增添画面的氛围，具体方法及步骤如下。

① 使用文字工具输入文字，设置文字属性。

② 为文字应用"定向模糊"效果，并为"定向模糊"效果中的属性设置关键帧。

③ 根据怪兽吼叫的时间，添加音乐。

■ 知识储备

1. 认识效果

在生活中，经常会看到一些摄像机无法拍摄出的影视作品或广告片段，这些作品和广告片段均可以使用 After Effects 中的内置效果来实现。影视画面截图如图 7-2 和图 7-3 所示。

理论微课 7-1：
认识效果

图 7-2　影视画面截图 1

图 7-3　影视画面截图 2

After Effects 中包含了很多效果，这些效果被存放在不同的效果组中，每个效果中都包含众多属性，通过调整这些属性的参数，能够得到不同效果。例如，"镜头光晕"效果包含"光晕中心""光晕亮度""镜头类型""与原始图像混合"4 个属性。"镜头光晕"效果属性示例如图 7-4 所示。

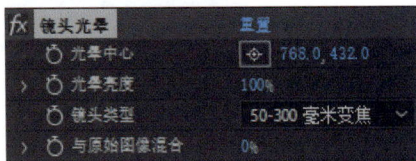

图 7-4　"镜头光晕"效果属性示例

调整"镜头光晕"效果属性的参数，能够得到不同的光晕效果。

需要注意的是，在学习 After Effects 中的效果时，并不需要对每个效果及其属性死记硬背，只需将效果应用在不同的图层中，调整不同属性的参数，再观察不同参数对画面的影响，直至得到合适的效果即可。

2. 效果的基本操作

效果不会破坏图层中的元素，而且还可以随时对效果进行调整。效果的基本操作包括应用效果、复制效果、关闭 / 删除效果。下面对这些操作进行讲解。

理论微课 7-2：
效果的基本操作

（1）应用效果

在 After Effects 中，应用效果的方法有两种，具体介绍如下。

① 在图层编辑区选择需要应用效果的图层，在菜单栏中选择"效果"选项，会弹出如图 7-5 所示的效果菜单。效果菜单中包含了多个效果组，选择效果组后再选择效果组中的效果即可。

② 选择"窗口"→"效果和预设"选项（或按 Ctrl+5 快捷键），打开"效果和预设"面板。在"效果和预设"面板中选择指定的效果组，单击▶图标，可以展开效果组中的效果列表，将效果列表中的效果拖曳至对应的图层上；即可为图层应用效果。如果知道效果名称，可以直接输入效果名称搜索效果。

✓ 效果控件(E)	F3
极坐标	Ctrl+Alt+Shift+E
全部移除(R)	Ctrl+Shift+E
3D 声道	▶
Boris FX Mocha	▶
CINEMA 4D	▶
Keying	▶
Matte	▶
RG Trapcode	▶
Video Copilot	▶
表达式控制	▶
沉浸式视频	▶
风格化	▶
过渡	▶
过时	▶
抠像	▶
模糊和锐化	▶
模拟	▶
扭曲	▶
声道	▶
生成	▶
时间	▶
实用工具	▶
透视	▶
文本	▶
颜色校正	▶
音频	▶
杂色和颗粒	▶
遮罩	▶

图 7-5 效果菜单

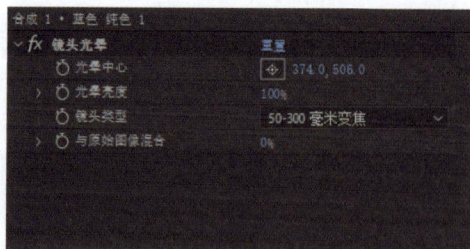

当为图层应用效果后，"效果控件"面板会自动打开，显示效果的属性及参数。同时，被应用的效果也会作为图层的属性显示在图层的下方，效果前会出现*fx*图标。在实际操作中，可以在"效果控件"面板中调整效果的属性，也可以在图层下方调整效果的属性。为纯色图层应用"镜头光晕"效果示例如图 7-6 所示。

效果显示在"效果控件"面板中

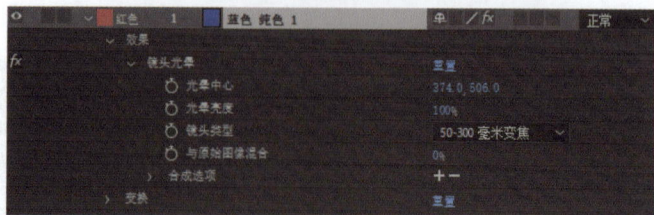

效果显示在图层下方

图 7-6 为纯色图层应用"镜头光晕"效果示例

从图 7-6 可以看出，为纯色图层应用"镜头光晕"效果后，效果既在"效果控件"面板中显示，又会在图层的下方显示，且图层中的效果前显示 fx 图标。

在应用效果时，后应用的效果会处于下方，并且覆盖先应用的效果，优先显示，调整效果顺序能够改变视图区域的画面效果，如图 7-7 所示。

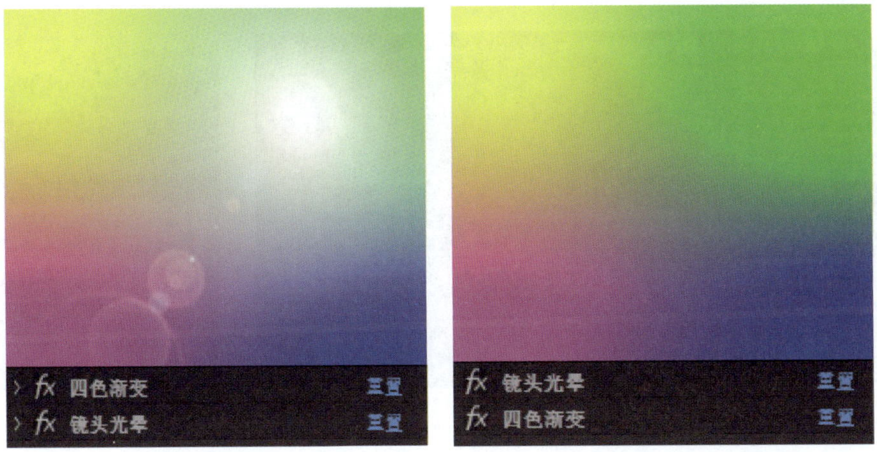

"镜头光晕"效果在下　　　　　　　　　　　　"镜头光晕"效果在上

图 7-7　效果顺序不同的画面效果

图 7-7 中左图和右图均包括"四色渐变"和"镜头光晕"两个效果。左图中，"镜头光晕"效果显示在下方，优先显示；"四色渐变"效果显示在上方，在后面显示。右图中效果的顺序则与左图相反。

（2）复制效果

为图层应用效果后，在"效果控件"面板中，选中效果，按 Ctrl+D 快捷键，可以在本图层中复制并粘贴该效果。若想将效果粘贴到其他图层中，首先按 Ctrl+C 快捷键，复制效果，然后再选择其他图层，按 Ctrl+V 快捷键，粘贴效果。

（3）关闭 / 删除效果

当一个图层中应用多个效果后，计算机在计算效果时会占用大量时间，这时可以对不需要的效果进行关闭或删除。

① 关闭效果。关闭效果是将效果隐藏，在预览或导出时，图层不会应用关闭的效果。这样做的好处是，可以保留效果中已经设置好的参数，若想再次调用，不需要再次添加效果和调整参数。单击"效果控件"面板中效果前方的 fx 图标，隐藏图标，此时效果关闭；再次单击，显示 fx 图标时，视图区域可显示效果。需要注意的是，当效果被关闭后再显示时，计算机会重新计算效果。

② 删除效果。删除效果是将效果永久删除，不可恢复。选中需要删除的效果，按 Delete 键可快速删除效果，若想删除图层中的所有效果，在"效果控件"中右击，在弹出的快捷菜单中选择"全部移除"选项（或按 Ctrl+Shift+E 快捷键）可删除所有效果。

在图层编辑区中，每个效果都包含一个"合成选项"，通过"合成选项"可以设置效果的不透明度，当效果的不透明度为 0% 时，效果被隐藏，但计算机会计算该效果。

多学一招 / 为多个图层应用同一个效果

在为某个图层应用效果时，效果仅应用于该图层，若想为多个图层应用同一个效果，那么可以在多个图层的上方创建调整图层。创建调整图层并对调整图层应用效果后，该效果会独立存在，并作用于调整图层下方的所有图层。图 7-8 展示的是为调整图层应用"卡通"效果的示例。

图 7-8　为调整图层应用"卡通"效果的示例

在图 7-8 中可以看到，为调整图层应用效果后，位于调整图层下方的所有图层均应用了效果。

理论微课 7-3：
颜色校正

3. 颜色校正

在拼合多个素材时，画面效果往往会因为颜色不统一而斑驳陆离。在 After Effects 中，可以使用"颜色校正"效果组中的效果对颜色不好的画面进行修补，使素材更加融合；也可以对色彩正常的画面进行调整，使其更加有特色。

选择"效果"→"颜色校正"选项，弹出"颜色校正"效果列表，如图 7-9 所示。

"颜色校正"效果列表包含"三色调""通道混合器""阴影/高光"等效果，下面针对常用的效果进行介绍。

(1)"三色调"

利用"三色调"效果可以调整画面中高光、中间调和阴影的颜色，使画面只有 3 种颜色。应用"三色调"效果后，可看到"三色调"效果的属性，如图 7-10 所示。

"三色调"的属性共有 4 个，分别是"高光""中间调""阴影""与原始图像混合"。具体介绍如下。

① "高光"用于设置高光部分被替换的颜色。

② "中间调"用于设置中间调部分被替换的颜色。

③ "阴影"用于设置阴影部分被替换的颜色。

④ "与原始图像混合"用于设置效果与原图的混合程度，数值越小，效果越强烈。

应用"三色调"效果前后对比的示例如图 7-11 所示。

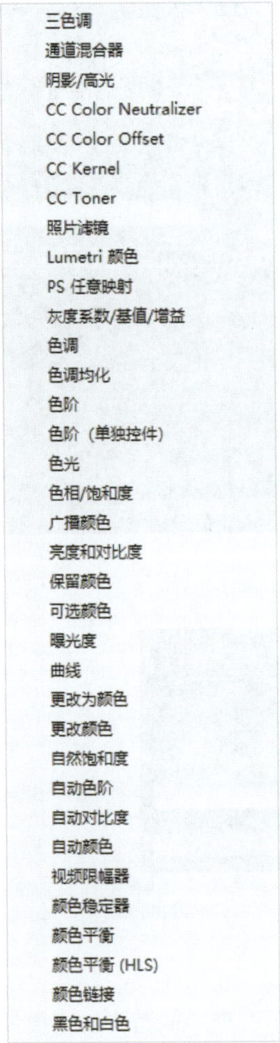

三色调
通道混合器
阴影/高光
CC Color Neutralizer
CC Color Offset
CC Kernel
CC Toner
照片滤镜
Lumetri 颜色
PS 任意映射
灰度系数/基值/增益
色调
色调均化
色阶
色阶（单独控件）
色光
色相/饱和度
广播颜色
亮度和对比度
保留颜色
可选颜色
曝光度
曲线
更改为颜色
更改颜色
自然饱和度
自动色阶
自动对比度
自动颜色
视频限幅器
颜色稳定器
颜色平衡
颜色平衡 (HLS)
颜色链接
黑色和白色

图 7-9　“颜色校正”效果列表

fx
三色调
重置
高光
中间调
阴影
与原始图像混合
0.0%

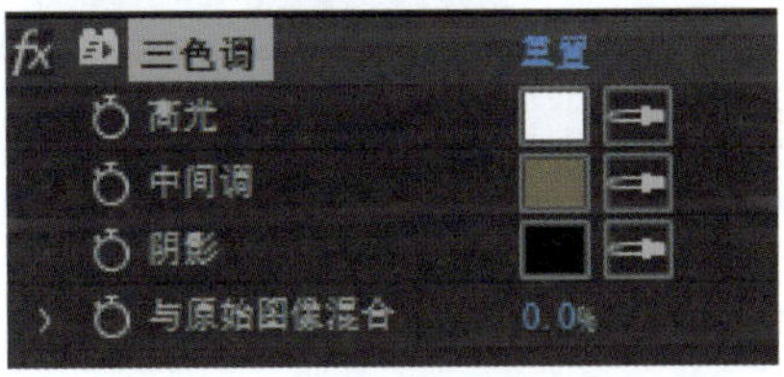

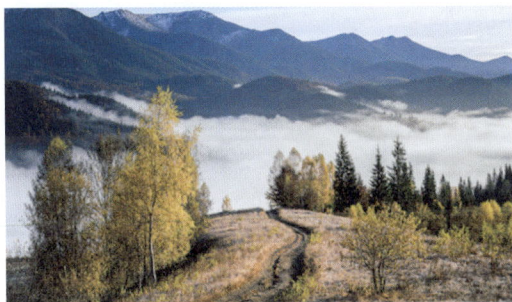

图 7-10　“三色调”效果的属性

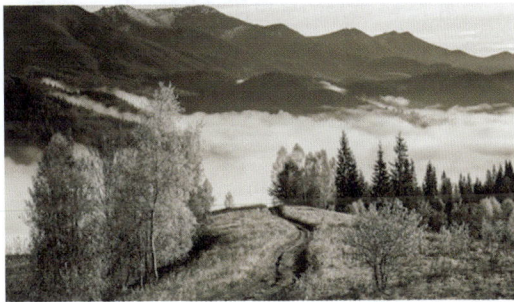

原图　　应用“三色调”效果

图 7-11　应用“三色调”效果前后对比的示例

（2）“色阶”

利用“色阶”效果可以调整画面中黑色、白色、灰色以改变颜色。应用“色阶”效果后，可以看到“色阶”效果的属性，如图 7-12 所示。

“色阶”效果中包含“通道”“直方图”“输入黑色”“输入白色”“灰度系数”“输出黑

色""输出白色"7 个属性，关于这些属性的具体解释如下。

① "通道"用于定义要编辑的通道，包括 "RGB""红色""绿色""蓝色""Alpha"，当选择某个通道后，系统会针对该通道进行调色。

② "直方图"用于显示当前画面中的像素分布情况，水平方向代表亮度值，垂直方向代表像素数量。正常情况下，直方图中有 5 个🔲图标，其含义与下方的属性逐一呼应。当🔲图标未全部显示时，单击并拖动下方的🔲图标所对应的空白处即可显示全部图标。直方图的含义示例如图 7-13 所示。

③ "输入黑色"用于调整图像暗部的明暗值。

④ "输入白色"用于调整图像亮部的明暗值。

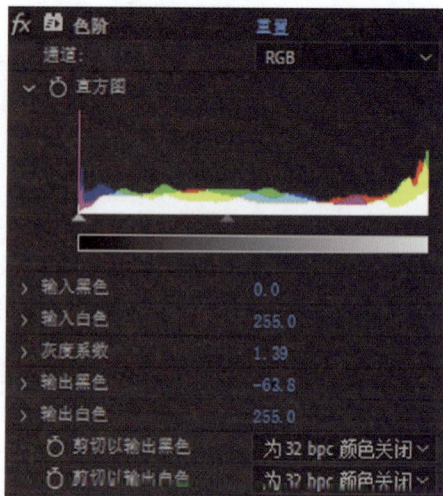

图 7-12 "色阶"效果的属性

⑤ "灰度系数"用于在不改变图像亮部和暗部的前提下改变中间范围的亮度值。

⑥ "输出黑色"用于调整整个图像的暗度。

⑦ "输出白色"用于调整整个图像的亮部。

图 7-14 展示的是应用"色阶"效果前后对比的示例。

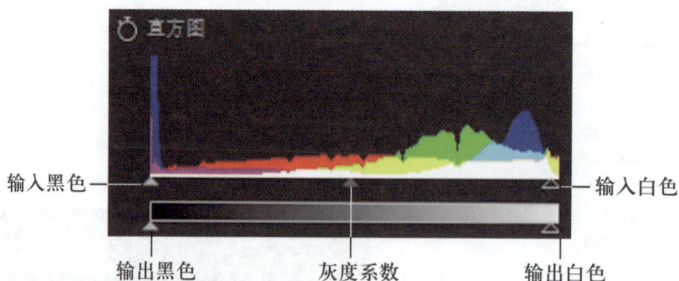

图 7-13 直方图的含义示例

原图   应用"色阶"效果

图 7-14 应用"色阶"效果前后对比的示例

（3）"色相/饱和度"

利用"色相/饱和度"效果可以调整画面中各个通道的色相、饱和度和亮度。应用"色相/饱和度"效果后，可以看到"色相/饱和度"效果的属性，如图 7-15 所示。

"色相/饱和度"效果中包含"通道控制""通道范围""主色相""主饱和度""主亮度""彩色化""着色色相""着色饱和度""着色亮度"等属性，对这些属性的介绍如下。

① "通道控制"用于定义需要编辑的通道，包括"主""红色""黄色""绿色""青色""蓝色""洋红"，其中"主"代表画面中的全部颜色。当选择其中某个颜色时，会针对画面中的某一个颜色进行调整。

② "通道范围"包含两个颜色条，上面表示调整前的颜色，下面表示调整后的颜色。通过调整通道范围滑块，不仅可以查看调整前后的对比效果，还可以设置色彩范围。选择某一个颜色通道时，拖曳图 7-16 展示的滑块，可调整要编辑的色彩范围。但选择"主"时，无法设置色彩范围，只能查看调整前后的对比效果。

③ "主色相"用于调整画面中所有颜色的色相。

④ "主饱和度"用于调整画面中所有颜色的饱和度。

⑤ "主亮度"用于调整画面中所有颜色的亮度。

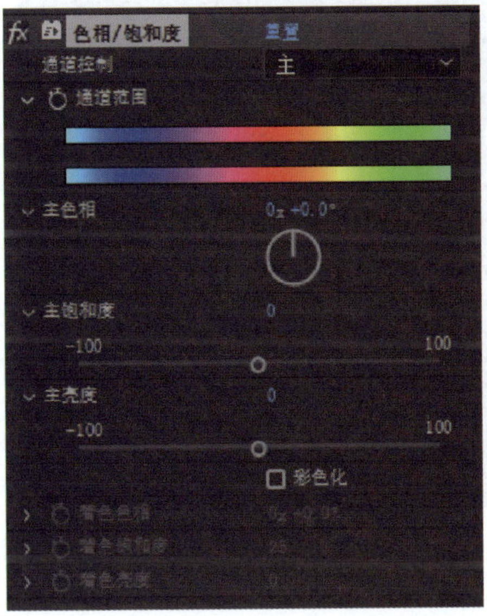

图 7-15　"色相/饱和度"效果的属性

图 7-16　滑块

⑥ "彩色化"。勾选该选项后，画面会呈现单色效果，并且"着色色相""着色饱和度""着色亮度"选项会被激活。

⑦ "着色色相"用于调整转换为单色后画面的色相。

⑧ "着色饱和度"用于调整转换为单色后画面的饱和度。

⑨ "着色亮度"用于调整转换为单色后画面的明度。

值得一提的是，当设置"通道控制"为非"主"时，"主色相""主饱和度""主亮度"会自动更改名称。例如，设置"通道控制"为"红"时，"主色相""主饱和度""主亮度"分别显示为"红色色相""红色饱和度"和"红色亮度"。

（4）"亮度和对比度"

利用"亮度和对比度"效果可以调整图像的亮度和对比度。应用"亮度和对比度"效果后，可以看到"亮度和对比度"效果的属性，如图 7-17 所示。

"亮度和对比度"效果中主要包含"亮度""对比度"两个属性，其中"亮度"用于设置图像的亮度，数值越大，亮度越高；"对比度"用于设置图像的对比度，数值越大，对比度越强。

（5）"曲线"

利用"曲线"效果可以调整图像的色调范围，从而平衡图像的暗部和亮部。应用"曲线"效果后，可以看到"曲线"效果的属性，如图 7-18 所示。

"曲线"效果中包含"通道"和"曲线"两个属性，具体介绍如下。

①"通道"用于选择需要编辑的通道，包括"RGB""红色""绿色""蓝色""Alpha"，选择其中一个通道后，系统只会针对这个通道的颜色进行调整。

②"曲线"用于调整图像的颜色，在"曲线"属性中包含一些按钮，对这些按钮介绍如下。

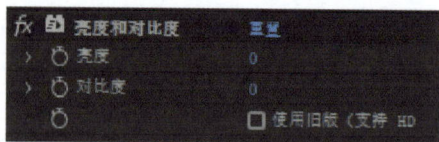

图 7-17　"亮度 / 对比度"效果的属性

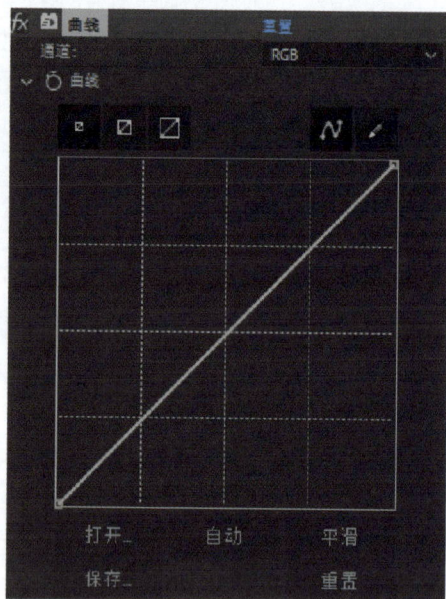

图 7-18　"曲线"效果的属性

● ：用于控制曲线面板的大小。

● ：在曲线上单击，可以添加顶点，拖曳顶点时可以改变曲线的样式，图像的色调也会跟着改变。

● ：单击该按钮后，可以在曲线面板上绘制任意形状的曲线。

● 打开：单击该按钮，可以打开并应用之前设置好的曲线。

● 自动：单击该按钮，系统会根据画面效果自动建立一条曲线，对画面进行处理。

● 平滑：用于平滑曲线。当单击 按钮，在曲线面板中绘制曲线后，单击 平滑 图标，可以对曲线进行平滑。当多次平滑后，曲线会变成一条直线。平滑前和平滑后的示例如图 7-19 所示。

● 保存：单击该按钮，可以保存调整好的曲线。

● 重置：单击该按钮，可以重置曲线形状。

平滑前　　　　　　　平滑后

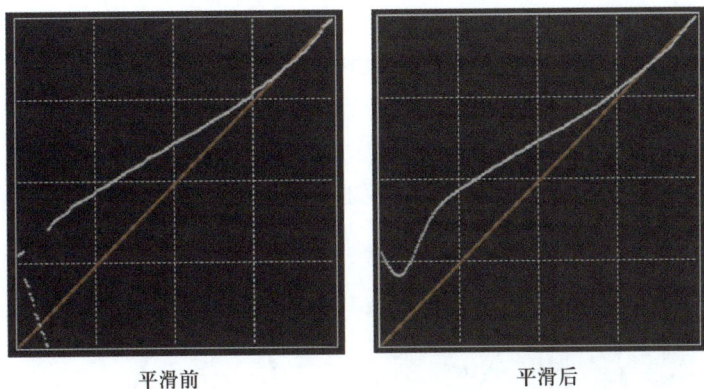

图 7-19　平滑前和平滑后的示例

4. 抠像

在影视作品中，经常可以看到很多夸张、震撼的画面。例如，有些电影中的人物在高楼之间穿梭、跳跃，这些是演员无法做到的。这些画面可以通过抠像效果将主体人物抠出，再为主体人物添加合适的背景来实现。

抠像是将画面中的某一种颜色转为透明。通过抠像可以将主体与其背景分离，可以为主体随意更换背景。

理论微课 7-4：抠像

After Effects 提供的抠像方法有两种：一种是使用抠像效果抠像；另一种是使用"Roto 笔刷" 抠像。下面针对这两种方法进行讲解。

（1）使用抠像效果抠像

在 After Effects 中，用于抠像的效果有很多，例如"Keylight（1.2）""提取""线性颜色键""颜色范围""颜色键"等，不同的效果可以针对不同的图像进行抠像。对这些抠像效果的解释如下。

① "Keylight（1.2）"：此效果能够精确地抠除主体中含有背景颜色反光的区域，如玻璃材质的主体。需要注意的是"Keylight（1.2）"效果不能抠除黑白背景图像中的主体。应用"Keylight（1.2）"效果后，可以看到"Keylight（1.2）"效果的属性，如图 7-20 所示。

"Keylight（1.2）"效果包含多个属性，对常用属性的说明如下。

● "View"（预览）用于设置预览方式。

● "Screen Colour"（屏幕颜色）用于设置需要抠除的背景颜色，通常使用后面的吸管吸取图像中需要被去除的颜色。

● "Screen Gain"（屏幕增益）用于设置抠像的范围，数值越大，抠除的内容越多。

● "Screen Pre-blur"（屏幕模糊）用于设置主体的模糊程度，数值越大，主体越模糊。

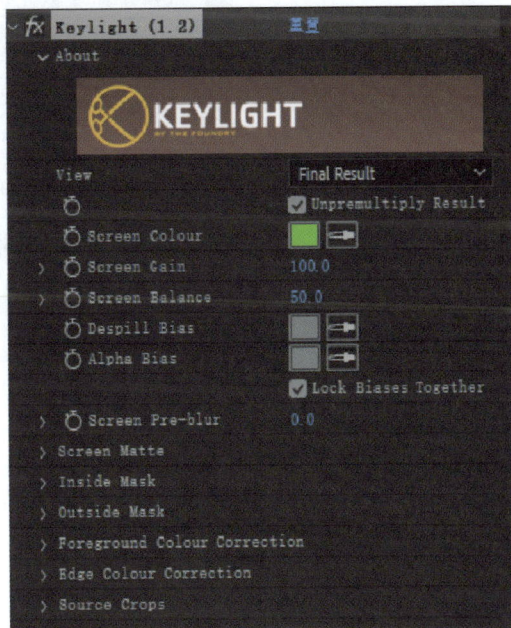

图 7-20　"Keylight（1.2）"效果的属性

● "Screen Matte"（屏幕遮罩）用于设置主体的细节，使抠出的主体更完美。

图 7-21 展示的是应用"Keylight（1.2）"效果前后对比的示例。

② "提取"：此效果适用于抠除黑白对比强烈的图像，应用"提取"效果后可以看到"提取"效果的属性，如图 7-22 所示。

在"提取"效果的属性中，调整"黑场"可以抠除图像中的黑色；调整"白场"可以抠除图像中的白色。

原图　　　　　　　　　　　　　　应用"Keylight(1.2)"效果

图 7-21　应用"Keylight（1.2）"效果前后对比的示例

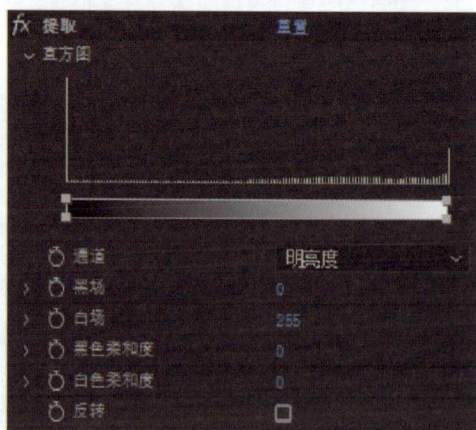

图 7-22　"提取"效果的属性

应用"提取"效果前后对比的示例如图 7-23 所示。

③ "线性颜色键"可以根据画面中 RGB 颜色、色相或饱和度等信息，与指定的颜色进行比较，从而抠除指定的颜色。应用"线性颜色键"效果后可以看到"线性颜色键"效果的属性，如图 7-24 所示。

原图　　　　　　　　　　　应用"提取"效果

图 7-23　应用"提取"效果前后对比的示例

在"线性颜色键"中，包含很多属性，对常用的属性介绍如下。

● "▨"用于吸取需要抠除的主色，将其隐藏。

● "▨"用于将吸取的颜色添加到隐藏区域。

● "▨"用于将某区域隐藏的颜色显示出来。

● "匹配颜色"用于定义图像在视图区域的方式，包括"使用 RGB""使用色相"和"使用色度"。

● "匹配容差"用于设置颜色的匹配范围。

● "匹配柔和度"用于定义主体边缘的柔和程度。

图 7-25 展示的是应用"线性颜色键"效果前后对比的示例。

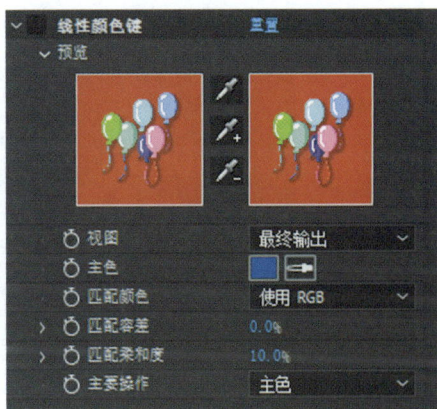

图 7-24　"线性颜色键"效果的属性

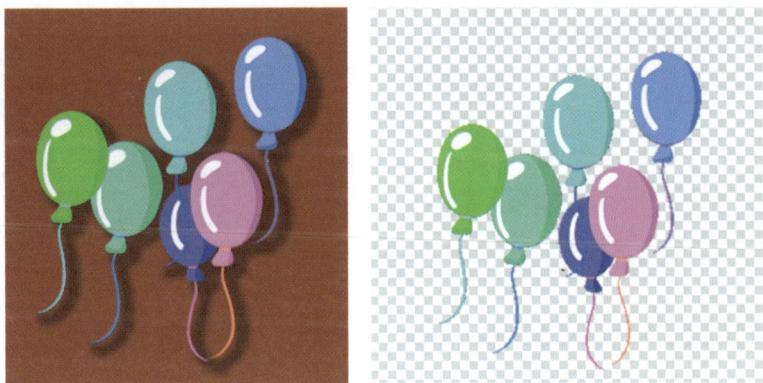

原图　　　　　　　　　　应用"线性颜色键"效果

图 7-25　应用"线性颜色键"效果前后对比的示例

④ "颜色范围"效果适合抠除亮度不均匀的背景、包含同色系阴影的背景等。应用"颜色范围"效果后可以看到"颜色范围"效果的属性，如图 7-26 所示。

在"颜色范围"效果的属性中，使用吸管吸取需要抠除的颜色，然后调整"最小值（L，Y，

R）""最大值（L, Y, R）""最小值（a, U, G）""最大值（a, U,
G）"等属性的参数可以将背景颜色删除干净，具体的参数调整可
根据画面效果而定。

应用"颜色范围"效果前后对比的示例如图 7-27 所示。

⑤"颜色键"能够直接抠除画面中的指定颜色。用吸管吸取
图像中的颜色，系统会自动将该颜色删除。例如，吸取图像中的
绿色，那么系统会删除图像中的绿色。应用"颜色键"效果后可
以看到"颜色键"效果的属性，如图 7-28 所示。

调整"颜色容差"可以将背景颜色删除得更干净。

在抠像时，可以应用"Advanced Spill Suppressor"（高级溢
出抑制器）和"Key Cleaner"（抠像清除器）优化抠图后的最终
效果。

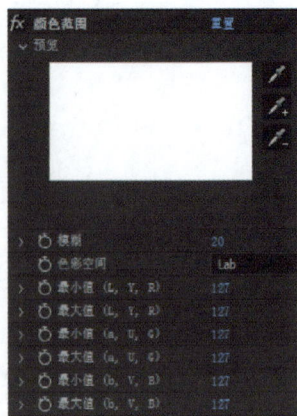

图 7-26 "颜色范围"效果的属性

原图   应用"颜色范围"效果

图 7-27 应用"颜色范围"效果前后对比的示例

（2）使用"Roto 笔刷"抠像

当背景较为复杂，使用抠像效果进行抠像时，得
到的结果往往会不太让人满意，可能出现背景抠除得
不干净等情况。这时可以使用"Roto 笔刷"进行抠
像。使用"Roto 笔刷"抠像时，相当于在图像中手绘
蒙版，适合对背景复杂的图像进行抠像。大致使用流
程如下。

图 7-28 "颜色键"效果的属性

① 双击需要抠像的图层，选择"Roto 笔刷"，当鼠标指针变成◉时，在主体上进行绘制，如
图 7-29 所示。

② 释放鼠标后，主体周围会出现玫红色的描边，如图 7-30 所示。

③ 继续在主体上进行绘制，使玫红色的描边包围主体。

④ 按住 Ctrl+ 鼠标左键移动鼠标指针可改变笔刷的大小。

⑤ 按住 Alt 键，此时鼠标指针变成◉，绘制时可进行减选。

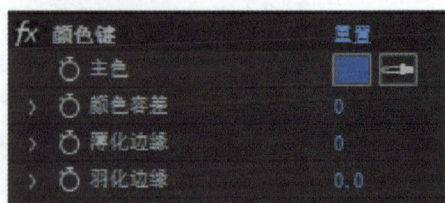

图 7-29　在主体上绘制的示例

图 7-30　玫红色描边

5. 模糊和锐化

在 After Effects 中，可以对图层中的元素进行模糊和锐化处理。选择"效果"→"模糊和锐化"选项，可以看到"模糊和锐化"效果列表，如图 7-31 所示。

"模糊和锐化"效果列表中的效果可以对图层中的元素进行模糊和锐化，具体介绍如下。

（1）锐化效果

"模糊和锐化"效果列表中的"锐化"效果能够强化像素之间的差异，使图像特定区域的色彩更加鲜明、清晰，锐化前后对比的示例如图 7-32 所示。

（2）模糊效果

"模糊和锐化"效果列表中常用的模糊效果有"通道模糊""定向模糊""径向模糊""高斯模糊"，具体介绍如下。

① "通道模糊"：可以分别对图像中的红色、绿色、蓝色和 Alpha 通道应用不同程度的模糊。"通道模糊"前后对比的示例如图 7-33 所示。

| 复合模糊 |
| 锐化 |
| 通道模糊 |
| CC Cross Blur |
| CC Radial Blur |
| CC Radial Fast Blur |
| CC Vector Blur |
| 摄像机镜头模糊 |
| 摄像机抖动去模糊 |
| 智能模糊 |
| 双向模糊 |
| 定向模糊 |
| 径向模糊 |
| 快速方框模糊 |
| 钝化蒙版 |
| 高斯模糊 |

图 7-31　"模糊和锐化"效果列表

理论微课 7-5：模糊和锐化

锐化前　　　　　　　　　　　　　　锐化后

图 7-32　锐化前后对比的示例

② "定向模糊"：可以按照一定的方向对图像进行模糊。"定向模糊"前后对比的示例如图 7-34 所示。

③ "径向模糊"：可以围绕一个点产生模糊，并模拟出摄像机推拉和旋转的效果。"径向模糊"前后对比的示例如图 7-35 所示。

④ "高斯模糊"：可以均匀地模糊图像。"高斯模糊"前后对比的示例如图 7-36 所示。

通道模糊前　　　　　　　　　　　　　　　　　　通道模糊后

图 7-33　"通道模糊"前后对比的示例

定向模糊前　　　　　　　　　　　　　　　　　　定向模糊后

图 7-34　"定向模糊"前后对比的示例

径向模糊前　　　　　　　　　　　　　　　　　　径向模糊后

图 7-35　"径向模糊"前后对比的示例

高斯模糊前　　　　　　　　　　　　　　　　　　高斯模糊后

图 7-36　"高斯模糊"前后对比的示例

■ 任务实现

根据任务分析思路，"任务 7-1 怪兽动画"的具体实现步骤如下。

1. 拼合素材

Step1：启动 After Effects，保存项目，将项目命名为"任务 7-1 怪兽动画"。

Step2：导入"背景音乐 .mp3""吼叫 .mp3""巨角兽 .mp4""树林 .jpg"和"月夜 .mov"素材，素材展示如图 7-37 所示。

图 7-37 素材展示

Step3：以"月夜 .mov"为素材创建合成。

Step4：将"树林 .jpg"拖曳至图层编辑区，并等比例缩放至与视图区域一样大。缩放图层的示例如图 7-38 所示。

Step5：选中树林所在图层，使用"钢笔工具"绘制蒙版，如图 7-39 所示。

图 7-38 缩放图层的示例

图 7-39 绘制蒙版的示例

Step6：选择树林所在图层，选择"蒙版"→"蒙版 1"→"蒙版羽化"选项，设置"蒙版羽化"为"200.0，200.0 像素"。效果如图 7-40 所示。

Step7：将"巨角兽 .mp4"拖曳至图层编辑区，并调整大小。巨角兽大小的示例如图 7-41 所示。

图 7-40 蒙版羽化效果

图 7-41 巨角兽大小的示例

Step8：为巨角兽所在图层应用"颜色键"效果，在"效果控件"面板中，使用"主色"后的■■吸取巨角兽所在图层的绿色背景。抠除背景的示例如图 7-42 所示。

Step9：调整"颜色键"效果中的"颜色容差"为"120"，"薄化边缘"为"2"，"羽化边缘"为"2.0"，效果参数和对应的抠像效果的示例如图 7-43 所示。

Step10：调整巨角兽所在图层的位置，并应用"Advanced Spill Suppressor"和"Key Cleaner"，画面效果的示例如图 7-44 所示。

图 7-42　抠除背景的示例

效果参数　　　　　　　　　　　抠像效果

图 7-43　效果参数和对应的抠像效果的示例

图 7-44　画面效果的示例

2. 为素材调色

Step1：为树林图层应用"亮度和对比度"效果，调整"亮度"为"121"，"对比度"值为"-76"。

Step2：为树林图层应用"色阶"效果，设置"输入黑色"为"28.0"，"输入白色"为

"459.0"，"灰度系数"为"0.90"。"色阶"效果的参数设置如图 7-45 所示。

Step3：继续为树林图层应用"色相/饱和度"效果，设置"主色相"为"0_x -8.0°"，"主饱和度"为"-14"，"主亮度"为"-26"。"色相/饱和度"效果的参数设置如图 7-46 所示。

Step4：为巨角兽所在图层应用"色相/饱和度"效果，设置"主色相"为"0_x -17.0°"，"主饱和度"为"-77"。"色相/饱和度"效果的参数设置如图 7-47 所示。

Step5：继续为巨角兽所在图层应用"亮度和对比度"效果，设置"亮度"为"8"，画面效果如图 7-48 所示。

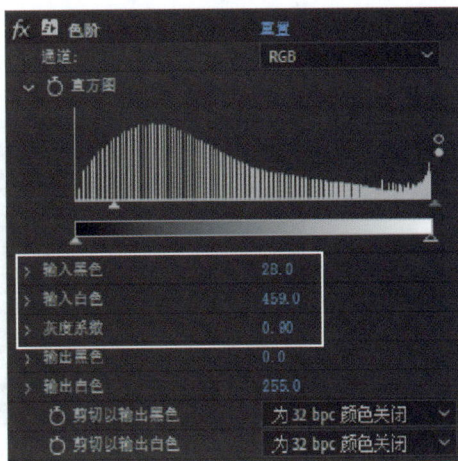

图 7-45　"色阶"效果参数设置

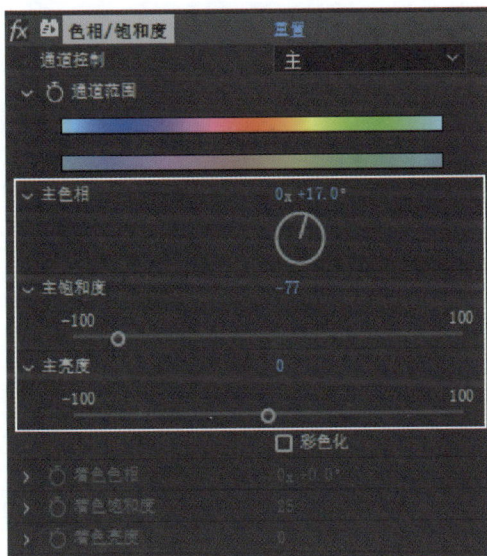

图 7-46　"色相/饱和度"效果参数设置

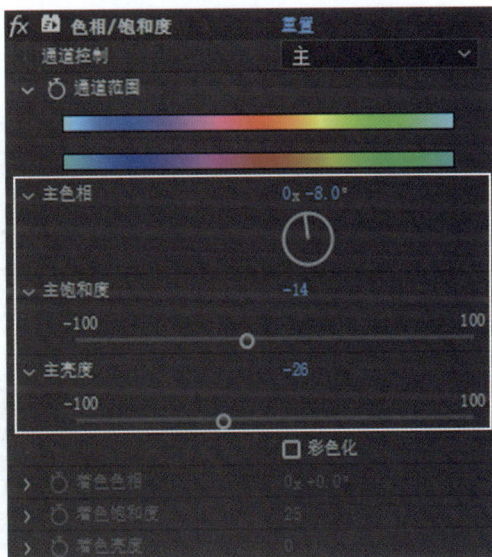

图 7-47　"色相/饱和度"效果参数设置

图 7-48　画面效果

Step6： 选中巨角兽所在图层，为巨角兽的脚添加蒙版，并将蒙版反转，设置"蒙版羽化"为"40.0，40.0 像素"，蒙版示例如图 7-49 所示。

图 7-49   蒙版示例

3. 添加文字和音乐

Step1： 输入文字"dinosaur"，设置字体为"Impact"，设置文字大小为"300 像素"、文字颜色为无、文字描边颜色为灰色（RGB：201、184、188）、描边宽度为"10 像素"、字间距为"100"，单击"全部大写字母"按钮 TT 。将文字与视图区域居中对齐。文字效果示例如图 7-50 所示。

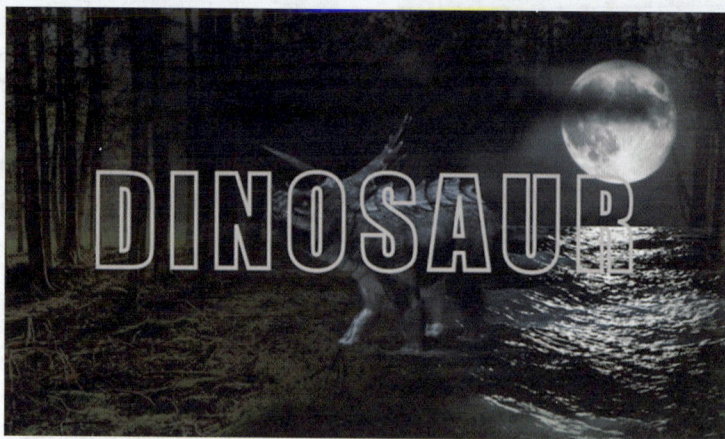

图 7-50   文字效果示例

Step2： 选中文本图层，按 S 键，在第 10 秒处，激活关键帧，将时间指示器定位在第 9 秒处，设置"缩放"属性为"5000，5000%"。选中关键帧，按 F9 键将关键帧设置为缓动关键帧。

Step3： 为文本图层应用"定向模糊"效果，设置"方向"为"$0_x+90°$"，"模糊长度"为"104"，在第 10 秒处激活关键帧。

Step4： 在第 10 秒 9 帧处将"模糊长度"设置为"0"。

Step5： 将"吼叫声 .mp3"和"背景音乐 .mp3"素材拖曳至图层编辑区，得到相应的图层。

Step6： 将吼叫声所在图层，拖曳至第 6 秒 3 帧处，复制吼叫声所在图层，将其拖曳至第 8 秒 6 帧处。

Step7： 将工作区域边缘拖曳至第 11 秒处。

至此，怪兽动画制作完成。

任务 7-2　天气预报动画

在 After Effects 中，能够通过效果轻松模拟自然界的真实场景。本任务将通过制作一个天气预报动画，详细讲解模拟自然界效果的方法。天气预报动画效果如图 7-51 所示。扫描二维码，查看动画效果。

实践微课 7-2：
任务 7-2　天气
预报动画

天气预报动画

图 7-51　天气预报动画效果

■ 任务目标

技能目标	● 掌握模拟下雨、闪电等效果的方法，能够模拟一些常见的自然现象 ● 掌握设置音频的方法，能够隐藏 / 显示音频，并且调整音频的音量

■ 任务分析

本任务的重点是熟练使用模拟自然界现象的一些效果，例如模拟吹泡泡、下雨、闪电等。可以将本任务拆解为 5 部分，分别是拼合素材、设置动画、添加闪电效果、添加下雨和文字的特殊效果、添加音频。可以按照以下思路完成天气预报动画的制作。

1. 拼合素材

拼合素材是将 3 个不同的图像素材进行整合，调整大小和位置，使其在同一视图区域中显示。

2. 设置动画

这部分主要是为素材图层添加不同属性的关键帧，以制作动画效果，具体步骤如下。

① 为中国龙的"位置"属性设置关键帧，使其由下至上运动。

② 为暴风雨的"不透明度"属性和"缩放"属性设置关键帧，使其由大变小。

3. 添加闪电效果

这部分主要为画面添加多个不同的闪电，在制作时，需要注意闪电停留的时长以及方向的变化。

4. 添加下雨和文字的特殊效果

为了使雨在整个画面滴落，需要创建调整图层，为调整图层添加下雨效果。

文字周围虚化，并且有青色的光进行扫射，最后文字炸裂。可以为暴风雨文字应用不同的效果，以产生不同的视觉冲击。

5. 添加音频

本任务中共包含 6 个音频，用来匹配画面中闪电、下雨、电流、爆炸等效果，在设置音频时，要将音频放在画面效果出现的位置，并针对个别音频调整音频音量。

■ 知识储备

理论微课 7-6：
模拟

1. 模拟

"模拟"效果组中的效果可以用于模拟各种自然现象。选择"效果"→"模拟"选项，可以看到"模拟"效果列表，如图 7-52 所示。

"模拟"效果列表中包含了多种效果，通常使用这些效果模拟下雨、涟漪等，具体介绍如下。

（1）下雨效果

"CC Rainfall"（下雨）效果可以模拟下雨。应用"CC Rainfall"效果的示例如图 7-53 所示。

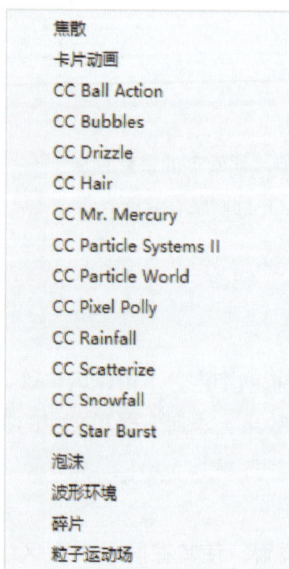

焦散
卡片动画
CC Ball Action
CC Bubbles
CC Drizzle
CC Hair
CC Mr. Mercury
CC Particle Systems II
CC Particle World
CC Pixel Polly
CC Rainfall
CC Scatterize
CC Snowfall
CC Star Burst
泡沫
波形环境
碎片
粒子运动场

图 7-52   "模拟"效果列表   图 7-53   应用"CC Rainfall"效果的示例

应用"CC Rainfall"效果后，可以看到"CC Rainfall"效果的属性，如图 7-54 所示。

"CC Rainfall"效果包含"Drops"（雨滴数量）、"Size"（雨滴大小）、"Scene Depth"（景深）、"Speed"（速度）、"Wind"（风）等属性，对常用的属性介绍如下。

① "Drops"用于设置雨滴的数量。

② "Size"用于设置雨滴的大小。

③ "Scene Depth"用于设置场景的深度。

④ "Speed"用于设置雨滴滴落的速度。

⑤ "Wind"用于设置雨滴的倾斜度。

⑥ "Variation %（Wind）"用于设置雨滴倾斜的随机性。

（2）涟漪效果

"CC Drizzle"（涟漪）效果可以模拟水滴滴进水面的波纹涟漪。应用"CC Drizzle"效果的示例如图 7-55 所示。

应用"CC Drizzle"效果后，可以看到"CC Drizzle"效果的属性，如图 7-56 所示。

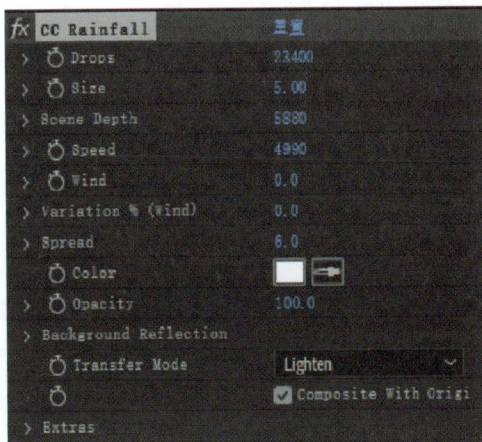

图 7-54　"CC Rainfall"效果的属性

图 7-55　应用"CC Drizzle"效果的示例

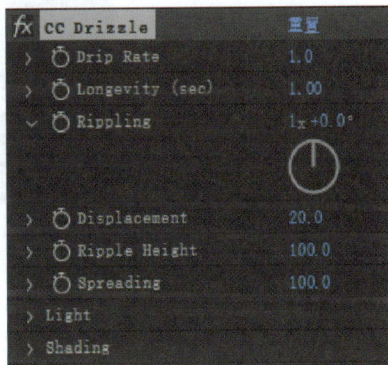

图 7-56　"CC Drizzle"效果的属性

"CC Drizzle"效果包含"Drip Rate"（滴速）、"Longevity（sec）"［持续时间（秒）］、"Rippling"（涟漪）、"Displacement"（置换）、"Ripple Height"（波纹高度）、"Spreading"（扩展）、"Light"（灯光）、"Shading"（明暗）等 8 个属性。具体介绍如下。

① "Drip Rate"用于定义水滴波纹的数量。

② "Longevity（sec）"用于设置每一个水滴波纹存在的时间。

③ "Rippling"用于设置水滴波纹的角度，角度不同，水滴波纹的样式不同。

④ "Displacement"用于设置水滴波纹的位移幅度。

⑤ "Ripple Height"用于设置水滴波纹的高度。

⑥ "Spreading"用于设置水滴波纹的大小。

⑦ "Light"用于设置水滴波纹的光照效果，包括"Using"（使用）、"Light Intensity"（灯光强度）、"Light Color"（灯光颜色）、"Light Type"（灯光类型）、"Light Height"（灯光高度）、"Light Position"（灯光位置）和"Light Direction"（灯光方向）。

⑧ "Shading"用于设置灯光的阴影材质，包括"Ambient"（环境）、"Diffuse"（扩散）、"Specular"（反射）、"Roughness"（粗糙度）和"Metal"（材质）。

（3）破碎效果

"CC Pixel Polly"（破碎）效果可以模拟图像被炸碎。应用"CC Pixel Polly"效果的示例如图 7-57 所示。

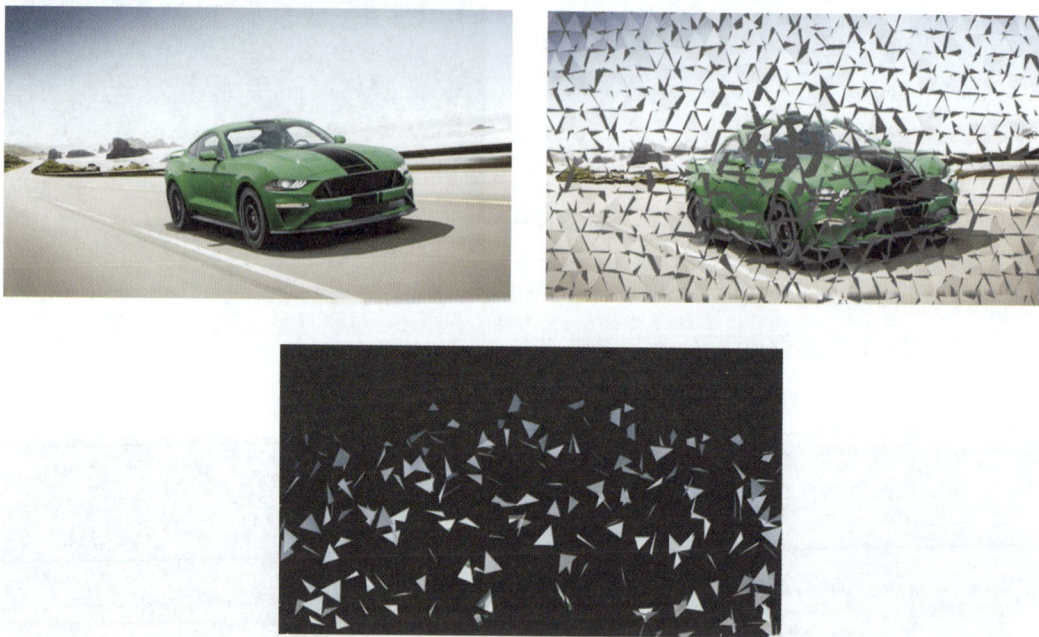

图 7-57　应用"CC Pixel Polly"效果的示例

应用"CC Pixel Polly"效果后，可以看到"CC Pixel Polly"效果的属性，如图 7-58 所示。

"CC Pixel Polly"效果包含"Force"（力度）、"Gravity"（重力）、"Spinning"（旋转）、"Force Center"（力点中心）、"Direction Randomness"（随机方向）等 9 个属性。具体介绍如下。

① "Force"用于设置爆炸的力度。

② "Gravity"用于设置碎片向下移动的速度。

③ "Spinning"用于设置碎片旋转度数。

④ "Force Center"用于设置爆炸的中心在 X 轴和 Y 轴的位置。

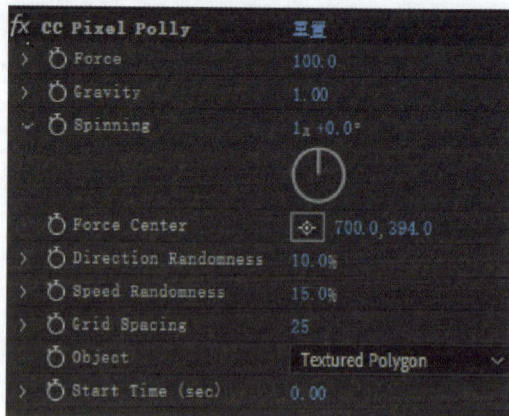

图 7-58　"CC Pixel Polly"效果的属性

⑤ "Direction Randomness"用于设置碎片在移动时，方向的随机性比例。

⑥ "Speed Randomness"用于设置碎片在移动时，速度的随机性比例。

⑦ "Grid Spacing"用于设置碎片的大小。

⑧ "Object"用于设置碎片的状态，包括"Polygon"（多边形）、"Texture Polygon"（纹理多边形）、"Square"（方形）和"Texture Square"（纹理方形）4 个选项。

⑨ Start Time（sec）用于设置爆炸开始的时间。

2. 生成

在 After Effects 中，使用"生成"效果组中的效果能够生成一些常见效果，如光束、渐变等。选择"效果"→"生成"选项，可以看到"生成"效果列表，如图 7-59 所示。

"生成"效果列表中包含多种效果，通过这些效果能够模拟强光照射、光线扫射、闪电等，具体介绍如下。

理论微课 7-7：生成

（1）强光照射效果

应用"CC Light Burst 2.5"（强光照射）效果能够模拟强光照射，如图 7-60 所示。

分形
圆形
椭圆
吸管填充
镜头光晕
CC Glue Gun
CC Light Burst 2.5
CC Light Rays
CC Light Sweep
CC Threads
光束
填充
网格
单元格图案
写入
勾画
四色渐变
描边
无线电波
梯度渐变
棋盘
油漆桶
涂写
音频波形
音频频谱
高级闪电

图 7-59 "生成"效果列表

图 7-60 强光照射的效果

应用"CC Light Burst 2.5"后，可以看到"CC Light Burst 2.5"的属性，如图 7-61 所示。

对"CC Light Burst 2.5"属性的具体介绍如下。

① "Center"（中心）用于设置效果的中心在 X 轴和 Y 轴的位置。

② "Intensity"（强度）用于设置光的强度。

③ "Ray Length"（光线长度）用于设置光线的长度。

④ "Burst"（爆发）用于设置光的不同爆发效果。

⑤ 勾选"Halo Alpha"（光晕 Alpha）复选框后，会在 Alpha 通道周边产生效果。

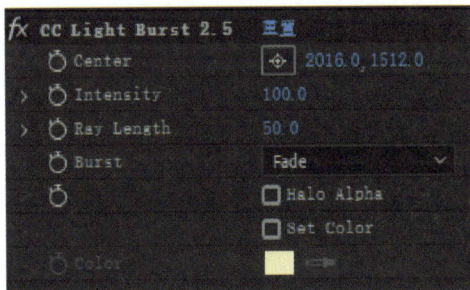

fx CC Light Burst 2.5	重置
Center	2016.0, 1512.0
Intensity	100.0
Ray Length	50.0
Burst	Fade
	☐ Halo Alpha
	☐ Set Color
Color	

图 7-61 "CC Light Burst 2.5"的属性

⑥勾选"Set Color"（设置颜色）复选框后，会激活"Color"，可以设置图像的颜色。

(2) 光线扫射效果

应用"CC Light Sweep"（光线扫射）效果能够模拟光线扫射，如图 7-62 所示。

原图　　　　　　　　　　　　　　　应用"CC Light Sweep"效果

图 7-62　光线扫射的效果

应用"CC Light Sweep"后，可以看到"CC Light Sweep"的属性，如图 7-63 所示。

对"CC Light Sweep"属性的具体介绍如下。

①"Center"（中心）用于设置效果的中心在 X 轴和 Y 轴的位置。

②"Direction"（方向）用于设置光线的角度。

③"Shape"（形状）用于设置光线的样式。

④"Width"（宽度）用于设置光线的宽度。

⑤"Sweep Intensity"（扫光强度）用于设置光线的强度。

⑥"Edge Intensity"（边缘强度）用于设置光线边缘的强度。

图 7-63　"CC Light Sweep"的属性

⑦"Edge Thickness"（边缘厚度）用于设置光线边缘的宽度。

⑧"Light Color"（光色）用于设置光线的颜色。

⑨"Light Reception"（光线接收）用于设置光线和素材的混合模式。

(3) 四色渐变

应用"四色渐变"效果能够生成 4 个混合色点的渐变颜色。应用"四色渐变"效果的示例如图 7-64 所示。

图 7-64 中右图展示的是设置"四色渐变"属性后的渐变效果。默认情况下，应用"四色渐变"后呈现的是 4 个不透明的渐变色，如图 7-65 所示。

若想让颜色和素材背景混合，就需要调整对应的属性，应用"四色渐变"后，可以看到"四色渐变"的属性，如图 7-66 所示。

在"四色渐变"属性中，"位置和颜色"用于设置渐变产生的位置和对应的颜色；"混合"用于设置颜色过渡的平滑度。例如，设置"混合"为 100 与设置"混合"为 500 的对比示例如图 7-67 所示。

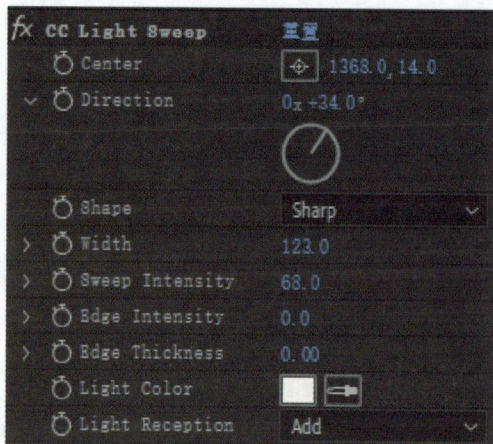

原图

应用"四色渐变"效果

图 7-64 应用"四色渐变"效果的示例

图 7-65 不透明的渐变色

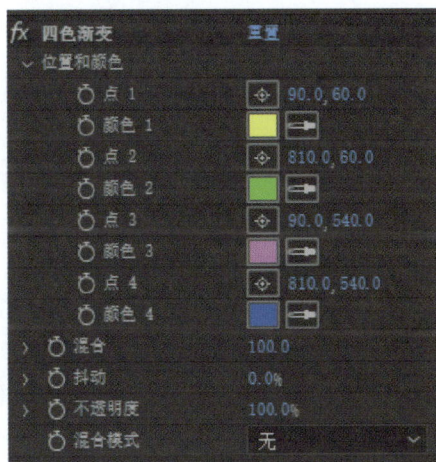

图 7-66 "四色渐变"的属性

"混合"为100

"混合"为500

图 7-67 "混合"对比示例

"四色渐变"属性中的"混合模式"用于设置效果与背景素材的混合方式，包括无、正常、相加、相乘等 18 种混合方式。

（4）闪电效果

应用"高级闪电"效果能够模拟闪电。应用"高级闪电"效果的示例如图 7-68 所示。

原图　　　　　　　　　　　　　　　　应用"高级闪电"特效

图 7-68　应用"高级闪电"效果的示例

"高级闪电"效果通常被应用在纯色层上。应用"高级闪电"后，可以看到"高级闪电"的属性，如图 7-69 所示。

"高级闪电"效果包含了多个属性，对这些属性的介绍如下。

① "闪电类型"用于设置闪电的类型，包括"方向""击打"等。

② "源点"用于设置闪电开始的位置。

③ "方向"用于设置闪电的方向或闪电结束的位置（选择不同闪电类型时，属性的作用不同）。

④ "传导率状态"用于设置闪电的随机性程度。

⑤ "核心设置"用于设置闪电的核心属性，包括"核心半径""核心不透明度"和"核心颜色"。

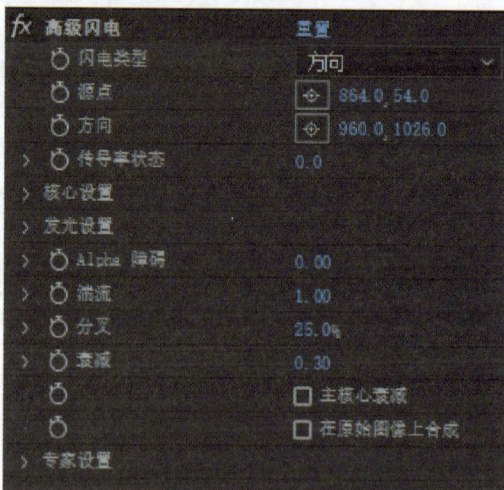

图 7-69　"高级闪电"的属性

⑥ "发光设置"用于设置闪电的发光属性，包含的属性与"核心设置"一致。

⑦ "分叉"和"衰减"分别用于设置闪电的分叉数量和分叉强度。

⑧ 勾选"主核心衰减"复选框可以设置闪电的核心强度。

⑨ 勾选"在原始图像上合成"复选框可以在背景素材中进行合成。

⑩ "专家设置"用于对闪电进行高级设置，如"复杂度""最小分叉距离"等。

多学一招 / 快速调整效果

在使用效果时，在"效果控件"面板中选中效果，视图区域中会出现⊕图标，拖曳图标可快速更改效果的位置、方向、状态等。

例如，为图层应用"四色渐变"后，在"效果控件"面板中选中效果，拖曳⊕图标，会改变渐变的位置，快速调整效果的示例如图 7-70 所示。

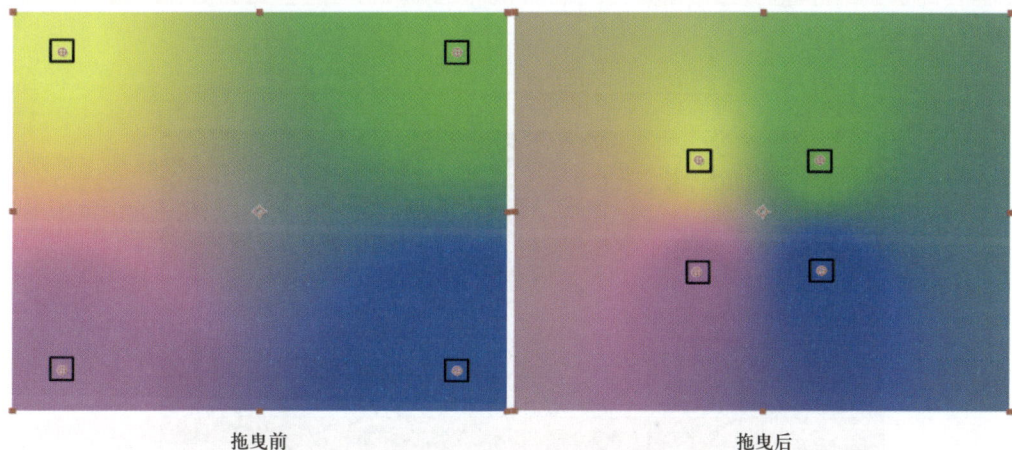

拖曳前　　　　　　　　　　　　　　　拖曳后

图 7-70　快速调整效果的示例

3. 设置音频

将音频素材拖曳至图层编辑区生成音频图层后，音频素材图层前方会出现 图标。此时，可以对音频素材图层进行调整，包括隐藏/显示音频以及调整音频音量，下面对设置音频的方法进行讲解。

理论微课 7-8：
设置音频

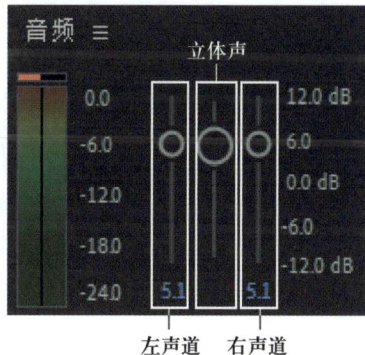

（1）隐藏/显示音频

将音频添加至图层编辑区后，单击 图标可隐藏音频，再次单击可显示音频。需要注意的是，隐藏音频后，渲染并导出时，音频不会被显示。

（2）调整音频音量

在"音频"面板中可以调整音频的音量大小。选择"窗口"→"音频"选项（或按 Ctrl+4 快捷键），可以打开"音频"面板，如图 7-71 所示。

在"音频"面板中，不仅可以调整音频的整体音量，还可以单独调整音频的左声道音量和右声道音量。在"音频"面板中，拖曳左声道滑块，可以调整左声道音量；拖曳右声道滑块，可以调整右声道音量；拖曳中间的立体声滑块可以调整音频的整体音量，向上拖曳可以调大音量，向下拖曳可以调小音量。

图 7-71　"音频"面板

■ 任务实现

根据任务分析思路，"任务 7-2 天气预报动画"的具体实现步骤如下。

1. 拼合素材

Step1：启动 After Effects，保存项目，将项目命名为"任务 7-2 天气预报动画"。

Step2：按 Ctrl+N 快捷键新建合成，设置"合成名称"为天气预报。在"合成设置"对话框中设置"宽度"为"1440 px"，"高度"为"1920 px"，"帧速率"为"25 帧 / 秒"，"持续时间"为 30 秒，如图 7-72 所示。

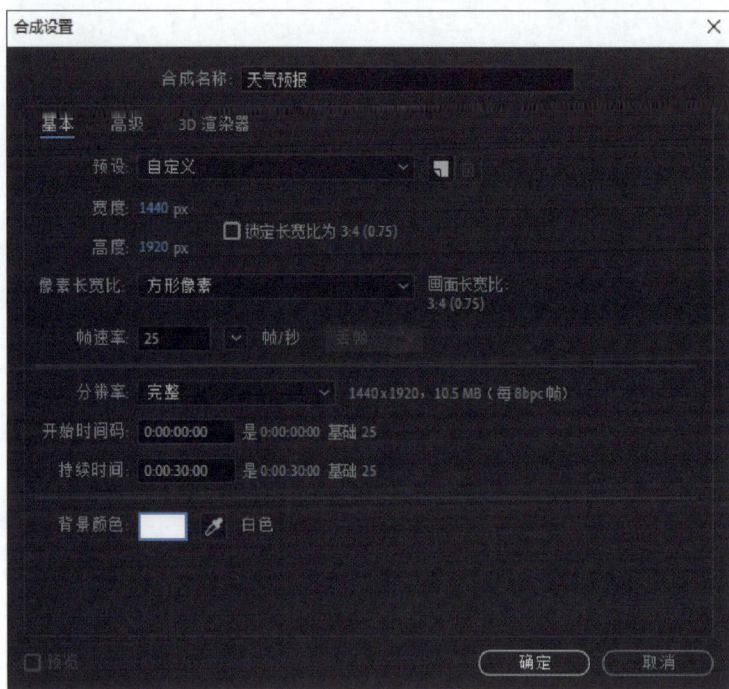

图 7-72　"合成设置"对话框

Step3：导入"暴风雨 .png""背景 .jpg""黑色烟雾 .png""中国龙 .png"素材，如图 7-73 所示。

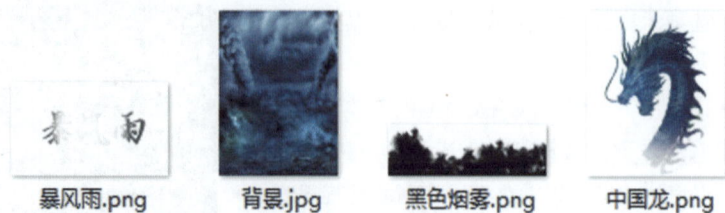

图 7-73　素材展示

Step4：依次将素材拖曳至图层编辑区，调整图层的顺序。图层顺序和对应效果如图 7-74 所示。

图 7-74 图层顺序和对应效果

2. 设置动画

Step1：选中中国龙所在图层，按 P 键调出图层的"位置"属性面板，在第 2 秒处激活关键帧。

Step2：将时间指示器定位在第 0 帧处，将中国龙所在图层向下拖曳至如图 7-75 所示的位置。

Step3：选中黑色烟雾所在图层，按 T 键调出图层的"不透明度"属性面板，在第 2 秒处激活关键帧。

Step4：将时间指示器定位在第 0 帧处，设置"不透明度"为"0%"。

Step5：选中暴风雨所在图层，依次按 S 键和 Shift+T 快捷键调出图层的"缩放"和"不透明度"属性面板，在第 2 秒 16 帧处激活"缩放"和"不透明度"属性的关键帧。

Step6：将时间指示器定位在第 2 秒处，设置"缩放"为"2000%"、"不透明度"为"0%"。

3. 添加闪电效果

Step1：新建调整图层，将其重命名为"闪电 1"。

Step2：为"闪电 1"图层应用"高级闪电"效果。在"效果控件"面板中设置"闪电类型"为"击打"、"传导率状态"为"1.0"、"发光颜色"为青色（RGB：52、103、114）、"湍流"为"2.00"、"分叉"为"0.5%"、"衰减"为"0.20"，

图 7-75 图层的位置

勾选"在原始图层上合成"复选框。"高级闪电"属性的具体设置如图 7-76 所示。

Step3：选中效果，在视图区域拖曳 图标，调整闪电的开始位置和结束位置，闪电效果的示例如图 7-77 所示。

Step4：在第 15 帧处，激活"方向"关键帧，将时间指示器定位在第 0 帧处，拖曳结束位置至如图 7-78 所示的位置。

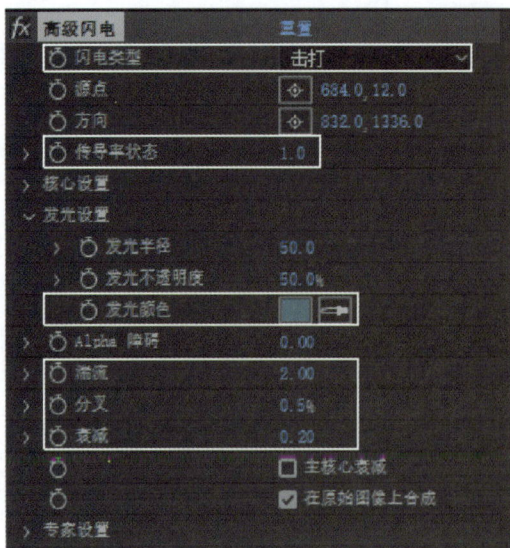

图 7-76　"高级闪电"属性的具体设置

图 7-77　闪电效果的示例

图 7-78　拖曳结束位置

Step5：在第 12 帧处，激活"传导率状态"关键帧；在第 0 帧处，设置"传导率状态"为"0.0"。

Step6：在第 1 秒处，激活"湍流"关键帧；在第 0 帧处，设置"湍流"为"1.00"。

Step7：选中调整图层，在第 10 帧处，按 Alt+] 快捷键隐藏后半部分。

Step8：按照 Step1~Step7 的方法制作其余闪电，调整闪电的不同属性、关键帧的间距和图层进度条的位置。闪电图层和对应的图层进度条、关键帧的示例如图 7-79 所示。

图 7-79　闪电图层和对应的图层进度条、关键帧的示例

Step9：将暴风雨、黑色烟雾、中国龙所在图层的图层进度条向后拖曳至第 1 秒处。

4. 添加下雨效果和文字的特殊效果

Step1：新建调整图层，将图层重命名为下雨，并应用"CC Rainful"效果，设置"Drops"为"8000"、"Size"为"5.00"。下雨效果的示例如图 7-80 所示。

Step2：为暴风雨所在图层应用"CC Light Burst 2.5"效果，设置"Intensity"为"0.0"、"Ray Length"为"15.0"，如图 7-81 所示。

图 7-80　下雨效果的示例

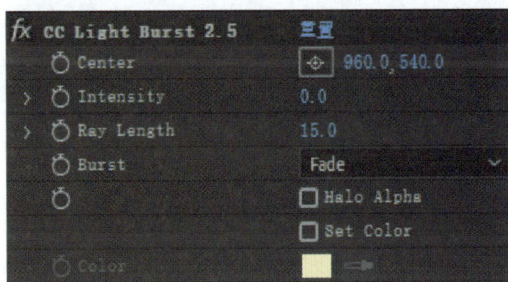

图 7-81　"CC Light Burst 2.5"属性设置

Step3：继续为暴风雨所在图层应用"CC Light Sweep"效果，设置"Center"为"-695.0，-220.0"、"Width"为"110.0"，如图 7-82 所示。

Step4：在第 3 秒 17 帧处激活"Center"关键帧。在第 5 秒处设置"Center"为"1595.0，-220.0"，在第 6 秒处设置"Center"为"45.0，-220.0"。

Step5：在第 5 秒处激活"Width"关键帧，在第 6 秒处设置"Width"为"682.0"。

Step6：继续为暴风雨所在图层应用"CC Pixel Polly"效果，设置"Force"为"420.0"、"Gravity"为"0.70"、"Direction Randomness"为"0.0%"、"Speed Randomness"为"100.0%"、"Start Time（sec）"为"6.00"。"CC Pixel Polly"属性设置如图 7-83 所示。

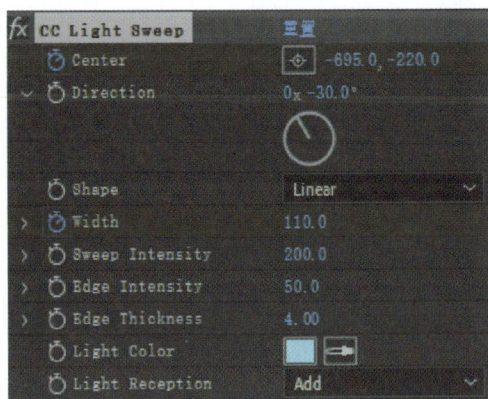

图 7-82　"CC Light Sweep"属性设置

图 7-83　"CC Pixel Polly"属性设置

Step7：拖曳工作区域结尾至第 9 秒处。

5. 添加音频

Step1：导入"雨声 .wav""雷声 1.wav""雷声 2.mp3""电流声 .mp3""爆炸声 .mp3""重击声 .mp3"6 个音频素材，将其拖曳至图层编辑区。

Step2：将雷声 2 所在的图层进度条拖曳至第 1 秒第 15 帧处。

Step3：将重击声所在的图层进度条拖曳至第 3 秒第 2 帧处，并在"音频"面板中调整左声道和右声道均为 12。

Step4：将电流声所在的图层进度条拖曳至第 6 秒第 13 帧处。

Step5：将爆炸声所在的图层进度条拖曳至第 6 秒第 21 帧处，并在"音频"面板中调整左声道和右声道均为 12。音频图层的图层进度条位置示例如图 7-84 所示。

图 7-84　音频图层的图层进度条位置示例

至此，天气预报动画制作完成。

项目小结

项目 7 包括两个任务，其中任务 7-1 的目的是让读者认识效果，并掌握效果的基本操作以及在 After Effects 中调整颜色、抠像的方法。完成此任务，读者能够在 After Effects 中制作怪兽动画。任务 7-2 的目的是让读者掌握模拟下雨、闪电等自然现象的方法，以及音频的设置。完成此任务，读者能够在 After Effects 中制作天气预报动画。

通过学习项目 7，读者能够掌握内置效果的使用方法，并能根据自己所需，使用对应的效果。

项目实训：制作特效动画

学习完前面的内容，接下来请根据要求完成项目实训。

要求：请结合前面所学知识，运用效果的基本操作、模拟、生成等知识以及给出的素材制作一个特效动画。特效动画效果如图 7-85 所示。扫描二维码，查看动画效果。

特效动画

图 7-85　特效动画效果

利用 After Effects 插件制作动画

学习目标

◆ 掌握 Particular（粒子）插件和 Optical Flares（光晕）插件的安装与使用，能够利用这些插件完成机器人动画的制作。

◆ 掌握 Saber（光电描边）插件和 Element 3D（三维模型）插件的安装与使用，能够利用这些插件完成文字燃烧动画的制作。

项目介绍

After Effects 的插件属于外置效果。使用 After Effects 插件的好处是：插件中预设效果的样式多，用起来方便、快捷。本项目将通过制作机器人动画和文字燃烧动画两个任务，详细讲解 Particular 插件、Optical Flares 插件、Saber 插件和 Element 3D 插件的安装和使用方法。

PPT：项目 8 利用 After Effects 插件制作动画

教学设计：项目 8 利用 After Effects 插件制作动画

PPT

任务 8-1　机器人动画

利用 Particular 插件可以制作粒子效果，利用 Optical Flares 插件可以制作光晕效果。本任务将通过一个机器人动画，详细讲解 Particular 插件和 Optical Flares 插件的安装与使用。机器人动画效果如图 8-1 所示。扫描二维码，查看动画效果。

图 8-1　机器人动画效果

■ 任务目标

技能目标	● 掌握 Particular 插件的安装方法，能够独立安装 Particular 插件 ● 掌握 Optical Flares 插件的安装方法，能够独立安装 Optical Flares 插件 ● 掌握 Particular 插件的使用方法，能够应用 Particular 插件制作烟雾和尘埃 ● 掌握 Optical Flares 插件的使用方法，能够应用 Optical Flares 插件制作能量球和扫光

■ 任务分析

本任务的重点是介绍 Particular 插件和 Optical Flares 插件的使用。任务由背景、机器人、烟雾、能量球、尘埃、扫光 6 个部分组成，可以按照以下思路完成机器人动画。

1. 搭建场景

场景中包含背景、机器人、烟雾和尘埃，背景和机器人为图像素材，不需要对它们进行设置。烟雾和尘埃需要利用 Particular 插件进行制作。制作烟雾和尘埃时，需要依次设置发射器类型、发射器大小、每秒发射量、粒子大小等属性。由于烟雾和尘埃非常轻，通常从下至上飞舞，因此需要将重力设置为负数。

2. 制作能量球动画

能量球需要通过 Optical Flares 插件实现。能量球在机器人的手中积攒能量，随即发射，因此可以将能量球分为能量球积攒和能量球发射两个动画。能量球动画制作步骤如下。

① 制作能量球积攒动画：新建纯色图层，为纯色图层应用 Optical Flares 效果；设置 Optical

Flares 光晕的位置、亮度等属性并设置关键帧。

②制作能量球发射动画：复制能量球，制作能量球的位移动画。

3. 制作机器人消失动画

能量球发射完毕，机器人消失的同时伴随一道光，具体步骤如下。

①设置扫光的样式。

②制作扫光的位移动画。

③为机器人添加遮罩，并为遮罩制作位移动画。

■ 知识储备

1. Particular（粒子）插件

在 After Effects 中，Particular（粒子）是一种能够模拟现实中的水、火、雾等现象的效果。Particular 插件自带近百种粒子效果，使用 Particular 插件能够轻松制作出水、火、雾等粒子效果。粒子效果示例如图 8-2~ 图 8-5 所示。

理论微课 8-1：
Particular 粒子插件 –Particular 粒子插件的安装

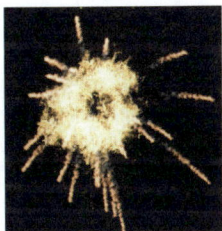

图 8-2 粒子效果示例 1   图 8-3 粒子效果示例 2   图 8-4 粒子效果示例 3   图 8-5 粒子效果示例 4

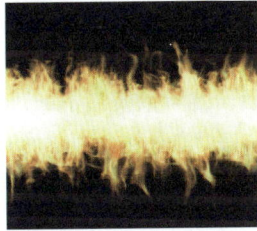

若想使用 Particular 插件制作粒子效果，需要先安装并熟练使用 Particular 插件。下面针对 Particular 插件的安装与使用进行讲解。

（1）Particular 插件的安装

安装 Particular 插件较为复杂，需要先安装 Maxon App。具体步骤如下。

① 安装 Maxon App 软件。在源文件中找到 "Maxon.exe" 文件，双击该文件，然后按照提示安装 Maxon App。安装 Maxon App 后，可看到 "Maxon App" 注册界面，如图 8-6 所示。

图 8-6 "Maxon App" 注册界面

在 "Maxon App" 注册界面中注册账号，当完成注册后，会显示 "Maxon App" 使用界面，如图 8-7 所示。

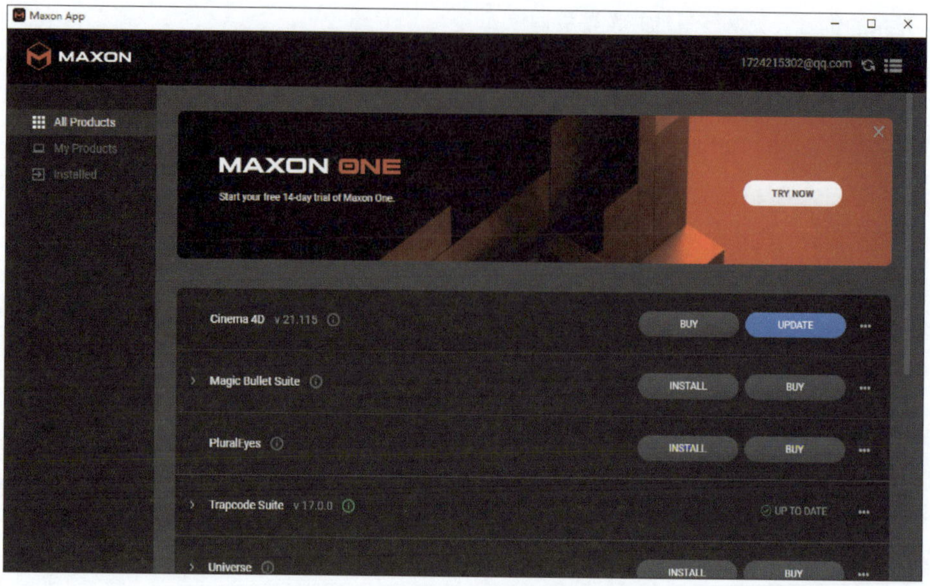

图 8-7　"Maxon App" 使用界面

② 安装 Particular 插件

安装完 Maxon App 后，就可以安装 Particular 插件了。双击源文件中的 "Trapcode Suit Installer.exe" 文件，可以打开 "Trapcode Suit Installer.exe" 安装界面，如图 8-8 所示，接下来根据提示安装即可。

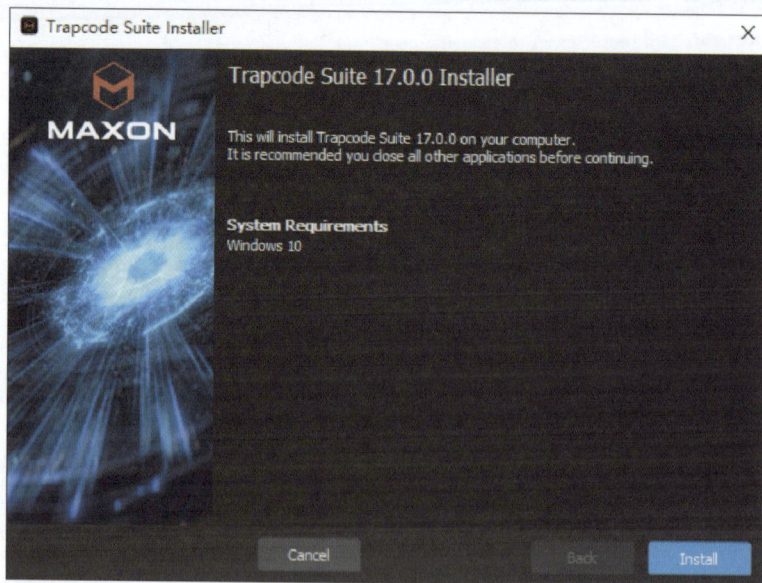

图 8-8　"Trapcode Suit Installer.exe" 安装界面

在安装的过程中，可以按照需求，勾选需要安装的插件（本书将安装全部插件）。安装完毕，重启 After Effects，选择 "效果" 可以看到 "RG Trapcode" 选项，在 "RG Trapcode" 选项中可以找到 "Particular" 选项，如图 8-9 所示。

至此，Particular 粒子插件安装完成。

（2）Particular 插件的使用

Particular 插件安装后，会作为效果被存放在"效果"菜单中。应用方法同内置效果一样，只需要选中图层，选择"效果"→"RG Trapcode"→"Particular"选项，即可应用"Particular"效果。在实际使用中，通常为纯色图层应用"Particular"效果，应用"Particular"效果后，在"效果控件"面板中可以看到对应属性。"Particular"效果属性如图 8-10 所示。

理论微课 8-2:
Particular 粒子插件 –Particular 粒子插件的使用 –
"Designer…"
（设计者）

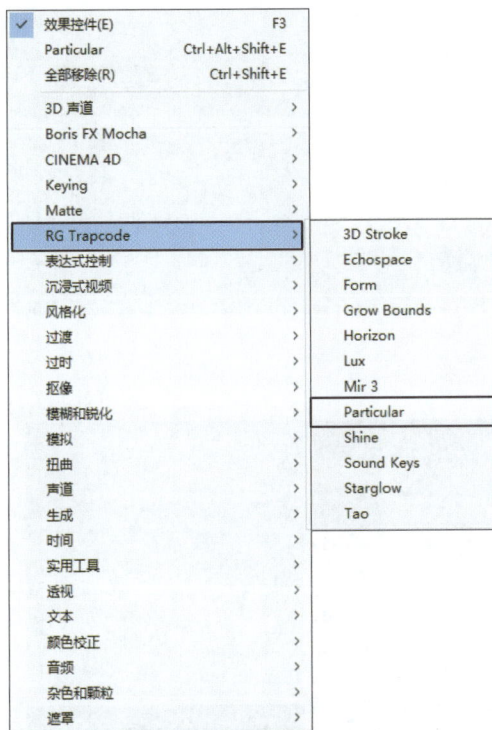

图 8-9　"Particular"选项

图 8-10　"Particular"效果属性

"Particular"效果包含很多属性，使用"Designer"（设计者）、"Show Systems"（显示系统）、"Emitter"（发射器）、"Particle"（粒子）和"Environment"（环境）这些属性就能够制作简单的粒子效果。针对这些属性的讲解如下。

① "Designer"（设计者），提供了许多系统设置好的效果预设，单击"Designer"按钮，会进入设计者界面，在界面中，可以在不同区域选择粒子、设置粒子，"Designer"界面如图 8-11 所示。

"Designer"界面被划分为 4 个区域，分别是"预设区域""预览区域""模块与控制"区域和"效果链"区域。使用"Designer"界面的步骤如下。

● 在"预设区域"中可以选择合适的粒子预设。"预设区域"包含了多个系统自带的粒子预设组，展开某个组，在组中选择指定的粒子预设。

值得一提的是，可以为一个图层应用多个粒子效果，并分别对这些粒子效果进行调整。在已经存在粒子的情况下，展开"预设区域"，按 Alt 键单击"粒子预设"按钮，即可添加该粒子。例如，按住 Alt 键单击"Bucky Balls"按钮，此时，鼠标指针下出现⊕，释放鼠标，可在原有粒子的基础上添加该粒子。添加"Bucky Balls"的示例如图 8-12 所示。

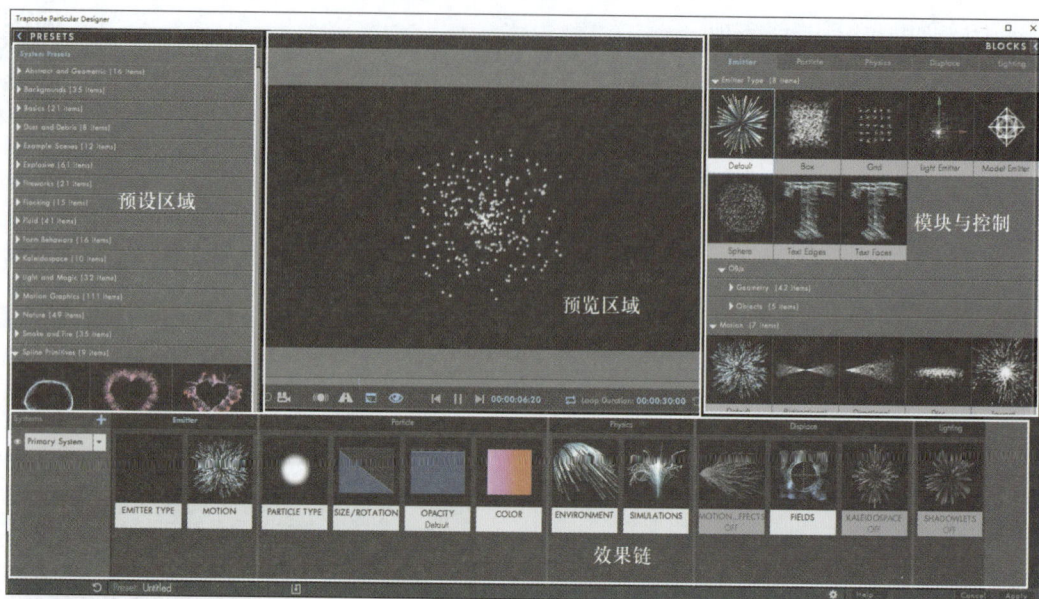

图 8-11 "Designer"界面

图 8-12 添加"Bucky Balls"的示例

● 在"模块与控制"区域中可以选择预设的发射类型、粒子类型等。"模块与控制"区域包括"Emitter"（发射器）、"Particle"（粒子）、"Physics"（物理学）、"Displace"（置换）和"Lighting"（照明）5 个模块。

● 在"效果链"区域中自定义设置粒子的大小、颜色等。"效果链"区域包括"Systems"（系统）、"Emitter"（发射器）、"Particle"（粒子）、"Physics"（物理学）、"Displace"（置换）和"Lighting"（照明）6 个模块，单击除"Systems"（系统）外的任意一个模块，可在界面的右侧打开对应的属性面板，可以在属性面板中对属性的参数进行调整。例如，选择"Emitter"→"Emitter Type"选项，可以呈现"Emitter Type"（发射器类型）对应的参数。

"Emitter Type"参数示例如图 8-13 所示。

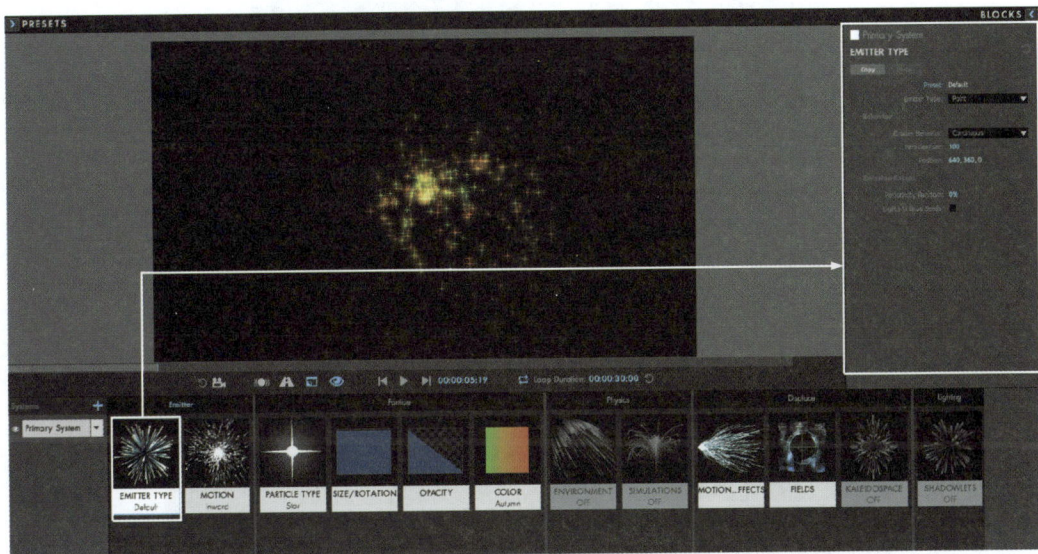

图 8-13　"Emitter Type"参数示例

在"Designer"界面中，每一个效果对应一个系统，选择某个系统，可以对该系统进行设置。除此之外，可以单击💧图标，隐藏系统；单击"Delete System"（删除系统）按钮🗑删除系统；单击"Reset Project"（重置系统）按钮🔄重置系统；单击"Save Multiple Systems"（保存多个系统）按钮💾保存自定义的粒子系统，保存好的粒子系统会在"预设区域"内"Custom（1 items）"[定制（一项）]预设组中进行显示。自定义粒子效果的示例如图 8-14 所示。

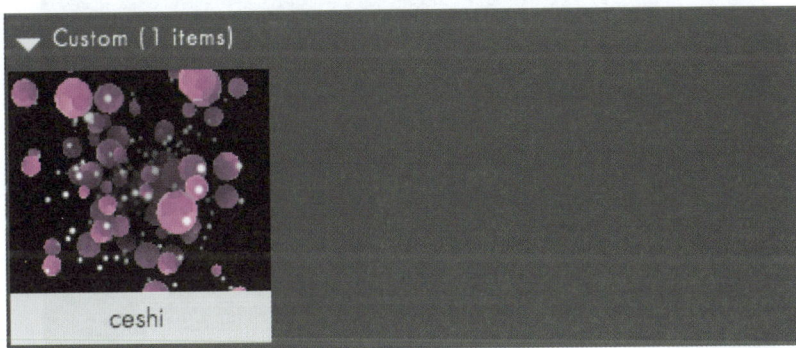

图 8-14　自定义粒子效果的示例

● 在"预览区域"预览实时效果，单击"Apply"（应用）按钮应用效果，或单击"Cancel"（关闭）按钮关闭"Designer"界面，即不应用效果。

② "Show Systems"（显示系统），主要用于显示不同的粒子系统，可以通过隐藏 / 显示其他系统查看单一粒子系统所展现的效果。"Show Systems"属性如图 8-15 所示。

③ "Emitter"（发射器），主要用于控制粒子发射器的形状、位置等。"Emitter"属性如图 8-16 所示。

理论微课 8-3：Particular 粒子插件 –Particular 粒子插件的使用 – "Show Systems"（显示系统）和 "Emitter"（发射器）

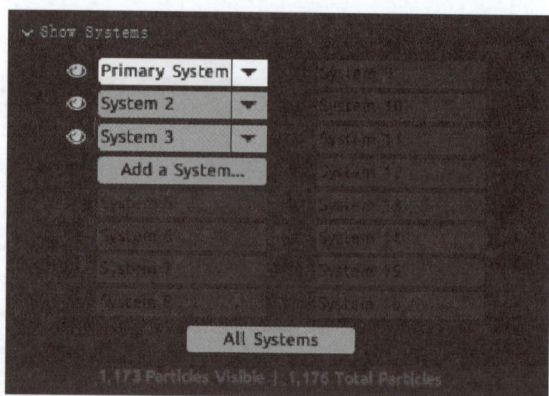

图 8-15　"Show Systems" 属性

图 8-16　"Emitter" 属性

"Emitter" 中常用属性的设置方法如下。

● 通过 "Emitter Type"（发射器类型）设置发射器类型。"Emitter Type" 包括 "Point"（点）、"Box"（盒子）、"Sphere"（球）、"Light（s）"（灯光）、"Layer"（图层）、"3D Model"（3D 模型）和 "Text/Mask"（文字 / 遮罩）7 种类型。各类发射器类型所对应的粒子示例如图 8-17 所示。

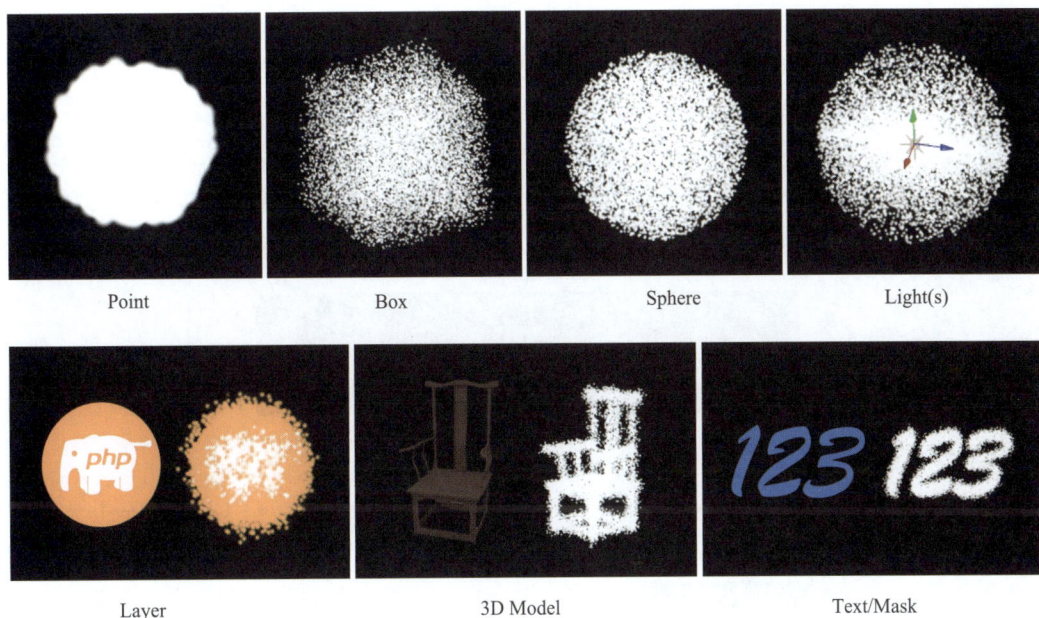

| Point | Box | Sphere | Light(s) |

| Layer | 3D Model | Text/Mask |

图 8-17　各类发射器类型所对应的粒子示例

从图 8-17 可以看出，将"Emitter Type"（发射器类型）设置为"Point"时，粒子会以点为模型发射粒子；设置为"Box"和"Sphere"时，粒子会以盒子或球为模型发射粒子；设置为"Light（s）"时，粒子会以光为模型发射粒子；设置为"Layer"或"Text/Mask"时，粒子会以图层、文字或遮罩为模型发射粒子；设置为"3D Model"时，粒子会以三维模型为模型发射粒子。

● "Light Naming"（灯光名）用于将粒子指定给灯光。当"Emitter Type"为"Light（s）"时，图层编辑区中需要存在灯光层，单击其下方的 Choose Names... 按钮，弹出"Light Naming"对话框，在对话框中输入灯光所在图层的名称，单击"OK"按钮，可将粒子指定给光源。"Light Naming"对话框如图 8-18 所示。

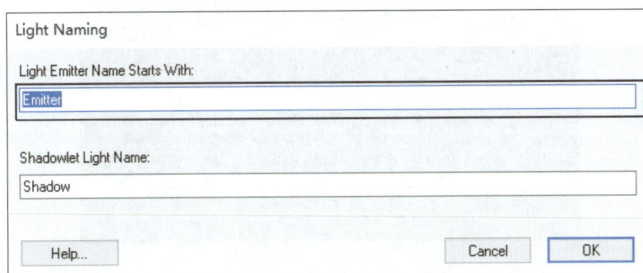

图 8-18　"Light Naming"对话框

● "Particles/sec"（粒子/秒）用于设置每秒发射的粒子数。

● "Position"（位置）用于设置粒子出现的位置，当选择"Light（s）""Layer""Text/Mask"其中一种类型时，此属性不可用。

● "Emitter Size"（发射器大小）用于设置发射器大小。"Emitter Size"包含"XYZ Linked"（XYZ 链接）和"XYZ Individual"（XYZ 个体）两个选项。选择前者时，可以在"Emitter Size XYZ"中综合调整发射器大小；选择后者时，可以单独调整发射器 X、Y、Z 的比例。

● "Velocity"（速度）、"Velocity Random"（速度随机）、"Velocity Distribution"（速度分配）、"Velocity from Emitter Motor"（来自发射器马达的速度）用于设置粒子的速度以及粒子速度的随机性。

● "Layer Emitter"（图层发射器）用于设置用于发射粒子的图层。当 "Emitter Type" 为 "Layer"（图层）时，会激活 "Layer Emitter"（图层发射器），在发射器中设置指定的图层即可。

例如，将 "Emitter Type" 设置为 "Layer"，展开 "Layer Emitter"，设置 "Layer" 为指定图层，即可将粒子指定给图层。"Layer Emitter" 属性如图 8-19 所示。

图 8-19　"Layer Emitter" 属性

● "Model Emitter"（模型发射器）用于设置用于发射粒子的 3D 模型。当 "Emitter Type" 为 "3D Model" 时，可以在 "Model Emitter" 中，设置 "Layer" 为 3D 模型（通常是扩展名为 .OBJ 的文件）所在的图层；还可以单击 ▨▨▨▨▨▨ 按钮，在 "3D Models" 界面中选择系统自带的 3D 模型即可将粒子指定给 3D 模型。"3D Models" 界面如图 8-20 所示。

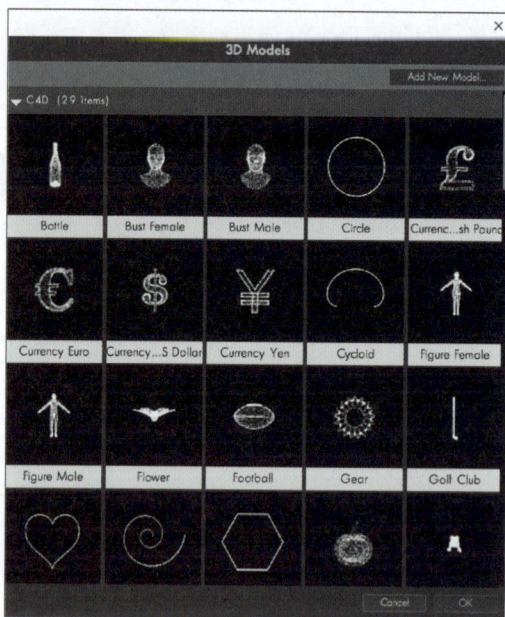

图 8-20　"3D Models" 界面

● "Text/Mask Emitter"（文本 / 遮罩发射器）用于设置用于发射粒子的文本或遮罩。当 "Emitter Type" 为 "Text/Mask" 时，会激活 "Text/Mask Emitter"（文字 / 遮罩发射器）。在发射器中设置指定的图层即可。例如，将 "Emitter Type" 设置为 "Layer"，展开 "Layer Emitter"，设置 "Layer" 为指定图层，即可将粒子指定给文字或遮罩。

💡 注意：

在 After Effects 中，粒子本身自带 3D 属性，因此，若想将粒子指定给图层或文字，则需要先打开图层或文字的 3D 属性。

④ "Particle"（粒子），主要用于控制粒子的外观，如颜色、大小、持续时间等。"Particle"属性如图 8-21 所示。

"Particle"常用属性的设置方法如下。

- "Life"（生命）和"Life Random"（生命随机）用于设置粒子的持续时间和持续时间的随机比例。

- "Particle Type"（粒子类型）用于设置粒子的类型。"Particle Type"包括"Sphere"（球）、"Glow Sphere（No Dof）"（辉光球体）、"Star（No Dof）"（辉光星形）、"Cloudlet"（云朵）、"Streaklet"（条纹）、"Sprite"（精灵）6 种类型。选择任一选项，都会激活相关属性。

选择除"Sprite"外的任一选项，可以将粒子类型替换为对应的类型。例如，选择"Star（No Dof）"时，粒子会变为发光的星形。当选择"Sprite"时，会激活下方"Sprite"属性，单击 ▅▅▅Choose Sprite▅▅ 按钮，会弹出"Sprites"对话框，在对话框中选择需要的粒子类型，单击"OK"按钮完成粒子类型的更改。"Sprites"对话框如图 8-22 所示。

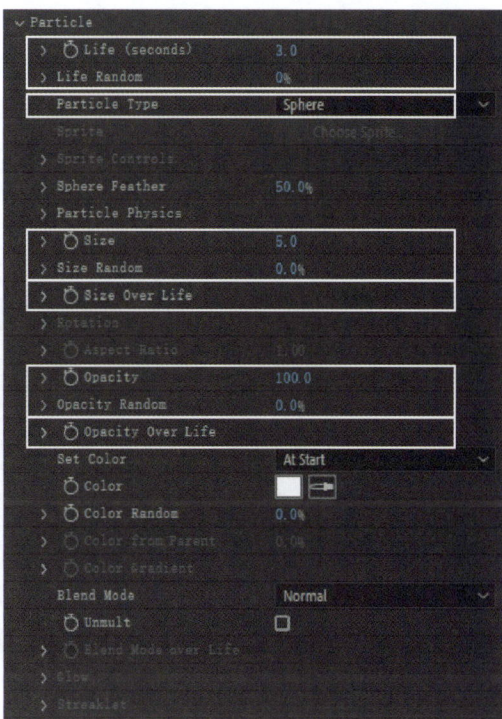

图 8-21 "Particle"属性

理论微课 8-4：Particular 粒子插件 –Particular 粒子插件的使用 –"Particle"（粒子）

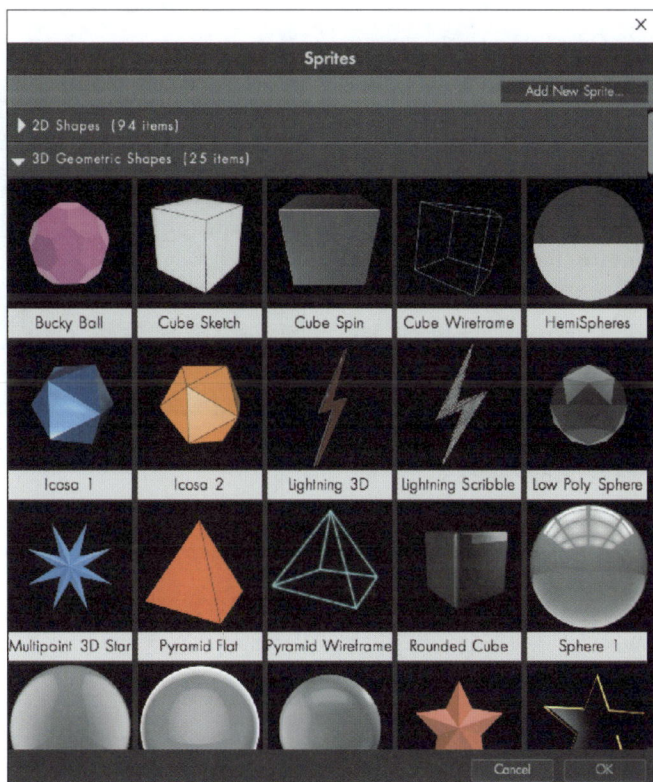

图 8-22 "Sprites"界面

● "Size"（大小）和 "Size Random"（大小随机）用于设置粒子的大小和大小的随机比例。

● "Size Over Life"（在生命周期中的大小）用于控制粒子在整个生命周期内的大小，单击 "Size Over Life" 前方的▶图标可以展开 "Size Over Life" 参数面板，如图 8-23 所示。在参数面板中，单击 "PRESETS"（预设）下拉菜单，可以选择预设。使用面板上方的钢笔工具✐和铅笔工具✐，在预览区域内拖曳或绘制，能够手动调整粒子在整个生命周期内的大小。

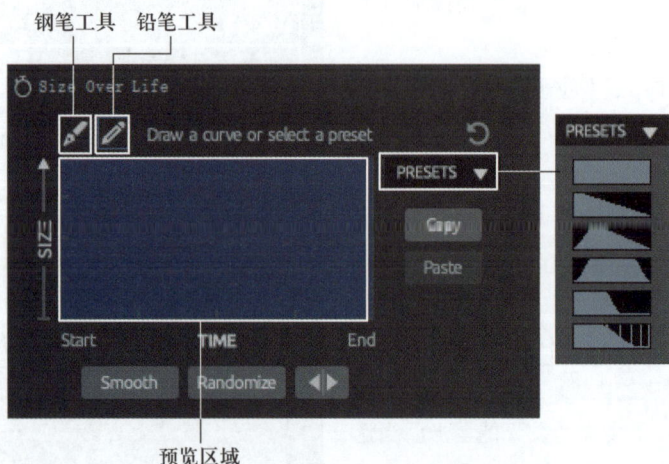

图 8-23 "Size Over Life" 参数面板

● "Opacity"（不透明度）和 "Opacity Random"（随机不透明度）用于设置粒子的不透明度和不透明度的随机比例。

● "Opacity Over Life"（在生命周期中的不透明度）用于设置粒子在整个生命周期内的不透明度，设置方法与 "Size Over Life" 一致。

⑤ "Environment"（环境），用于设置作用在粒子上的外力，如重力、风力、空气湍流等。"Environment" 属性如图 8-24 所示。

对 "Environment" 属性的各个参数介绍如下。

● "Gravity"（重力）用于设置粒子的重力。

● Wind X/Y/Z（风力 X/Y/Z）用于设置粒子在 X、Y、Z 轴分别受到风力的影响程度。

图 8-24 "Environment" 属性

理论微课 8-5：
Particular 粒子插件 -Particular 粒子插件的使用 -"Environment"（环境）

● "Air Density"（空气阻力）用于设置空气的阻力。

● "Affect Position"（影响位置）用于设置彼此靠近的粒子产生相似但不相等的位置偏移。

● "Affect Orientation/Spin"（影响方向 / 旋转）用于设置粒子的自旋。

● "Move with Wind"（随风而动）用于设置受风力影响的程度。

● "Turbulence Controls"（湍流控制）用于设置空气湍流的具体形状。

熟悉了 "Particular" 效果的属性，接下来以一个 "文字消散" 动画为例，体验 "Particular" 效果的使用方法。

Step1：打开"文字消散"项目。

Step2：按 Ctrl+Y 快捷键新建纯色图层，设置纯色图层的名称为"粒子"。

Step3：为纯色图层应用"Particular"效果。选择"Emitter"→"Emitter Type"选项，设置"Emitter Type"为"Layer"。

Step4：打开"文字层"的 3D 属性，选择"Emitter"→"Layer Emitter"→"Layer"选项，设置"Layer"为"文字层"。

Step5：设置"Particles/sec"为"80000"、"Velocity"为"0.0"，拖曳至指示器，查看效果，设置"Emitter"效果的示例如图 8-25 所示。

图 8-25 设置"Emitter"效果的示例

Step6：选择"Particle"→"Life（Seconds）选项"，设置"Life（Seconds）"为"0.5"。

Step7：选择"Particle"→"Size"选项，设置"Size"为"4.0"。设置"Particle"效果的示例如图 8-26 所示。

图 8-26 设置"Particle"效果的示例

Step8：选择"Environment"→"Wind X"选项，设置"Wind X"为"1250"。

Step9：选择"Environment"→"Wind Y"选项，设置"Wind Y"为"-800"。

Step10：选择"Environment"→"Air Density"选项，设置"Air Density"为"3.0"。

Step11：选择"Environment"→"Air Turbulence"→"Affect Position"选项，设置"Affect Position"为"100.0"。

Step12：选择"Environment"→"Air Turbulence"→"Move with Wind"选项，设置"Move with Wind"为"50%"。

Step13：拖曳"粒子"图层进度条至第 2 秒 10 帧处。设置"Environment"效果的示例如图 8-27 所示。

图 8-27 设置"Environment"效果的示例

Step14：复制"粒子"图层，设置"Particles/sec"为"5000"，设置"Life（Seconds）"为"1.0"，设置"Size"为"10.0"，其余参数保持不变，复制粒子的效果如图 8-28 所示。

图 8-28　复制粒子的效果

至此，"文字消散"动画制作完成。

多学一招 /"Particular"效果的其他属性说明

"Particular"效果共有 12 个属性，前面介绍了 5 个属性，其余"Particular"效果属性的描述见表 8-1。

表 8-1　其余"Particular"效果属性的描述

属性名称	中文名称	描述
Physics Simulations	物理模拟	用于设置粒子的物理属性及物理运动
Displace	置换	用于快速模拟物理运动，如飘落、旋转等
Kaleidospace	万花筒	用于镜像复制粒子
Global Controls（All Systems）	全局控制	用于控制粒子系统的全局参数
Lighting	照明	用于设置粒子的光照及阴影（设置前需要创建灯光层）
Visibility	可见性	用于设置粒子的景深
Rendering	渲染	用于设置渲染模式等

2. Optical Flares（光晕）插件

通过 Optical Flares 插件能够制作很多光效，如车灯闪烁、镜头光晕等。使用 Optical Flares 效果的示例如图 8-29 所示。

图 8-29　使用 Optical Flares 效果的示例

下面针对 Optical Flares 插件的安装与使用进行讲解。

（1）Optical Flares 插件的安装

将安装包"Optical Flares"文件夹复制并粘贴至 After Effects 安装目录下的"Adobe After Effects 2020"→"Support Files"→"Plug-ins"→"Effects"文件夹中。目标文件夹示例如图 8-30 所示。

理论微课 8-6：Optical Flares 光晕插件 – Optical Flares 光晕插件的安装

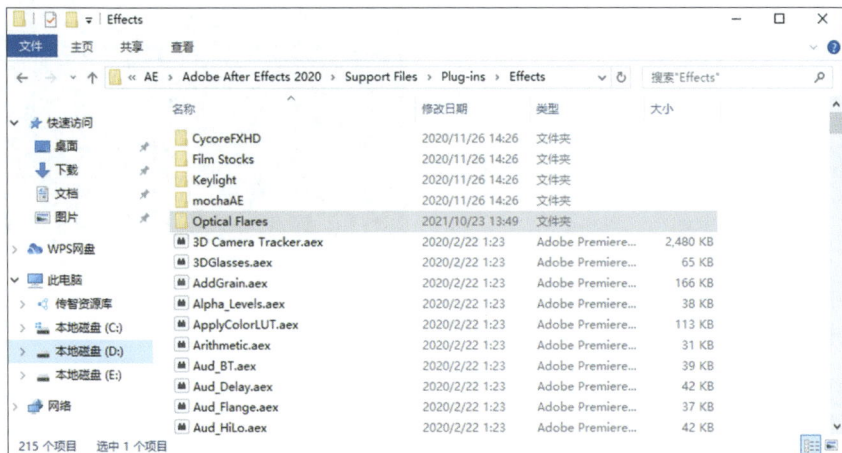

图 8-30　目标文件夹示例

安装完 Optical Flares 插件后，打开 After Effects，选择"效果控制"→"Video Copilot"，可以看到"Optical Flares"选项，如图 8-31 所示。

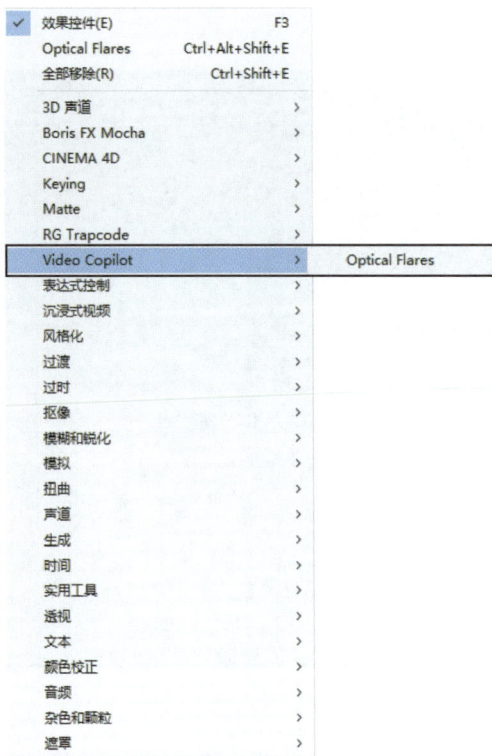

图 8-31　"Optical Flares"选项

至此，Optical Flares 插件安装完成。

（2）Optical Flares 插件的使用

Optical Flares 插件也属于外置效果。在实际使用中，为了方便调整光晕，通常为纯色图层应用"Optical Flares"效果。应用"Optical Flares"效果后，画面中会出现默认的光晕效果，在"效果控件"面板中可以调整光晕属性。"Optical Flares"属性如图 8-32 所示。

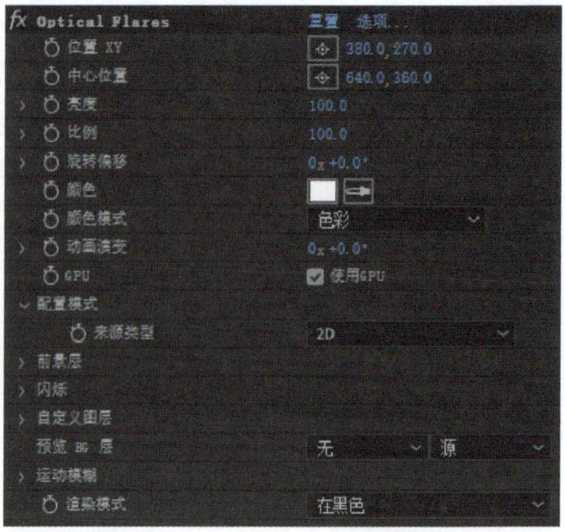

图 8-32　"Optical Flares"属性

"Optical Flares"效果的主要属性说明如下。

①"位置 XY"用于改变发光的位置。

②"中心位置"用于改变光晕的位置。

③"亮度"用于改变光的强度。

④"比例"用于改变光晕的大小。

⑤"旋转偏移"用于改变光晕的旋转角度。

⑥"颜色"用于改变光的颜色。

⑦"配置模式"用于设置光的来源类型。

⑧"渲染模式"用于改变光的渲染方式，包括"在黑色""在透明""在原稿"。

除了能够设置光晕的属性外，还可以改变光晕。单击"Optical Flares"效果名称右侧的"选项"按钮可以打开"光学耀斑 操作界面"窗口，如图 8-33 所示。

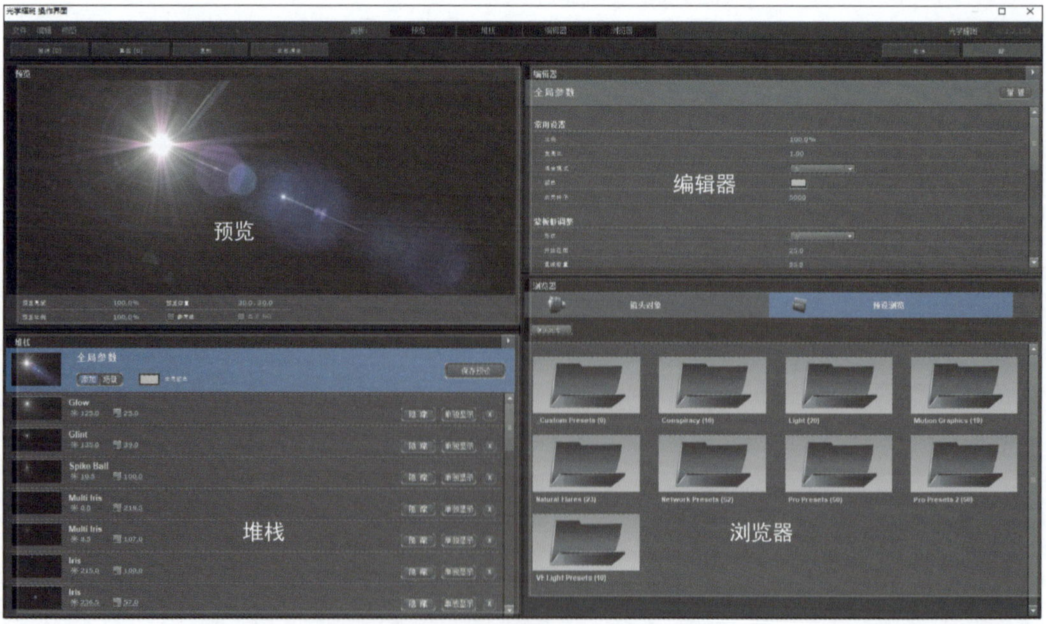

图 8-33　"光学耀斑 操作界面"窗口

在此窗口中，可以自定义光晕，也可以选择系统预设好的光晕。"光学耀斑 操作界面"的使用流程如下。

① 选择光晕，主要是在"浏览器"中选择系统中定义好的光晕。"浏览器"共包含两个模块，分别是"镜头对象"和"预设浏览"。

● "镜头对象"中的光晕为系统预设好的单一光晕，每单击一个光晕，可直接在原有基础上添加光晕，以自定义光晕效果，可以在"预览区域"中随时预览效果。"镜头对象"模块如图 8-34 所示。

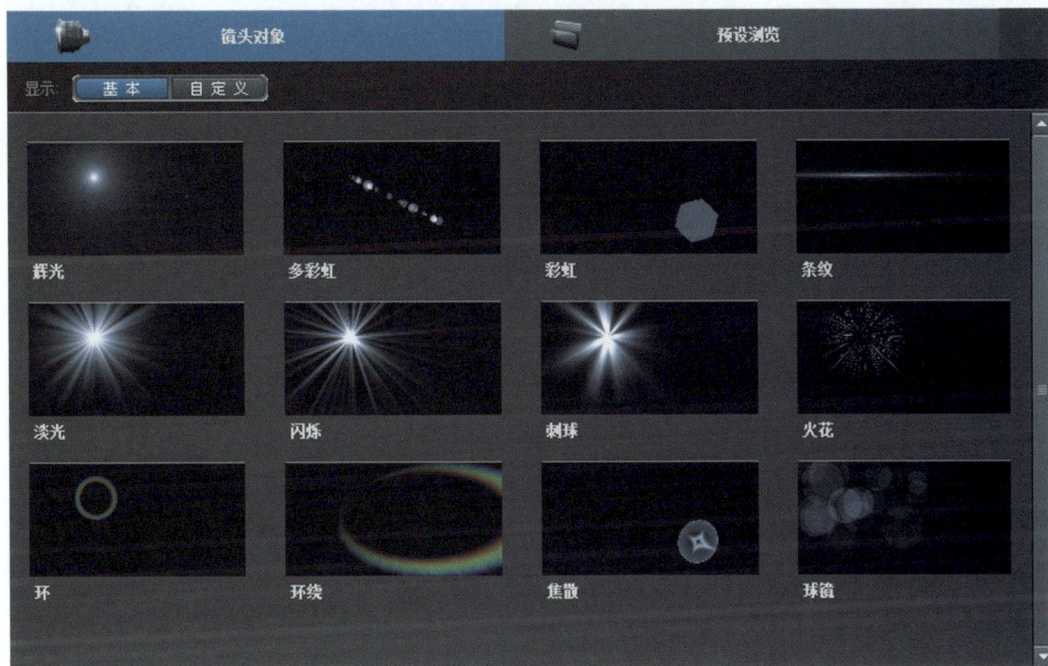

图 8-34 "镜头对象"模块

● "预设浏览"中的光晕是已经预设好的光晕，往往包含多个光晕，选择其中一个文件夹即可看到其中包含的一些光晕预设。单击其中一个光晕，即可替换原有光晕。右击光晕，在弹出的快捷菜单中选择"添加到当前"选项，即可在原有基础上添加光晕，而不是替换原有光晕。"预设浏览"模块如图 8-35 所示。

② 合成光晕，是指将不同光晕合成在一起，主要在"堆栈"中进行。合成光晕时，可以选中光晕、隐藏光晕、单独显示光晕、删除光晕以及保存光晕。

● 选中光晕：单击某个光晕即可选中该光晕。

● 隐藏光晕：选中光晕，单击"隐藏"按钮 隐藏 ，可以隐藏该光晕。

● 单独显示光晕：选中光晕，单击"单独显示"按钮 单独显示 ，可以隐藏其他光晕，单独显示该光晕。

● 删除光晕：选中光晕，单击"删除"按钮 x ，可以删除该光晕。

● 保存光晕：选中光晕，单击"保存预设"按钮 保存预设 ，可以保存自定义的光晕，该光晕会被存放在"浏览器"中的"_Custom Preset（0）"文件夹内。

③ 编辑光晕，是指在"编辑器"中对光晕的属性进行调整。在 After Effects 中，既能够对光晕进行全局调整，也可以针对某个光晕独立调整。

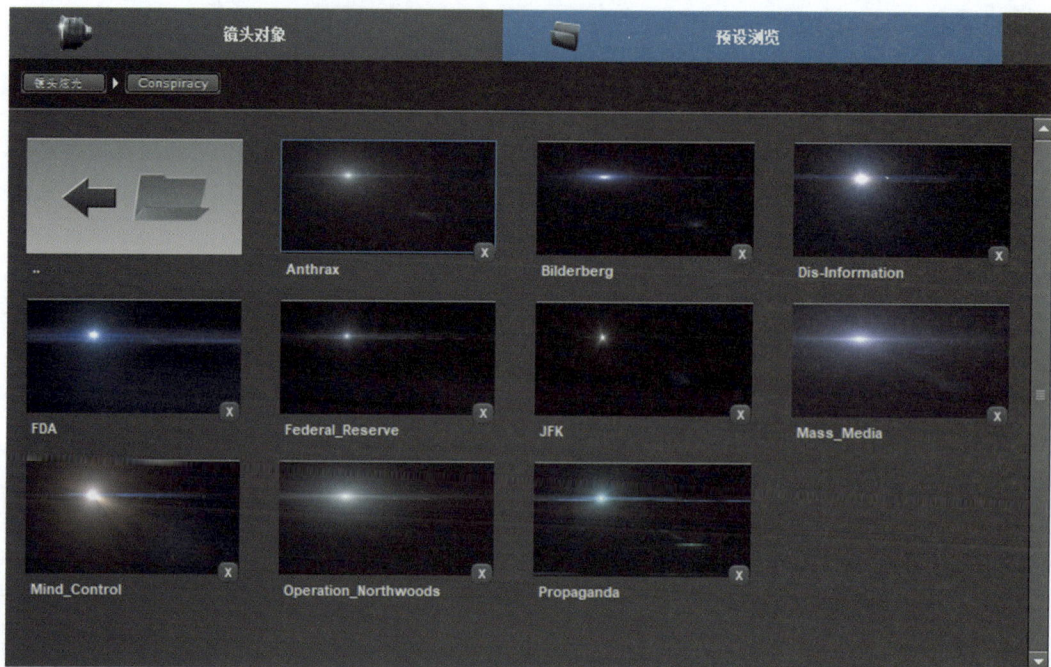

图 8-35 "预设浏览"模块

● 全局调整：在"堆栈"中选择"全局参数"，"编辑器"中会出现对应的参数，通过设置"常用设置"可改变光晕的大小、宽高比；设置"镜头纹理"可为光晕增加纹理效果；设置"颜色色差"可调整光晕的色差。

● 独立调整：在"堆栈"中选择需要调整的光晕，"编辑器"中同样会出现对应的参数。此时，调整"编辑器"中的参数，可以对选中光晕的亮度、比例、颜色等单独调整。

多学一招 / 利用扭曲效果制作光环

将光晕扭曲可以制作光环效果，具体步骤如下。

Step1：新建合成，设置"宽度"和"高度"均为"2000 px"。

Step2：新建纯色图层，为其应用"Optical Flares"效果。

Step3：选择"Optical Flares"→"位置 XY"选项，设置"位置 XY"为"100.0，1000.0"，光晕示例如图 8-36 所示。

Step4：为纯色图层应用"CC Flo Motion"（扭曲湍流）效果，设置"Knot 1"（节 1）为"1000.0，1000.0"，设置"Amount 1"（数量 1）为"20.0"。参数为 20 的光晕示例如图 8-37 所示。

Step5：在第 0 帧处，激活"CC Flo Motion"效果中"Amount 1"的关键帧，在第 2 秒处，设置"Amount 1"为"-30.0"。参数为 -30 的光晕示例如图 8-38 所示。

Step6：在第 0 帧处激活"Optical Flares"效果的"旋转偏移"关键帧，在第 2 秒处，设置"旋转偏移"为"0×+180°"，在第 4 秒处，设置"旋转偏移"为"1×+0°"。

至此，光环制作完成。

图 8-36　光晕示例　　　图 8-37　参数为 20 的光晕示例　　　图 8-38　参数为 −30 的光晕示例

■ 任务实现

根据任务分析思路，"任务 8-1 机器人动画"的具体实现步骤如下。

1. 搭建场景

Step1：启动 After Effects，保存项目，将项目命名为"任务 8-1 机器人动画"。

Step2：创建合成，设置"合成名称"为"主合成"，"宽度"和"高度"均为"2000 px"。

Step3：导入"科幻背景 .jpg""机器人 .png"素材，素材展示如图 8-39 所示。

机器人 .png　　　　　　科幻背景 .jpg

图 8-39　素材展示

Step4：将"科幻背景 .jpg"和"机器人 .png"素材拖曳至图层编辑区，调整图层大小，画面效果的示例如图 8-40 所示。

Step5：新建纯色图层，将纯色图层命名为"烟雾"，并应用"Particular"效果。

Step6：展开"Particular"效果的"Emitter"选项，设置"Emitter Type"为"Box"、"Particular/sec"为"150"、"Position"为"963.0，1416.0，0.0"、"Emitter Size"为"XYZ Individual"、"Emitter Size X"为"1100"、"Velocity"为"490.0"。"Emitter"的具体属性设置如图 8-41 所示。

图 8-40　画面效果的示例

　　Step7：展开"Particular"效果的"Particle"选项，设置"Life（seconds）"为"3.0"、"Size"为"200.0"、"Size Random"为"12%"、"Opacity"为"3.0"、"Color"为浅蓝色（RGB：171、209、211）。"Particle"的具体属性设置如图 8-42 所示。

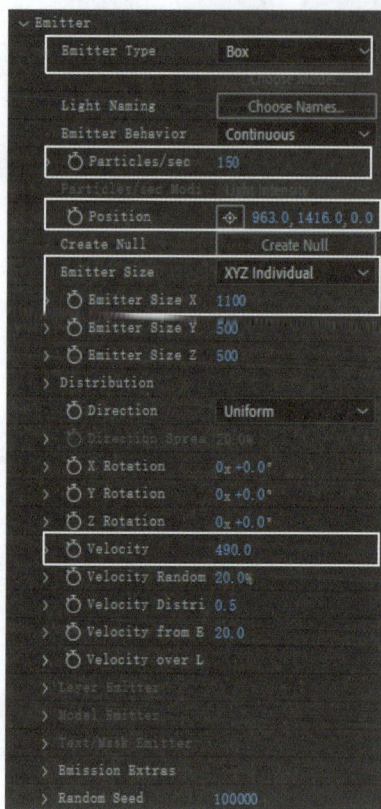

　　图 8-41　"Emitter"的具体属性设置　　　　　图 8-42　"Particle"的具体属性设置

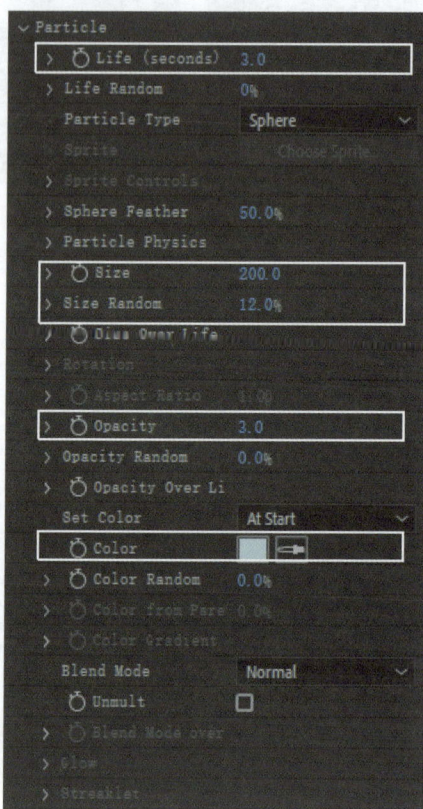

　　Step8：设置"烟雾"图层的混合模式为"叠加"，将其拖曳至机器人所在图层的下方，图层顺序和画面效果如图 8-43 所示。

图层顺序　　　　　　　　　　　画面效果

图 8-43　图层顺序和画面效果

Step9：新建纯色图层，将纯色图层重命名为"尘埃"，并为其应用"Particular"效果。

Step10：将"尘埃"图层拖曳至"烟雾"图层的上方。

Step11：选择"尘埃"图层，在"效果控件"面板中，选择"Particular"→"Emitter"选项，设置"Emitter Type"为"Box"、"Particles/sec"为"50"、"Position"为"1000.0，2000.0，0.0"、"Emitter Size"为"XYZ Individual"，设置"Emitter Size X"为"2100"。

Step12：选择"Particular"→"Particle"选项，设置"Life（seconds）"为"2.0"、"Particle Type"为"Cloudlet"、"Size"为"8.0"、"Size Random"为"100%"、"Opacity"为"50.0"、"Opacity Random"为"100%"、"Color"为深蓝色（RGB：10、25、28）。

Step13：选择"Particular"→"Environment"选项，设置"Gravity"为"-100.0"、"Wind X"为"200.0"。粒子效果的示例如图 8-44 所示。

图 8-44 粒子效果的示例

2. 制作能量球动画

Step1：新建纯色图层，将纯色图层命名为"能量球"，并应用"Optical Flares"效果，设置"位置 XY"为"100.0，100.0"，"渲染模式"为"在透明"。能量球效果如图 8-45 所示。

Step2：设置"能量球"图层的"位置"为"1398.0，504.0"。

Step3：设置"Optical Flares"效果的"比例"为"80.0"。

Step4：将时间指示器定位在第 0 帧处，激活"Optical Flares"效果的"亮度"关键帧，设置"亮度"为"10.0"。

图 8-45 能量球效果

Step5：将时间指示器定位在第 14 帧处，设置"亮度"为"150.0"；在第 19 帧处，设置"亮度"为"70.0"。

Step6：在第 0 帧处，激活"Optical Flares"效果的"旋转偏移"关键帧；在第 14 帧处设置"旋转偏移"为"1_x+0.0°"；在第 19 帧处，设置"旋转偏移"为"0_x+20.0°"。

Step7：将时间指示器定位在第 20 帧处，按 Alt+] 快捷键隐藏"能量球"图层的后半部分。

Step8：新建纯色图层，将纯色图层命名为"能量球发射"，并应用"Optical Flares"效果，打开"光学耀斑 操作界面"窗口，在"浏览器"区域选择"预设浏览"→"Motion Graphics"→"Golden Sun"选项，灯光选项如图 8-46 所示。

图 8-46　灯光选项

Step9：在"全局参数"中，设置"颜色"为蓝色（RGB：44、158、230）。

Step10：在"堆栈"区域中，保留两个"Glow"光，其余光全部删除，"堆栈"中保留的光如图 8-47 所示。

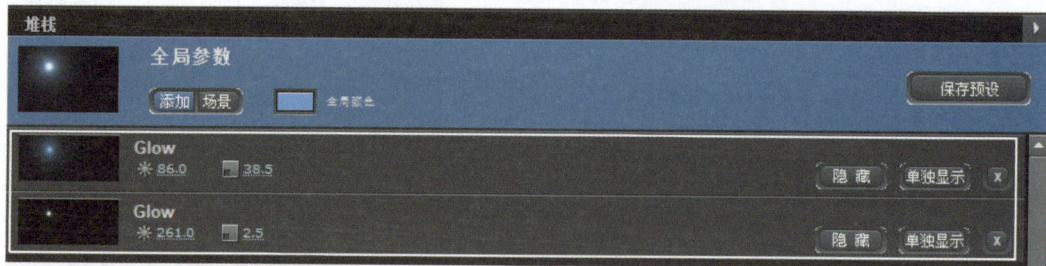

图 8-47　堆栈中保留的光

Step11：单击界面右上角的"好"按钮，应用光效。

Step12：设置"能量球发射"图层中"Optical Flares"效果的"渲染模式"为"在透明"。

Step13：将时间指示器定位在第 18 帧处，激活"Optical Flares"效果的"位置 XY"关键帧，设置"位置 XY"为"1404.0，500.0"；在第 1 秒第 5 帧处，设置"位置 XY"为"1392.0，−211.0"。

Step14：拖曳"能量球发射"图层的进度条至第 18 帧处，隐藏第 1 秒第 5 帧后的部分。

Step15：选中"能量球"和"能量球发射"两个图层，按 Ctrl+Shift+C 快捷键进行预合成，将预合成名称设置为"能量球"。

3. 制作机器人消失动画

Step1：双击"能量球"预合成图层，在预合成中复制"能量球发射"图层，并粘贴到主合成中，将其重命名为"扫光"，清除所有关键帧。

　　Step2：单击"选项"按钮，在"光学耀斑 操作界面"窗口中的"编辑器"内设置"宽高比"为"20.00"，单击"好" 按钮，应用光效，预览如图 8-48 所示。

图 8-48　光效预览 1

　　Step3：设置"Optical Flares"中的"比例"为"10.0"，预览如图 8-49 所示。

图 8-49　光效预览 2

　　Step4：选中"扫光"图层，在第 1 秒第 12 帧处，设置"位置 XY"为"996.0，−55.0"；在第 4 秒处，设置"位置 XY"为"996.0，2045.0"。

　　Step5：取消选中所有图层，绘制矩形，得到"形状图层 1"。矩形大小为"1344.0，1660.0"，图层的位置为"1048.0，1536.0"，矩形示例如图 8-50 所示。

　　Step6：在第 2 秒第 4 帧处，激活"位置"关键帧；在第 3 秒第 15 帧处，设置"位置"为"1048.0，2768.0"。

　　Step7：将"位置"关键帧拖曳至机器人所在图层的上方，设置机器人所在图层的"轨道遮罩"为"Alpha 遮罩 形状图层 1"。

图 8-50　矩形示例

　　Step8：隐藏"形状图层 1"拖曳工作区结尾至第 5 秒的位置。

　　至此，"机器人动画"制作完成。

任务 8-2　文字燃烧动画

　　通过 Saber 插件可以制作炫酷的光效特效，通过 Element 3D 插件可以生成三维模型。本任务将通过制作一个文字燃烧动画，详细讲解 Saber 插件和 Element 3D 插件的安装与使用方法。文字燃烧动画效果如图 8-51 所示。扫描二维码，查看动画效果。

实践微课 8-2：　文字燃烧动画
任务 8-2　文字
燃烧动画

图 8-51　文字燃烧动画效果

■ 任务目标

技能目标	● 掌握 Saber 插件的安装方法，能够独立安装 Saber 插件 ● 掌握 Element 3D 插件的安装方法，能够独立安装 Element 3D 插件 ● 掌握 Saber 插件的使用方法，能够制作火焰围绕文字燃烧的效果 ● 掌握 Element 3D 插件的使用方法，能够将平面文字转换为三维文字，并为文字设置材质

■ 任务分析

本任务的重点是掌握 Saber 插件和 Element 3D 插件的使用。任务由文字和火焰描边两部分组成，可以按照以下思路完成文字燃烧动画。

1. 制作三维文字

制作三维文字的步骤如下。

① 输入文字。

② 新建纯色图层。

③ 为纯色图层应用"Element 3D"效果，并赋予文字。

④ 将文字转换为立体字，并设置文字材质。

2. 制作燃烧文字

燃烧文字是火围绕文字进行燃烧的效果，制作燃烧文字的步骤如下。

① 新建纯色图层。

② 为纯色图层应用"Saber"效果。

③ 改变光线样式，并将光线赋予文字。

3. 制作燃烧动画

燃烧动画是火从无到有逐渐燃烧的动画效果，制作燃烧动画的步骤如下。

① 调整"Saber"参数。

② 为对应参数添加关键帧。

■ 知识储备

1. Saber（光电描边）插件

Saber 是一款光电描边插件，通过 Saber 插件能够制作出激光、传送门、霓虹灯、光剑等效果。Saber 插件制作的效果的示例如图 8-52 所示。

理论微课 8-8：
Saber（光电描
边）插件

Saber光电描边插件制作的效果示例1

Saber光电描边插件制作的效果示例2

Saber光电描边插件制作的效果示例3

Saber光电描边插件制作的效果示例4

图 8-52　Saber 插件制作的效果示例

将源文件中的"Saber.aex"复制并粘贴至 After Effects 安装目录下的"Adobe After Effects 2020"→"Support Files"→"Plug-ins"→"Effects"文件夹中，即可成功安装 Saber 插件。选择"效果"→"Video Copilot"选项，可以看到"Saber"效果。

"Saber"效果通常被应用在纯色图层中。应用"Saber"效果后，可以看到纯色图层中多了一条光线，如图 8-53 所示。

可以看出，光线主要由主体光束和辉光组成，可以在"效果控件"面板中改变"Saber"效果的属性，从而改变光线的状态。"Saber"效果的属性如图 8-54 所示。

"Saber"效果的属性有"预设""启用辉光""辉光颜色""辉光强度"等，具体介绍如下。

①"预设"用于设置光线的样式。在"预设"中，可以选择光的不同预设类型。单击"选择"会弹出"预设"下拉菜单，如图 8-55 所示。

"预设"下拉菜单包括 52 种预设，当前展示的只是部分预设，单击▼下拉按钮可以预览未显示的预设。每个预设都有其对应的效果。例如，"星云""熔化""流动光"3 个预设效果的对比示例如图 8-56 所示。

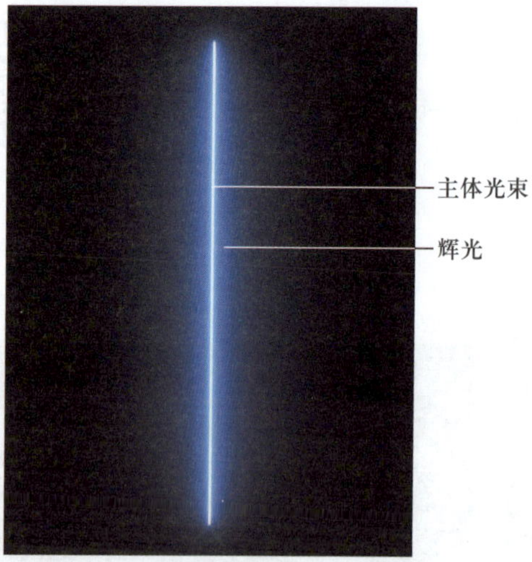

图 8-53　光线

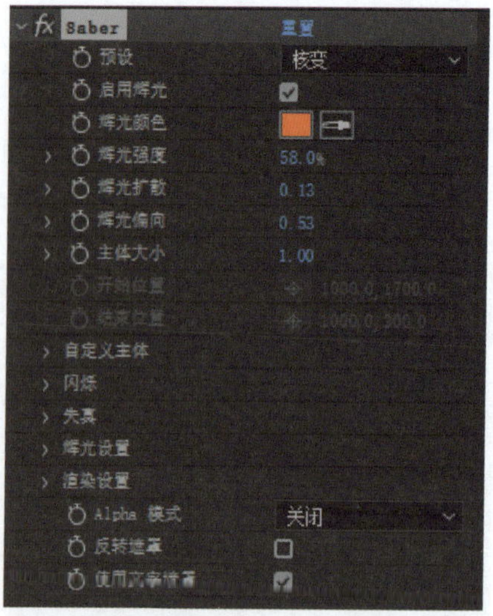

图 8-54　"Saber"效果的属性

②"启用辉光"。应用"Saber"效果时，默认的光线自带辉光效果。如果不需要辉光，取消勾选"启用辉光"复选框，即可隐藏辉光。

③"辉光颜色"用于设置辉光的颜色。在选择不同的预设时可以发现，每个预设都有其特定的辉光颜色，若想改变辉光的颜色，单击"辉光颜色"后的色块█，在弹出的"辉光颜色"对话框中自定义颜色即可，也可以使用█▶吸取指定颜色。

④"辉光强度"用于设置主体光束的强度。

⑤"辉光扩散"用于设置辉光的模糊程度。

⑥"辉光偏向"用于设置辉光的强度。设置"辉光强度"和"辉光偏向"的示例如图 8-57 所示。

⑦"主体大小"用于调整光线（包括主体光束和辉光）大小。

⑧"开始位置"用于设置光线（包括主体光束和辉光）的开始坐标。

⑨"结束位置"用于设置光线（包括主体光束和辉光）的结束坐标。

⑩"自定义主体"主要用于设置主体，包括"主体类型""开始大小""结束大小""开始偏移""结束偏移"等。"自定义主体"属性如图 8-58 所示。

●"主体类型"能够定义主体的类型，包括"默认""遮罩图层""文字图层"。选择"默认"时，光线是一条线状；选择"遮罩图层"时，光线会围绕路径展开，需要为应用"Saber"效果的图层添加蒙版，此时，可使光线围绕蒙版展开；选择"文字图层"时，光线围绕文字展开，此时，会激活"文字图层"，选择指定的图层，即可使光线围绕指定图层中的文字展开。3 种主体类型的示例如图 8-59 所示。

图 8-55　"预设"下拉菜单

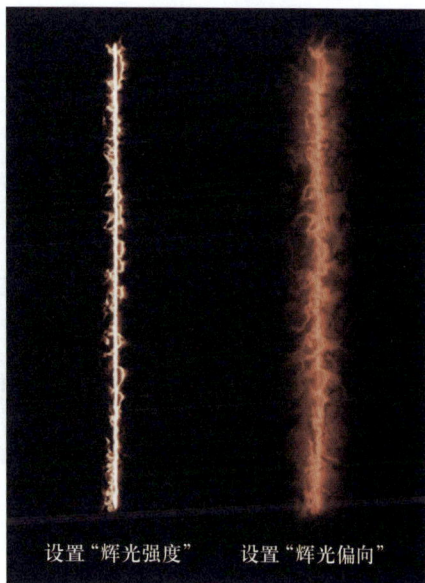

图 8-56　"星云""熔化""流动光" 3 个预设效果的对比示例

图 8-57　设置"辉光强度"和"辉光偏向"的示例

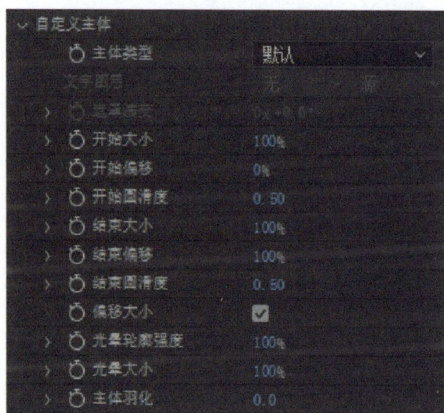

图 8-58　"自定义主体"属性

图 8-59　3 种主体类型的示例

●"遮罩演变"能够设置光线的旋转角度，通常配合关键帧使用。

●"开始大小"/"结束大小"，能够设置光线开始和结束的大小，例如，设置"开始大小"为"200%"，设置"结束大小"为"0%"，光线大小的示例如图 8-60 所示。

●"开始偏移"/"结束偏移"能够改变光线开始和结束的偏移量。

⑪"闪烁"用于设置光线的闪烁强度和闪烁速度等。为光线设置闪烁后，会产生忽明忽暗的闪烁效果。

⑫"失真"用于设置辉光和主体光束的扰乱程度，包括"辉光失真"和"主体失真"。"辉光失真"和"主体失真"的属性对比如图 8-61 所示。

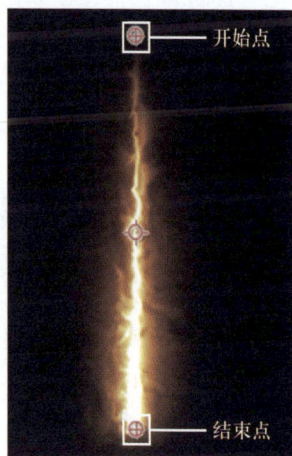

图 8-60　光线大小的示例

"辉光失真"　　　　　　　　　　　　　"主体失真"

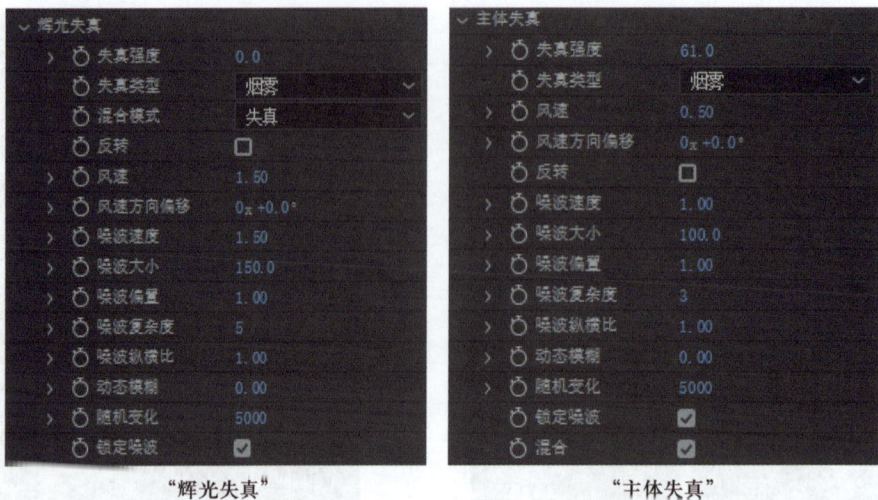

图 8-61　"辉光失真"和"主体失真"的属性对比

在"辉光失真"中，能够设置对辉光的扰乱；在"主体失真"中，能够设置对主体光束的扰乱。设置"辉光失真"和"主体失真"的对比示例如图 8-62 所示。

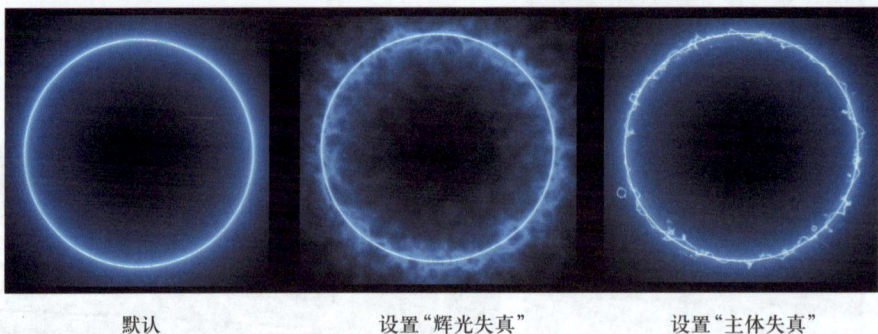

默认　　　　　　　　　　设置"辉光失真"　　　　　　　　设置"主体失真"

图 8-62　设置"辉光失真"和"主体失真"的对比示例

⑬ 在"渲染设置"中，主要使用"合成设置"来设置以何种方式渲染光线，包括"黑色""透明""叠加"等选项。

2. Element 3D（三维模型）插件

Element 3D 插件能够实现三维模型的创建，如立体文字和立体图形。Element 3D 插件制作的效果示例如图 8-63 所示。

理论微课 8-9：
Element 3D（三维模型）插件

图 8-63　Element 3D 插件制作的效果示例

若想使用 Element 3D 插件，需要先进行安装。双击源文件中的"Element 3D v2.2.2.2168.exe"文件，即可打开 Element 3D 插件的安装程序，接下来根据提示安装即可。重启"After Effects"，新建图层后，选择"效果"→"Video Copilot"选项，可以看到"Element"选项，表示 Element 3D 插件安装成功。"Element"选项如图 8-64 所示。

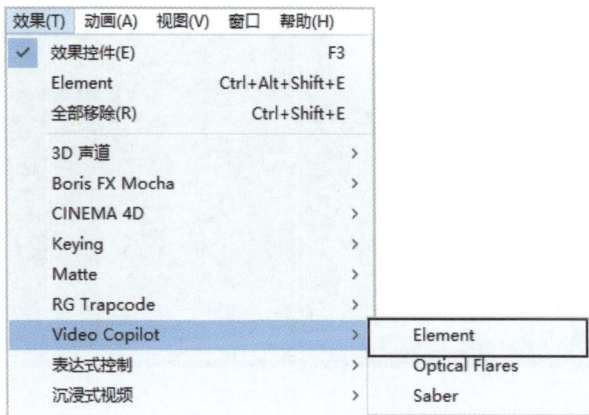

图 8-64　"Element"选项

通过"Element"效果能够制作的三维模型多种多样。"Element"效果通常被应用在纯色图层上，使用"Element"效果的步骤如下。

（1）创建图层，应用效果

为纯色图层应用"Element"效果，然后输入文本或在纯色图层内创建蒙版。

（2）自定义图层

在"效果控件"面板中会看到"Element"效果的属性，选择"Element"→"自定义图层"→"自定义文本和遮罩"选项，设置"路径图层 1"为文字图层或纯色图层。"Element"效果的属性如图 8-65 所示。

（3）挤压

自定义图层后，画面没有任何变化，单击"Scene Setup"按钮，进入"场景设置"窗口，单击"挤压"按钮 ，可挤出三维模型。"场景设置"窗口分为"预览""场景""模型浏览器""预设""编辑"等区域，如图 8-66 所示。

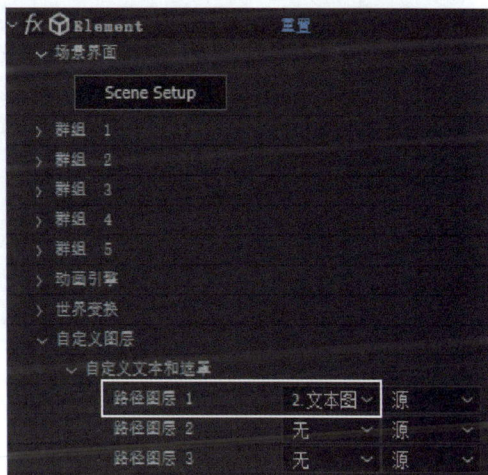

图 8-65　"Element"效果的属性

（4）应用材质

在"预设"区域中，"Bevels"用于存放文字预设，"Materials"用于存放材质预设。选择其中一个材质，将其拖曳至"预览"区域中的三维模型中。例如，选择"Bevels"→"Physical（33）"展开文字预设，如图 8-67 所示。

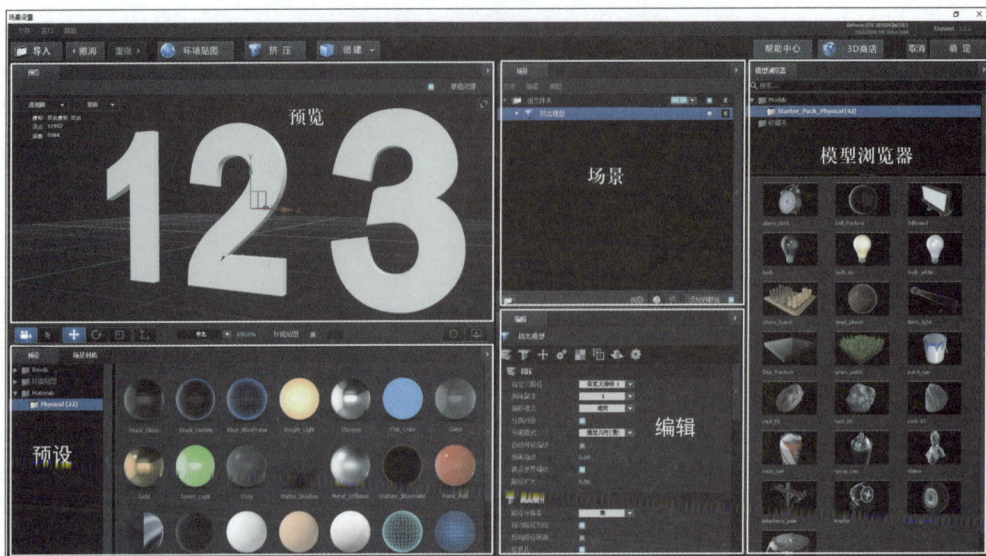

图 8-66 "场景设置"窗口

图 8-67 文字预设

选择"Blue"并将其拖曳至三维模型中，则成功向三维模型赋予该预设中的样式，赋予文字预设示例如图 8-68 所示。

（5）编辑材质

在"场景"区域中，可以看到不同材质，选择其中一个材质，在"编辑"区域中可以对该材质进行设置。例如，设置文字三维模型的倒角，调整"挤出"参数能够设置倒角的厚度。设置"挤出"值为 2.2 和 3 的示例如图 8-69 所示。

图 8-68 赋予文字预设示例

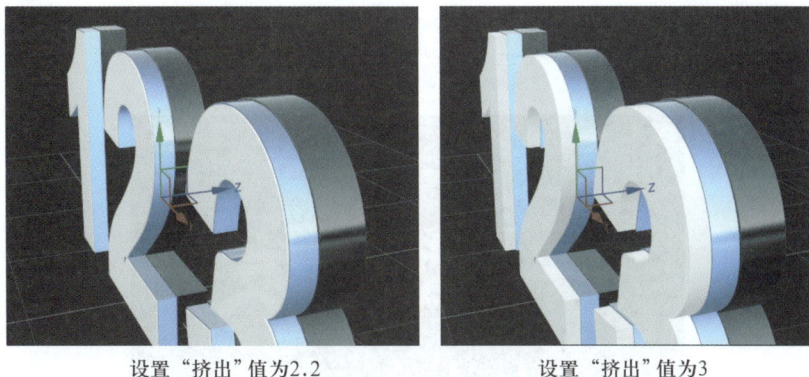

设置"挤出"值为2.2　　　　　　　设置"挤出"值为3

图 8-69　设置"挤出"值为 2.2 和 3 的示例

在图 8-66 的"预览"区域中，可以预览三维模型效果。按住鼠标左键进行拖曳，可以预览不同角度的三维模型；滑动鼠标滚轮，可以缩放视图；按住鼠标滚轮进行拖曳，可以移动视图。

如果对三维模型的效果不满意，拖曳其他材质至三维模型中，可替换原有的材质。若想清除材质，可单击"挤出模型"后的 ✕ 按钮，清除挤出的三维模型；再单击"挤压"按钮 ⚑ 挤压 重新挤出三维模型。

单击图 8-66 右上角的"确定"按钮 确定 ，关闭"场景设置"窗口，并应用三维模型。可以新建摄像机图层，使用"统一摄像机工具"，查看不同角度的三维模型。

值得一提的是，在图 8-66 的"模型浏览器"中包含多个三维模型，单击其中一个，即可应用该三维模型。

■ 任务实现

根据任务分析思路，"任务 8-2 文字燃烧动画"的具体实现步骤如下。

1. 制作三维文字

Step1：启动 After Effects，保存项目，将项目命名为"任务 8-2 文字燃烧动画"。

Step2：创建合成，设置"合成名称"为"文字燃烧动画"，"宽度"为"1280 px"，"高度"为"720 px"，"持续时间"为 5 秒。

Step3：新建纯色图层，将纯色图层命名为"背景"，为"背景"图层应用"四色渐变"效果，设置"颜色 1"～"颜色 4"依次为橙红色（RGB：255、66、0）和黑色，并设置"点 1"～"点 4"的位置，渐变颜色和渐变位置如图 8-70 所示。

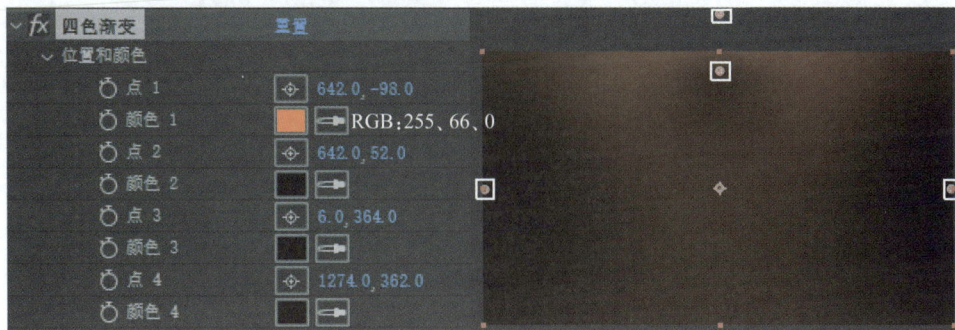

图 8-70　渐变颜色和渐变位置

Step4：使用"横排文字工具"输入文字"一触即发"，设置字体为"文鼎荆棘体"、文字大小为"260 像素"、字间距为"-150"，文字示例如图 8-71 所示。

图 8-71　文字示例

Step5：新建纯色图层，将纯色图层命名为"三维文字"，为"三维文字"图层应用"Element"效果，在"效果控件"面板中，选择"Element"→"自定义图层"→"自定义文本和遮罩"→"路径图层 1"选项，设置"路径图层 1"为"一触即发"。

Step6：单击"Scene Setup"按钮，在弹出的"场景设置"窗口，单击"挤压"按钮，挤出三维文字，如图 8-72 所示。

图 8-72　三维文字

Step7：在"预设"区域选择"Paint_Red"，将其拖曳至三维文字上，赋予三维文字材质，材质球选择和三维文字的示例如图 8-73 和图 8-74 所示。

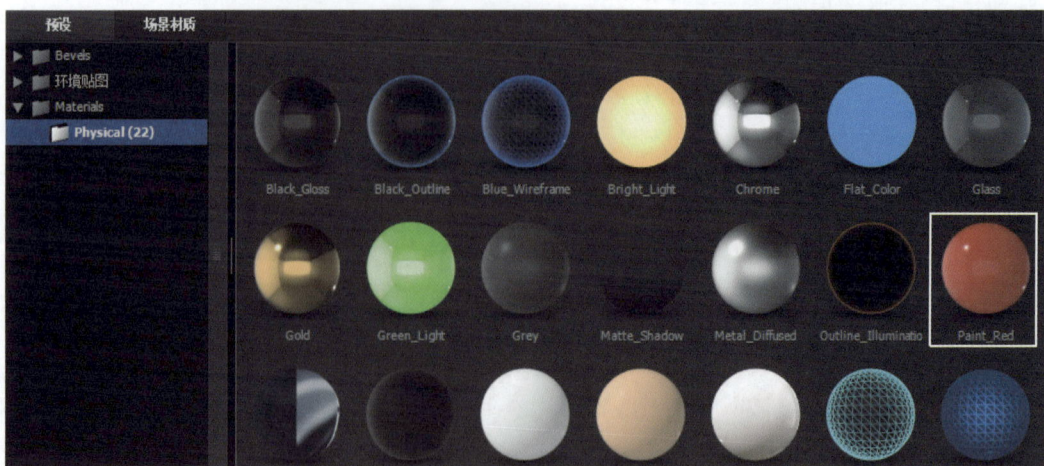

图 8-73　材质球选择

图 8-74　三维文字的示例

Step8：在"编辑"区域中，选择"挤压"→"倒角缩放"选项，设置"倒角缩放"为
"12.00"，单击"确定"按钮 ▉ 确定 ▉ 应用三维文字。

Step9：在"图层编辑区"中隐藏"一触即发"图层。

2. 制作燃烧文字

Step1：新建纯色图层，将纯色图层命名为"燃烧文字"，为"燃烧文字"图层应用"Saber"
效果，在"效果控件"面板中选择"Saber"→"自定义主体"→"主体类型"选项，设置"主体
类型"为"文字图层"，设置"文字图层"为"一触即发"。

Step2：在"效果控件"面板中选择"Saber"效果，设置"预设"为"燃烧"，设置"辉光强
度"为"20.0%"。

Step3：选择"失真"→"辉光失真"→"失真强度"选项，设置"失真强度"为"200.0"。

Step4：选择"渲染设置"→"合成设置"选项，设置"合成设置"为"透明"。燃烧文字示
例如图 8-75 所示。

Step5：开启"燃烧文字"图层的三维开关，新建"摄像机图层"，选择"统一摄像机工具"，
设置"视图模式"为"顶部"。

图 8-75　燃烧文字示例 1

Step6：选择"燃烧文字"图层，使用"选择工具"向前拖曳，使其显示在最前方，"燃烧文
字"图层拖曳前后位置示例如图 8-76 所示。

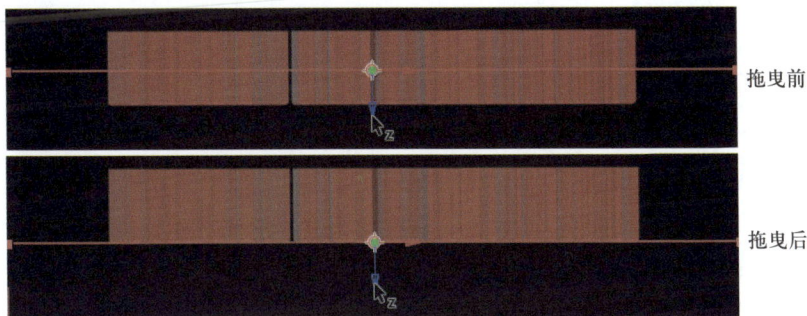

图 8-76　"燃烧文字"图层拖曳前后位置示例

Step7：设置"视图模式"为"活动摄像机"，燃烧文字示例如图 8-77 所示。

图 8-77　燃烧文字示例 2

Step8：复制"燃烧文字"图层，为新图层重命名为"燃烧文字 2"，设置"视图模式"为"顶部"，将"燃烧文字 2"向后拖曳，使其出现在三维文字后方。

Step9：拖曳"燃烧文字 2"图层至"三维文字"图层下方，在"效果控件"面板中，选择"Saber"，设置"预设"为"火焰"，燃烧文字示例如图 8-78 所示。

图 8-78　燃烧文字示例 3

3. 制作燃烧动画

Step1：将时间指示器定位在第 0 帧处，选择"燃烧文字"图层，在"效果控件"面板中，选择"Saber"→"自定义主体"选项，依次激活"遮罩演变""开始大小""开始偏移"这 3 个属性的关键帧。

Step2：在第 0 帧处，设置"遮罩演变"为"0× +0.0°"、"开始大小"为"0%"、"开始偏移"为"100%"。

Step3：在第 4 秒处，设置"遮罩演变"为"2× +0.0°"、"开始大小"为"100%"、"开始偏移"为"0%"。

Step4：选择"燃烧文字"图层，按 U 键调出所有关键帧属性面板，复制所有关键帧，选择"燃烧文字 2"图层，粘贴所有关键帧。

至此，"文字燃烧动画"制作完成。

项目小结

项目 8 包括两个任务，其中任务 8-1 的目的是让读者掌握 Particular 插件和 Optical Flares 插件的安装和使用方法。完成此任务，读者可以在 After Effects 中利用插件完成机器人动画的制作。任务 8-2 的目的是让读者掌握 Saber 插件和 Element 3D 插件的安装和使用方法。完成此任务，读者可以在 After Effects 中利用插件完成文字燃烧动画的制作。

通过学习项目 8，读者能够掌握 After Effects 插件的安装与使用方法，并能根据自己所需，设置不同效果。

项目实训：制作光线穿梭动画

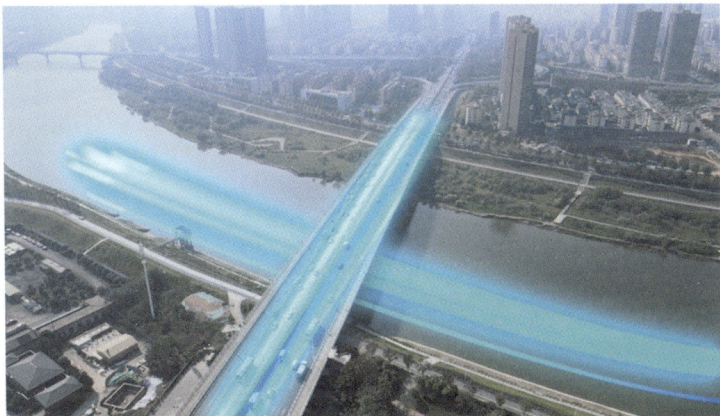

学习完前面的内容，接下来请根据要求完成项目实训。

要求：运用 Particular 插件以及给出的素材制作一个光线穿梭动画，光线穿梭动画效果截图如图 8-79 所示。扫描二维码，查看动画效果。

光线穿梭动画

图 8-79　光线穿梭动画

项目 9 >>>>

综合实战项目——女生节

学习目标

◆ 了解电商风格类动画的制作流程，能够说出动画制作过程中每个流程的工作内容。
◆ 掌握电商风格类动画的制作方法，能够完成女生节电商动画的制作。

项目介绍

在学习了前面的知识后，相信读者已经能够熟练使用 After Effects 完成特效和动画的制作。本项目将运用前面所学知识制作一个电商风格类动画——女生节。女生节动画效果如图 9-1 所示。扫描二维码，查看动画效果。

PPT：项目 9 综合
实战项目——女生节

PPT

教学设计：项目 9
综合实战项目——女
生节

图 9-1   女生节动画效果

任务 9-1   电商风格类动画的制作流程

在制作电商风格类动画之前，首先要厘清动画的制作流程，以保证后期能够制作出的动画符合要求。电商风格类动画的制作流程包括明确需求方要求、整理文案和图像素材、设计分镜头、制作动画成品 4 个流程，具体介绍如下。

1. 明确需求方要求

明确需求方的要求是在开展项目前的第一项工作。本项目需求方要求根据女生节活动攻略制作一个 30 秒左右的活动推广视频，用于活动的宣传和推广。表 9-1 为需求方提供的活动攻略。

表 9-1   需求方提供的活动攻略

女生节活动	说明
活动目的	现今女性在电商各类活动的消费比例较高，为了满足女性的消费需求，需求方专门开设了女性的专属节日——女生节，让每一位女性消费者在这个节日成为主角
活动主题	本次女生节聚焦女性用户，挖掘和满足不同层级人群的品质购物需求，发现女性的多面精彩，主题是"我，就耀多彩"

续表

女生节活动	说明
预热时间	3月3日00：00：00—3月6日23：59：59
活动时间	3月7日00：00：00—3月9日23：59：59
子活动1——女生守护星	3月3日—3月8日，变身女生守护星，为女生集赞，瓜分5000万红包，更有机会抽取钻石大奖
子活动2——榜样女生直播	3月3日—3月6日，每晚20：00，21：00，22：00连播三场。流量女星直播演绎潮流趋势，直播间参与话题讨论，和明星面对面
子活动3——女生节限定礼盒	3月3日—3月7日，百大国际品牌献礼，女生节限定套装限量4折起
子活动4——限时特卖会	3月3日—3月9日，邀请好友助力享超高性价比商品

2. 整理文案和图像素材

明确需求方要求后，就可以根据需求方提供的文件资料，如活动攻略、图像素材等，整理项目所需的文案和图像素材了。其中，整理文案是指从需求方给出的文件资料中提取关键信息，这些关键信息主要包含活动的时间、活动的名称、活动的主题等。整理图像素材是指根据整理好的文案搜集与文案相关的元素。通常需求方都会提供一些和主题相关的图像素材。根据需求方提供的活动攻略，整理的文案内容如表9-2所示。

表 9-2 整理的文案内容

女生节活动	文案内容
主题	1. 3.8女生节 3.7—3.9 惊喜开卖 2. 3.8女生节 3. 我，就耀多彩
活动时间预告	1. 女生节大攻略 2. 3.3—3.6 加购 3. 3.7—3.9 开卖
子活动1——女生守护星	1. 3月3日—3月8日 2. 女生守护星 3. 瓜分5000万红包 / 抽取钻石大奖
子活动2——榜样女生直播	1. 3月3日—3月6日 2. 榜样女生直播 3. 每晚三场 20：00，21：00，22：00
子活动3——女生节限定礼盒	1. 3月3日—3月7日 2. 女生节限定礼盒 3. 百大国际品牌献礼 限定套装限量4折起
子活动4——限时特卖会	1. 3月3日—3月9日 2. 限时特卖会 3. 邀请好友助力 4. 享超高性价比商品

整理好对应的文案内容后，就可以为文案匹配图像素材了。可以将需求方提供的图像素材和自行搜集的图像素材统一放到对应的素材文件夹中，在后续制作分镜头时进行分类。

3. 设计分镜头

在设计分镜头时，可以简单地把分镜头理解为一幅幅画面，而制作的动画，其实就是这一幅幅画面按顺序播放形成的。由于每个人的逻辑、思路不同，所以这些画面的设置顺序也不同，本书根据活动攻略的顺序给出了一种分镜头排列示例，见表 9-3。

表 9-3　分镜头排列示例

分镜头	示例图	描述
分镜头 1		1. 纯色背景下主题出现 2. 转场出现 3. 搭配装饰元素
分镜头 2		1. 重复元素背景下主题出现 2. 搭配装饰元素 3. 与分镜头 1 衔接
分镜头 3		1. 纯色背景下主题出现 2. 搭配装饰元素 3. 与分镜头 2 衔接
分镜头 4		1. 重复背景下主题出现 2. 搭配装饰元素 3. 与分镜头 3 衔接
分镜头 5		1. 渐变背景下主题出现 2. 搭配装饰元素 3. 与分镜头 4 衔接

续表

分镜头	示例图	描述
分镜头 6	3月3日-3月9日	1. 效果背景下主题出现 2. 搭配装饰元素 3. 与分镜头 5 衔接
分镜头 7	欢乐38女生节 我，就耀多彩	1. 粒子背景下主题出现 2. 定格镜头的制作 3. 与分镜头 6 衔接

在表 9-3 中，只给出了一种分镜头的排序方式，在制作过程中，可以按照顺序逐一实现分镜头，并制作分镜头之间的衔接。此外也可以自行设计分镜头并按自己的思路排列出分镜头的逻辑顺序。

4. 制作动画成品

在制作女生节项目的过程中，需要运用前面单元中所学的知识结合图像素材来完成整个项目的制作。

任务 9-2　制作分镜头 1

本任务将根据动画效果，按照任务分析和任务实现两个步骤完成分镜头 1 的制作。

实操微课 9-2：
任务 9-2　制作
分镜头 1

■ 任务分析

观察动画效果，可以将分镜头 1 拆分制作，具体分析思路如下。

1. 制作音乐节奏点

动画整体带有背景音乐，可以直接导入音乐素材，并按照音乐节奏，按 * 键为音频添加节奏点。如果添加的节奏点位置不准确也没关系，后期可以通过拖曳调整节奏点的位置。

2. 抠取素材

由于素材是一张包含背景的图像，所以需要抠取素材的主体部分。使用"钢笔工具"为素材添加一个和主体形状一致的蒙版，即可抠取素材。

3. 制作显示动画

素材主体部分所在图层有一个圆形的缩放动画，可以直接在图层的上面新建一个圆形的形状图层，将形状图层的混合模式设置为"蒙版 Alpha"，通过添加关键帧制作显示动画。

4. 添加辅助元素

辅助元素是一些视频特效，只需要将素材导入，并调整素材的位置、大小和出现时间即可。

■ 任务实现

根据任务分析，完成分镜头 1 的制作，具体步骤如下。

1. 制作音乐节奏点

Step1：启动 After Effects，保存项目，将项目命名为"女生节"。

Step2：选择"合成"→"新建合成"选项（或按 Ctrl+N 快捷键），在弹出的"合成设置"对话框中设置"合成名称"为"总合成"、"宽度"为 1920 px，"高度"为 1080 px、"帧速率"为 25 帧 / 秒、"分辨率"为完整、"持续时间"为 1 分钟。单击"确定"按钮完成合成的创建。合成的参数设置如图 9-2 所示。

Step3：从"分镜头 1"素材文件夹中导入"背景音乐 .mp3"素材，拖曳到图层编辑区，并生成图层。

Step4：按 L 键打开"波形"属性窗口，单击"波形"属性，打开背景音乐的音频波形，如图 9-3 所示。

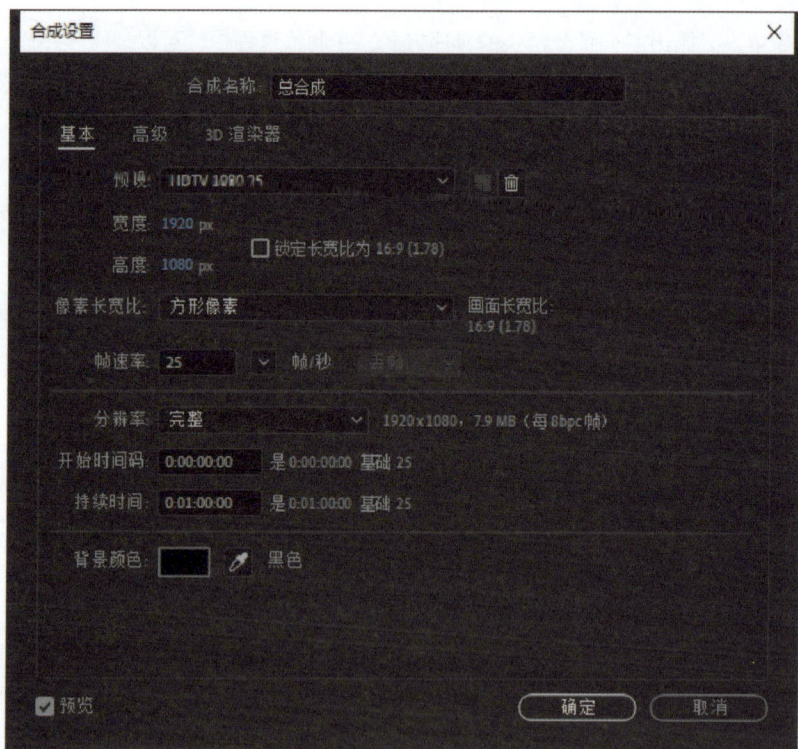

图 9-2　合成的参数设置

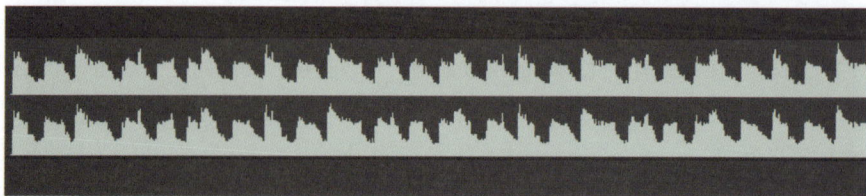

图 9-3　背景音乐的音频波形

Step5：双击"背景音乐.mp3"图层，视图区域将显示音频素材时间标尺，将音频入点时间设置为第 23 秒第 2 帧，截取音频素材。

Step6：播放音频，根据自己的节奏，在播放过程中，按＊键为音频添加节奏点，如图 9-4 所示。

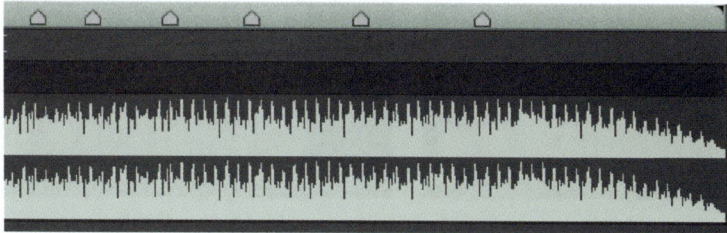

图 9-4　添加节奏点的示例

2. 抠取素材

Step1：导入"ico.jpg"素材，并拖曳素材到编辑区生成"ico.jpg"图层。此时视图区域效果如图 9-5 所示。

图 9-5　视图区域效果

Step2：运用"钢笔工具"沿着矩形形状边缘添加蒙版，遮住其余部分，如图 9-6 所示。

图 9-6　添加蒙版后的效果

Step3：在菜单栏选择"效果"→"生成"→"CC Light Sweep"选项，为"ico.jpg"图层添加扫光效果。此时"ico.jpg"图层将添加"效果"属性。

Step4：在"效果控件"面板中，激活"Center"属性的关键帧，在第 0 秒位置添加关键帧。

Step5：将光的锚点由默认的中心位置移至"ico.jpg"素材左侧，锚点移动前和移动后的示例如图 9-7 所示。

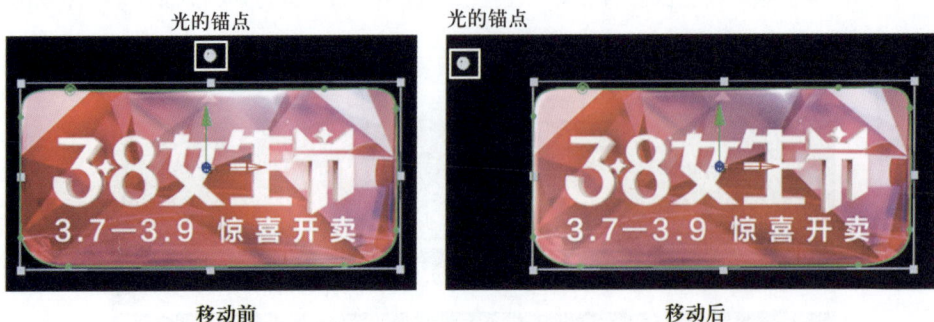

图 9-7   移动光的锚点

Step6：在第 1 分 7 秒处，创建关键帧，移动光的锚点，让光有一个快速扫过的效果。

3. 制作显示动画

Step1：新建一个颜色为红色（RGB：180、0、66）的纯色图层，将其放置在所有图层的最底层。添加纯色图层后的效果如图 9-8 所示。

图 9-8   添加纯色图层后的效果

Step2：在矩形形状所在的图层上方，绘制一个圆形形状图层，将得到的形状图层命名为"遮罩"。

Step3：选中"遮罩"图层，按 S 键，打开"缩放"属性，创建一个由小（0%）到大（500%）的缩放动画。缩放动画持续时间和扫光动画持续时间一致。

Step4：选中 Step3 制作的两个关键帧，按 F9 键，为关键帧添加缓入和缓出效果。

Step5：将"遮罩"图层的混合模式改为"模板 Alpha"。

4. 添加辅助元素

Step1：将"爆炸线条 .mov"素材导入，并将其拖曳到图层编辑区，放置在"ico.jpg"图层的下方，如图 9-9 所示。

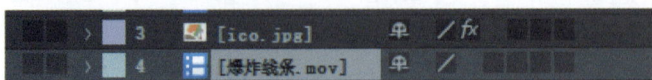

图 9-9   将"爆炸线条 .mov"素材放置在"ico.jpg"图层的下方

Step2：调整"爆炸线条 .mov"图层进度条位置，对齐到背景出现处即可，如图 9-10 所示。

Step3：按照 Step1、Step2 的方法添加并调整"星形 _alpha.mov"素材的位置，如图 9-11 所示。

Step4：缩放背景图形和星形大小，调整大小后的效果如图 9-12 所示。

Step5：选中星形所在的图层，按 Ctrl+D 快捷键复制粘贴 3 次，调整复制星形的大小和位置，如图 9-13 所示。

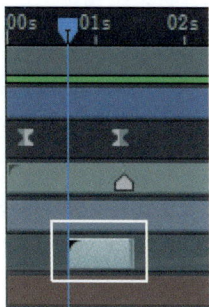

图 9-10　"爆炸线条 .mov"素材图层进度条位置

图 9-11　调整"星形 _alpha.mov"素材的位置

图 9-12　调整大小后的效果

图 9-13　调整复制星形的大小和位置

Step6：在合成编辑区，调整各星形的图层进度条位置，如图 9-14 所示。

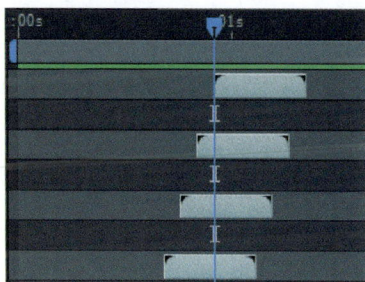

图 9-14　调整各星形的图层进度条位置

至此，分镜头 1 制作完成，选中除背景音乐之外的所有图层，按 Ctrl+Alt+C 快捷键创建预合成，将预合成命名为"分镜头 1"。

任务 9-3　制作分镜头 2

本任务将按照任务分析和任务实现两个步骤完成分镜头 2 的制作。

■ 任务分析

观察动画效果，可以将分镜头 2 拆分制作，具体分析思路如下。

1. 制作背景

分镜头 2 背景为红色并带有重复的黑点。背景的红色部分可以使用纯色图层制作，重复的黑点可以使用椭圆工具制作，并通过中继器进行复制以铺满整个背景。

2. 添加文字和元素

使用横排文字工具添加文字，点缀的线条和箭头形状可以使用形状工具和钢笔工具绘制。

3. 制作元素动画

元素动画包含线条出现动画和箭头出现动画，具体制作方法如下。

① 使用修剪路径制作线条出现动画。

② 使用轨道遮罩制作箭头出现动画。

4. 制作转场效果

转场效果需要为矩形图形添加动画，并且和文字动画效果相结合，具体制作方法如下。

① 通过"位置"属性、"旋转"属性和"不透明度"属性制作矩形形状变大后又翻转消失的动画。

② 通过"位置"属性、"旋转"属性制作文字由小到大再到恢复正常的动画。

③ 调整矩形形状的位置和文字出现的位置，使动画效果连贯。

5. 添加素材和抖动效果

添加心形飘散的素材，并通过给出的表达式制作抖动效果，具体制作方法如下。

① 添加心形飘散的素材"Heart.mov"，并调整图层的混合模式。

② 创建空图层，打开"位置"属性后，按 Alt 键打开表达式输入框。

③ 输入给出的表达式"wiggle（5，20）"（每秒抖动 5 次，每次抖动 20 像素）。记住这里的表达式参数和作用即可。

④ 将需要抖动的图层作为子图层链入创建的空图层，即可完成抖动效果的制作。

■ 任务实现

根据任务分析，完成分镜头 2 的制作，具体步骤如下。

1. 制作背景

Step1：选中"分镜头 1"合成，将图层进度条结尾拖曳至背景音乐第 1 个节奏点处。

Step2：在"女生节"的总合成中新建颜色为红色（RGB：180、0、66）的纯色图层。

Step3：新建一个形状图层，绘制一个圆形，得到"形状图层 1"图层。填充为黑色，无描边，调整大小和位置，如图 9-15 所示。

Step4：选中圆形所在的图层，单击 添加 ▶ 按钮，在打开的菜单中添加中继器。

Step5：选择"形状图层 1"→"内容"→"中继器"→"副本"选项。设置"副本"属性的参数为 50，如图 9-16 所示。

图 9-15　绘制圆形并调整大小

图 9-16　设置"副本"属性的参数为 50

Step6：选择"形状图层 1"→"内容"→"中继器"→"变换：中继器 1"→"位置"选项。设置"位置"属性 X 轴的参数为 130，如图 9-17 所示。

Step7：再次选中"形状图层 1"图层，添加第 2 个中继器。调整中继器属性参数，让黑色圆形沿垂直方向平铺，如图 9-18 所示。

图 9-17　设置"位置"属性 X 轴的参数为 130

图 9-18　黑色圆形沿垂直方向平铺

Step8：移动"形状图层 1"图层，使黑色圆形填满整个视图区域。如无法填满视图区域，可继续调整中继器属性参数。

Step9：调整"形状图层 1"图层的不透明度，设置不透明度为 5%，如图 9-19 所示。

Step10：将纯色图层和形状图层的图层进度条移动至第 1 个节奏点处，如图 9-20 所示。

图 9-19　设置不透明度的效果

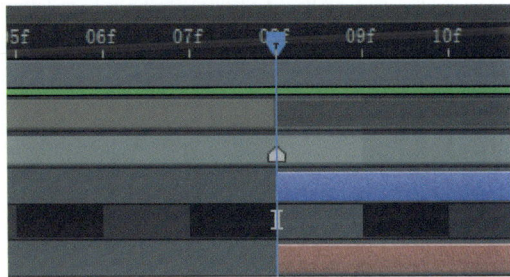

图 9-20　移动图层进度条

2. 添加文字和元素

Step1：运用"横排文字工具"输入文字"欢乐女生节大攻略"，将得到的文字图层命名为

"攻略"。设置字体为"方正正粗黑简体"、大小为 158 px、颜色为白色，如图 9-21 所示。

图 9-21 设置"攻略"图层中的文字

Step2：为文字添加两条白色线条，将得到的图层命名为"线 1"和"线 2"，如图 9-22 所示。

图 9-22 白色线条添加位置

Step3：再次输入文字"3.3—3.6 加购 | 3.7—3.9 开卖"，将得到的图层命名为"加购"。

Step4：设置"加购"图层中的文字颜色为金色（RGB：213、200、151）、数字字体为 "Showcard Gothic"、中文字体为"方正正粗黑简体"，如图 9-23 所示。

图 9-23 "加购"图层中的文字大小和位置

Step5：选择"矩形工具"，在工具栏中勾选"贝塞尔路径曲线"复选项，绘制一个矩形路径，如图 9-24 所示。

Step6：将 Step5 得到的图层命名为"箭头 1"。

Step7：选择"钢笔工具"为绘制的矩形路径添加一个顶点，做出箭头样式，如图 9-25 所示。

图 9-24 绘制一个矩形路径

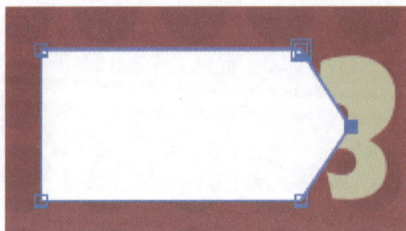

图 9-25 箭头样式

Step8：调整路径顶点，改变箭头的长度。箭头调整后的样式如图 9-26 所示。

图 9-26　箭头调整后的样式

3. 制作元素动画

Step1：选择"线 1"图层，添加"修剪路径"属性，运用"修剪路径"中的"开始"属性制作一个由右向左出现的路径动画。路径动画持续时间小于 1 秒，动画效果如图 9-27 所示。

图 9-27　路径动画效果

Step2：选择"线 1"→"内容"→"形状 1"→"描边 1"→"描边宽度"选项，为"线 1"添加一个描边由细变粗的动画效果。描边动画持续时间和 Step1 路径动画持续时间一致。

Step3：参照 Step1、Step2 的方法为"线 2"图层添加一个由左向右的路径动画和由细变粗的描边动画效果。"线 1"图层和"线 2"图层添加的关键帧如图 9-28 所示。

图 9-28　"线 1"图层和"线 2"图层添加的关键帧

Step4：选中"箭头 1"图层，按 P 键打开"位置"属性。使用"位置"属性为"箭头 1"图层制作一个由视图区域外移至视图区域内的动画，关键帧的位置和 Step3 中关键帧位置一致。动画效果如图 9-29 所示。

图 9-29　动画效果

Step5：在"箭头 1"图层上方新建一个矩形，将得到的图层命名为"轨道遮罩"。绘制的矩形位置如图 9-30 所示。

图 9-30　绘制的矩形位置

Step6：将"轨道遮罩"图层作为遮罩图层，将"箭头 1"图层作为填充图层，创建一个

"Alpha 反转遮罩"。

　　Step7：为"轨道遮罩"图层添加一个由左向右的位移动画效果。"轨道遮罩"图层动画关键帧位置如图 9-31 所示。

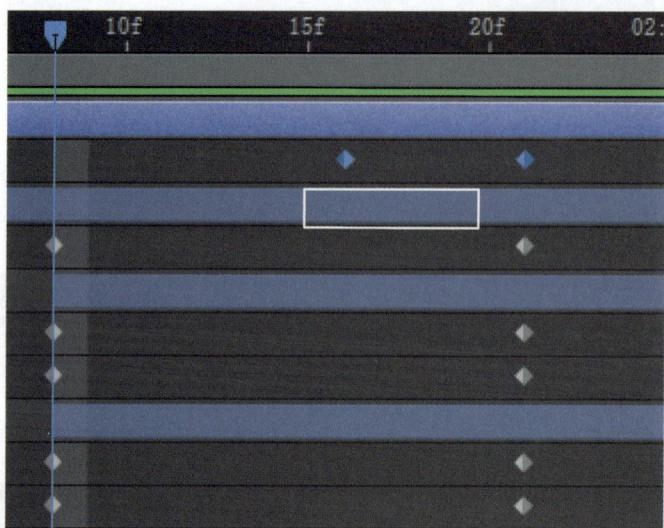

图 9-31　"轨道遮罩"图层动画关键帧位置

　　Step8：按照 Step4~Step7 的方法再为右侧添加箭头动画效果。添加完成的箭头动画的效果如图 9-32 所示。

图 9-32　添加完成的箭头动画的效果

4. 制作转场效果

　　Step1：选择"分镜头 1"合成中的"ico.jpg"图层（矩形形状的图层），将其转换为三维图层。

　　Step2：按 P 键打开"位置"属性，按 Shift+R 快捷键打开"旋转"属性。

　　Step3：为"ico.jpg"图层添加向前飞出和旋转的动画效果，然后调整"ico.jpg"图层的不透明度。关键帧的位置和参数如图 9-33 所示。

　　Step4：选择图 9-33 所示的所有关键帧，按 F9 键，将关键帧设置为缓动关键帧。

　　Step5：选择"总合成"选项，将"分镜头 1"图层进度条向后拖曳，图层进度条拖曳前和拖曳后的对比如图 9-34 所示。

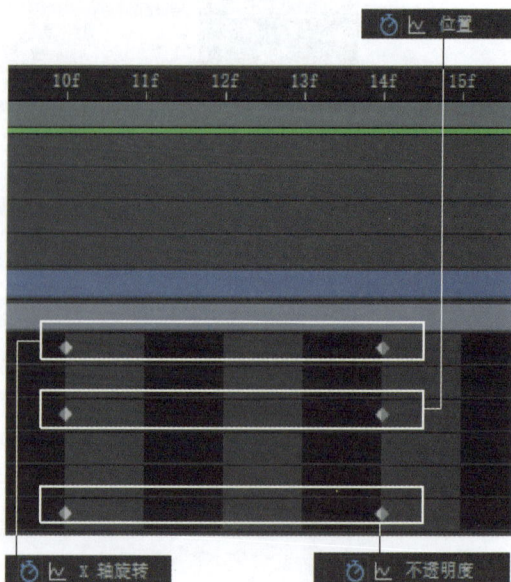

图 9-33　关键帧的位置和参数 1

Step6：将时间指示器放置在适当位置，如图 9-35 所示。

拖曳前　　　　　拖曳后

图 9-34 图层进度条拖曳前和拖曳后的对比　　　图 9-35 时间指示器放置位置

Step7：选择"攻略"图层，将"攻略"图层转换为三维图层。

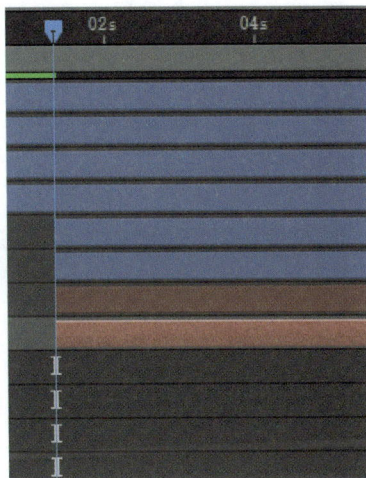

Step8：在图 9-35 所示的时间指示器位置，为"位置"属性和"X 轴旋转"属性创建关键帧，缩小和旋转文字，如图 9-36 所示。

Step9：Step8 步骤完成后的视图效果如图 9-37 所示。

Step10：调整"位置"属性和"X 轴旋转"属性，添加关键帧制作放大和旋转动画效果，如图 9-38 所示。

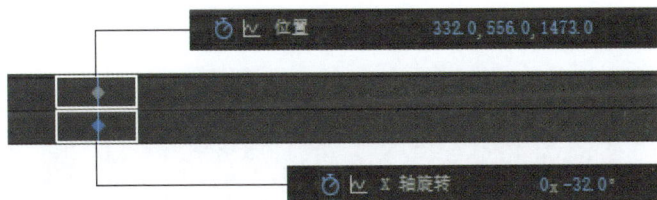

图 9-36 关键帧的位置和参数 2

图 9-37 Step8 步骤完成后的视图效果

欢乐女生节大攻略

图 9-38　放大和旋转动画效果

Step11：再次调整"位置"属性和"X 轴旋转"属性，添加关键帧，调整文字的位置和旋转角度，关键帧的位置和参数如图 9-39 所示。

图 9-39　关键帧位置和参数 3

Step12：调整 Step11 关键帧的位置，让文字和矩形形状出现的节奏一致。关键帧调整位置如图 9-40 所示。

图 9-40　关键帧调整位置

Step13：选择"加购"图层，为文字"3.3—3.6 加购 | 3.7—3.9 开卖"添加由视图区域外到视图区域内的飞入动画。飞入动画效果如图 9-41 所示。

图 9-41　飞入动画效果

Step14：统一调整"攻略"图层和"加购"图层关键帧的位置，使动画节奏一致。最终的关键帧位置如图 9-42 所示。

5. 添加素材和抖动效果

Step1：添加素材"Heart.mov"，取消素材自带的声音，并调整该素材图层进度条的位置，如图 9-43 所示。

Step2：将"Heart.mov"图层混合模式设置为"发光度"，效果如图 9-44 所示。

Step3：新建一个空图层，将空图层名称改为"抖动"。

Step4：按 P 键打开"位置"属性，按住 Alt 键同时单击位置前的码表。打开位置的表达式输入框，如图 9-45 所示。

图 9-42　最终的关键帧位置　　　图 9-43　"Heart.mov"图层进度条的位置

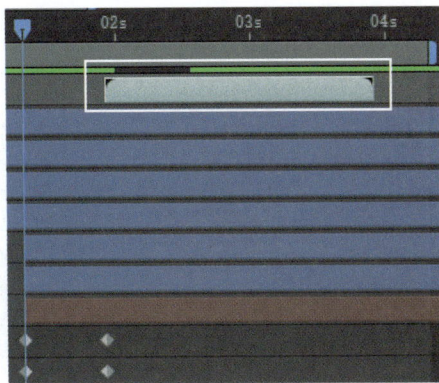

图 9-44　"发光度"混合模式效果

Step5：单击图 9-45 所示的表达式输入框，输入"wiggle（5，20）"。

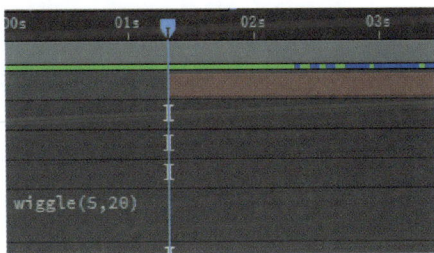

Step6：将"抖动"的图层进度条放置在图 9-46 所示位置。

图 9-45　表达式输入框　　　图 9-46　调整"抖动"图层进度条位置

　　Step7：将分镜头 2 中除"抖动"图层和背景外的图层作为子集关联到"抖动"图层上。关联后的图层如图 9-47 所示。

图 9-47　关联后的图层

　　至此，分镜头 2 制作完成，选中分镜头 2 包含的所有图层，按 Ctrl+Alt+C 快捷键创建预合成，将预合成命名为"分镜头 2"。

任务 9-4　制作分镜头 3

　　本任务将按照任务分析和任务实现两个步骤完成分镜头 3 的制作。

■ 任务分析

实操微课 9-4：
任务 9-4　制作
分镜头 3

观察动画效果，可以将分镜头 3 拆分制作，具体分析思路如下。

1. 文字和元素排版
根据分镜头 3 的动画效果，可以将对应的文字和元素进行排版。

2. 制作动画
分镜头 3 的动画包含背景飞入动画、文字出现动画和线条动画，具体制作方法如下。

① 使用"位置"属性制作背景由上到下出现的动画，其中背景可以使用纯色图层制作，底部的模糊可以使用效果中的高斯模糊来实现。

② 使用"位置"属性和"倾斜"属性制作文字出现动画。将 3 段文字设置为从不同方向飞入。

③ 使用"不透明度"属性制作线条出现动画。调整不透明度的参数使线条出现。

3. 制作转场效果
转场效果需要分成两部分制作，具体制作方法如下。

① 添加"缩放素材 .mov"和"装饰元素 .mov"制作衔接"分镜头 4"的转场。

② 调整"分镜头 2"的图层进度条，制作"分镜头 2"和"分镜头 3"的转场。

■ 任务实现

根据任务分析，完成分镜头 3 的制作，具体步骤如下。

1. 文字和元素排版
Step1：选中"分镜头 2"图层，将图层进度条结尾拖曳至背景音乐第 2 个节奏点处。

Step2：新建颜色为青色（RGB：0、207、233）的纯色图层。

Step3：运用"横排文字工具"输入文字"3 月 3 日—3 月 8 日""女生守护星""瓜分 5000 万红包 / 抽取钻石大奖"，得到 3 个文字图层，设置字体为"方正正粗黑简体"。文字大小和样式如图 9-48 所示。

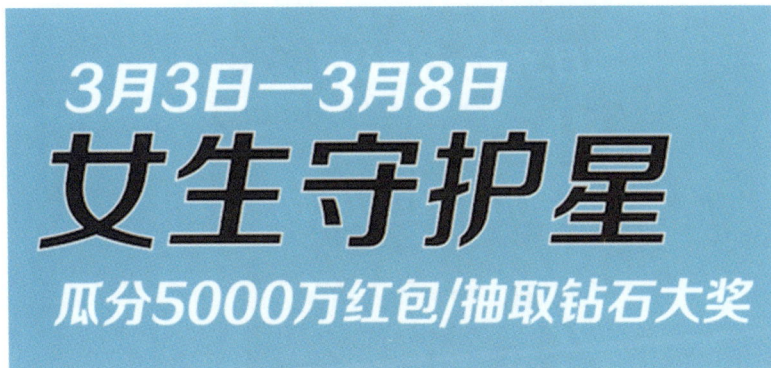

图 9-48　文字大小和样式

Step4：运用"钢笔工具"绘制一条路径，设置描边为深灰色（RGB：56、56、56），如图 9-49 所示。

图 9-49　设置描边颜色

Step5：为路径所在图层添加一个蒙版，并通过"蒙版羽化"属性设置路径两端的模糊效果，如图 9-50 所示。

图 9-50　设置路径两端的模糊效果

Step6：调整路径不透明度，设置为 50%。

Step7：导入素材"守护 .jpg"，生成图层，将其放置在文字、路径图层的下方，设置混合模式为"相乘"，效果如图 9-51 所示。

图 9-51   混合模式"相乘"效果

Step8：为"守护 .jpg"图层添加蒙版，并调整"守护 .jpg"图层的大小和位置。调整后的效果如图 9-52 所示。

图 9-52   调整后的效果

2. 制作动画

Step1：将"守护 .jpg"作为子图层关联到青色纯色图层。关联过程如图 9-53 所示。

图 9-53   关联过程

Step2：为青色纯色图层添加一个由上到下进入的动画，动画效果如图 9-54 所示。

Step3：为青色纯色图层添加"高斯模糊"效果，然后将青色图层放大至 120%，制作出底部模糊的效果，如图 9-55 所示。

图 9-54 动画效果

图 9-55 底部模糊的效果

Step4：在青色纯色图层下落过程中，运用"位置"属性和"倾斜"属性为"女生守护星"文字添加由左侧飞入的动画。动画关键帧如图 9-56 所示。

Step5：在青色纯色图层下落过程中，运用"位置"属性为"3 月 3 日—3 月 8 日"文字添加由上到下的飞入动画。动画关键帧如图 9-57 所示。

Step6：在青色纯色图层下落过程中，运用"位置"属性为"瓜分 5000 万红包 / 抽取钻石大奖"文字添加由右向左的飞入动画效果。动画关键帧如图 9-58 所示。

图 9-56 动画关键帧 1

图 9-57 动画关键帧 2

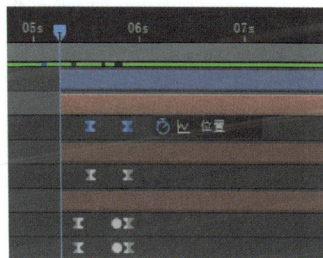

图 9-58 动画关键帧 3

Step7：运用"不透明度"属性为细线所在图层添加出现动画效果。动画效果如图 9-59 所示。

图 9-59 动画效果

Step8：新建一个空图层，输入表达式"wiggle（5，20）"，与文字和元素建立父子关系，制作文字和元素的抖动效果。

3. 制作转场效果

Step1：导入"装饰元素 .mov"，生成图层，设置混合模式为"相加"，效果如图 9-60 所示。

图 9-60　混合模式"相加"效果

Step2：导入"缩放素材 .mov"，生成图层，设置图层混合模式为"颜色"。调整"装饰元素 .mov"和"缩放素材 .mov"，使 2 个素材居中对齐，如图 9-61 所示。

图 9-61　对齐素材

Step3：调整"分镜头 3"中各图层位置，让"分镜头 2"和"分镜头 3"衔接自然。调整前后图层进度条的对比如图 9-62 所示。

调整前　　　　　　　　　　　调整后

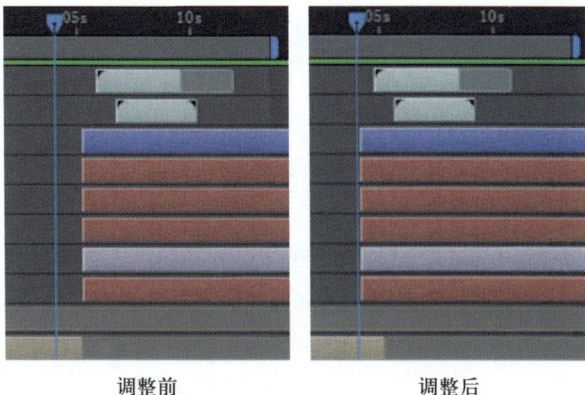

图 9-62　调整前后图层进度条对比

至此，分镜头 3 制作完成，选中分镜头 3 包含的所有图层，按 Ctrl+Alt+C 快捷键创建预合成，将预合成命名为"分镜头 3"。

任务 9-5　制作分镜头 4

本任务将按照任务分析和任务实现两个步骤完成分镜头 4 的制作。

■ 任务分析

观察动画效果，可以将分镜头 4 拆分制作，具体分析思路如下。

1. 制作背景和文字

可以根据分镜头 4 的动画效果，制作背景和文字，具体制作方法如下。

① 创建纯色图层和带有一条直线的形状图层。

② 为带有一条直线的形状图层添加"Z 字形"效果，制作曲线。

③ 使用"中继器"复制多条曲线铺满纯色图层，制作出曲线背景。

④ 复制"分镜头 3"中的文字。

⑤ 改变文字内容，修改关键帧的位置。

⑥ 使用"椭圆工具"制作文字的圆形背景。

2. 制作动画

分镜头 4 的动画包含文字扫光和旋转动画，具体制作方法如下。

① 使用"CC Light Sweep"效果制作扫光效果。

② 为曲线背景添加蒙版，制作中间镂空效果。

③ 将圆形背景和文字创建预合成。

④ 将预合成转换为三维图层制作沿 Y 轴旋转的动画效果。

3. 制作转场效果

转场效果需要分两部分制作，具体制作方法如下。

① 复制分镜头 3 中的"装饰元素 .mov"制作衔接"分镜头 3"的转场。需要调整素材的位置和混合模式。

实操微课 9-5：
任务 9-5　制作
分镜头 4

② 为圆形背景和文字所在的预合成添加旋转缩小直至消失的动画效果，衔接"分镜头 5"。

■ 任务实现

根据任务分析，完成分镜头 4 的制作，具体步骤如下。

1. 制作背景和文字

Step1：新建颜色为橙色（RGB：219、79、36）的纯色图层。

Step2：使用钢笔工具绘制一条直线，填充为无、描边为灰色（RGB：56、56、56），如图 9-63 所示。

图 9-63   绘制直线

Step3：将 Step2 得到的图层命名为"直线"。

Step4：单击内容右侧"添加"按钮 ⏺，为直线图层添加"Z 字形"，调整参数将直线变为曲线。参数设置如图 9-64 所示，曲线效果如图 9-65 所示。

图 9-64   参数设置

图 9-65   曲线效果

Step5：为"直线"图层添加中继器，复制曲线，使曲线铺满整个视图区域。

Step6：调整"直线"图层的不透明度，效果如图 9-66 所示。

图 9-66   调整"直线"图层的不透明度

Step7：复制"分镜头 3"中的文字和文字动画，更改文字内容和位置。改动后的文字样式如图 9-67 所示。

图 9-67　改动后的文字样式

Step8：导入"榜样女生直播 .png"素材，生成图层。调整素材大小，放置在图 9-68 所示位置。

图 9-68　调整素材大小

Step9：运用"椭圆工具"绘制两个圆形，将内层圆所在图层命名为"圆"，将外层圆所在图层命名为"圆环"。圆形的样式如图 9-69 所示。

图 9-69　圆形的样式

2. 制作动画

Step1：在菜单栏中选择"效果"→"生成"→"CC Light Sweep"选项，为"榜样女生直播"图层添加扫光效果。扫光效果参数如图 9-70 所示，扫光效果如图 9-71 所示。

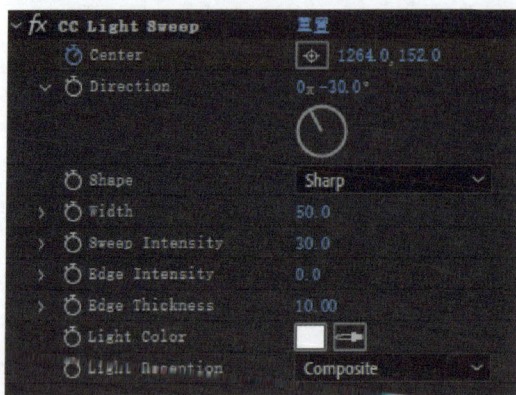

图 9-70　扫光效果参数

图 9-71　扫光效果

Step2：选择"圆"→"内容"→"椭圆 1"→"路径 1"→"路径"选项，复制路径，隐藏"圆"图层。

Step3：选择背景所在图层，新建蒙版，将 Step2 复制的路径粘贴到背景图层的蒙版路径中，并勾选"反转"复选框，如图 9-72 所示。

图 9-72　勾选"反转"复选框

Step4：拖曳背景图层的图层进度条至和"分镜头 3"图层进度条对齐。对齐后的效果如图 9-73 所示。

Step5：调整"蒙版"中路径的位置，如图 9-74 所示。

Step6：运用 Step3~Step5 的方法为"直线"图层添加一个蒙版。

Step7：显示"圆"图层，并调整"圆"图层和"圆环"图层中形状的位置，使它们和蒙版路径对齐。

Step8：选择"榜样女生直播 .png"图层和"圆"图层，创建一个预合成，将预合成图层命名为"旋转"。

Step9：将"旋转"图层转换为三维图层，调整锚点至图 9-75 所示位置。

图 9-73　对齐后的效果

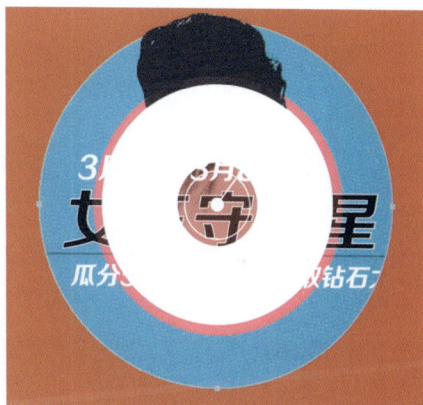

图 9-74　调整"蒙版"中路径的位置

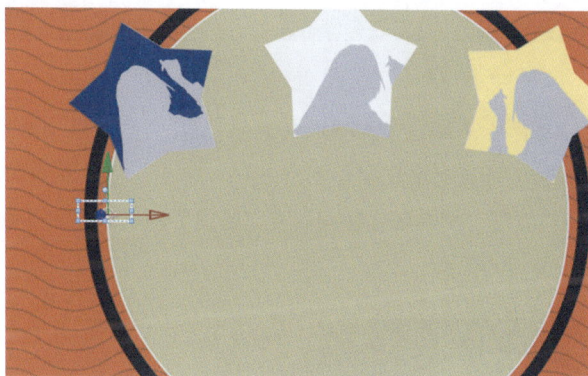

图 9-75　调整锚点位置

Step10：为"旋转"图层设置沿 Y 轴由 90° 到 0° 的旋转动画。旋转动画效果如图 9-76 所示。

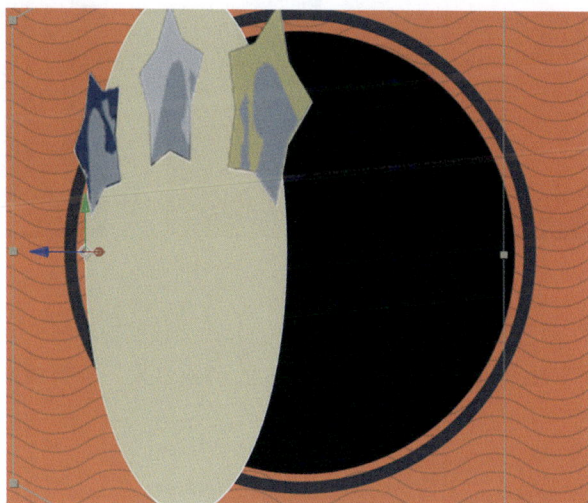

图 9-76　旋转动画效果

Step11：为"旋转"图层设置不透明度由 0% 变为 100% 的透明动画。透明动画关键帧位置和旋转动画一致。

3. 制作转场效果

Step1：复制"分镜头 3"中的"装饰元素 .mov"，图层的混合模式为"相加"，放置到"旋转"图层上方。

Step2：调整"装饰元素 .mov"图层进度条，放置到相应位置，制作转场效果，如图 9-77 所示。

Step3：复制"分镜头 3"中的"缩放素材 .mov"，将图层的混合模式设置为"柔光"，放置到"旋转"图层上方。

Step4：调整"缩放素材 .mov"图层进度条，放置到相应位置，如图 9-78 所示。

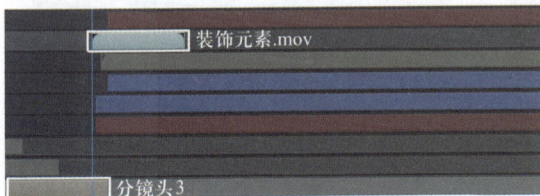

图 9-77　调整图层进度条位置 1

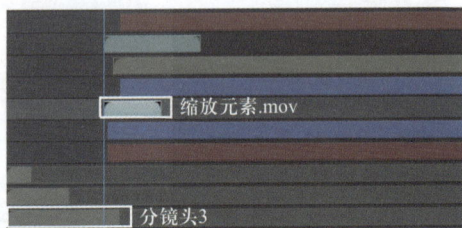

图 9-78　调整图层进度条的位置 2

Step5：选中纯色背景所在的图层，在"缩放素材 .mov"图层进度条结束位置添加关键帧，制作放大动画。纯色背景放大动画效果如图 9-79 所示。

Step6：选中圆环所在图层、文字所在图层以及"旋转"图层，创建一个名为"消失"的预合成图层。选中的图层如图 9-80 所示。

图 9-79　纯色背景放大动画效果

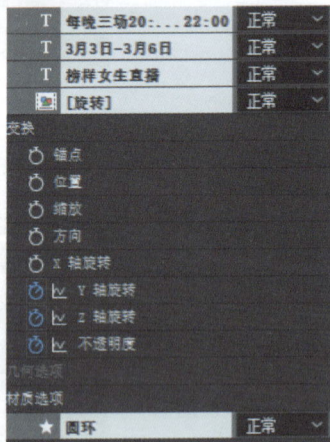

图 9-80　选中的图层

Step7：将"消失"预合成图层转换为三维图层，然后为该图层添加"运动模糊" ⬛ 效果。

Step8：为"消失"预合成图层添加旋转缩放的动画效果。旋转缩放动画效果如图 9-81 所示。

图 9-81　旋转缩放动画效果

　　至此，分镜头 4 制作完成，选中分镜头 4 包含的所有图层，按 Ctrl+Alt+C 快捷键创建预合成，将预合成命名为"分镜头 4"。

任务 9-6　　制作分镜头 5

本任务将按照任务分析和任务实现两个步骤完成分镜头 5 制作。

任务分析

观察动画效果，可以将分镜头 5 拆分制作，具体分析思路如下。

1. 制作渐变背景动画

可以根据分镜头 5 的动画效果，制作渐变背景动画，具体制作方法如下。

① 使用"梯度渐变"效果在纯色图层创建渐变。

② 为创建渐变的纯色图层添加反转蒙版。

③ 复制几个纯色图层并沿中心等比例缩小。

④ 将所有纯色图层创建预合成，添加由透明到显示的动画效果。

2. 制作文字动画

可以根据分镜头 5 的动画效果，制作文字和对应素材的动画，具体制作方法如下。

① 复制"分镜头 4"的文字和动画效果，改变文字内容。

② 为"限定礼盒 .png"添加缩放动画效果。

3. 制作光晕动画

光晕动画可以使用"Optical Flares"插件制作，具体制作方法如下。

① 创建纯色图层，添加"Optical Flares"效果。

② 调整光晕效果的参数。

③ 运用"缩放"属性为光晕添加出现和消失的动画效果。

实操微课 9-6：
任务 9-6　制作
分镜头 5

■ 任务实现

1. 制作渐变背景动画

Step1：选中"分镜头 4"合成，将图层进度条结尾拖曳至背景音乐第 4 个节奏点处。

Step2：新建颜色为黑色、宽度和高度均为 1920 px 的纯色图层，将图层命名为"黑洞"。

Step3：选择"效果"→"生成"→"梯度渐变"选项，为"黑洞"图层设置径向渐变。径向渐变参数如图 9-82 所示，径向渐变效果如图 9-83 所示。

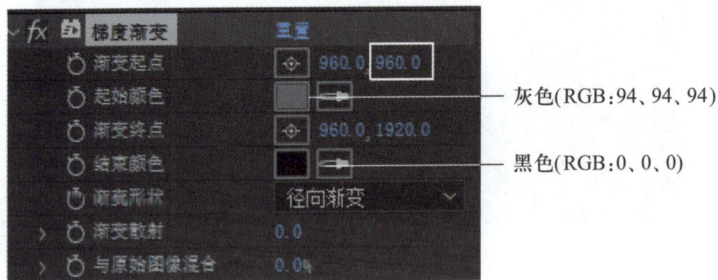

图 9-82 径向渐变参数

Step4：为"黑洞"图层添加一个反转蒙版，效果如图 9-84 所示。

图 9-83 径向渐变效果

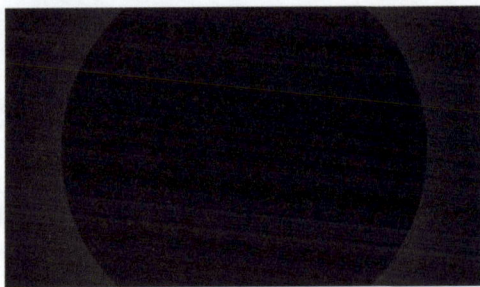

图 9-84 反转蒙版效果

Step5：将"黑洞"图层转换为三维图层，复制、粘贴两次，得到图层"黑洞 2"和"黑洞 3"。

Step6：将视图布局切换为"2 个视图 – 水平"，如图 9-85 所示。

图 9-85 "2 个视图 – 水平"视图布局

Step7：调整图层"黑洞 2"和"黑洞 3"的 Z 轴位置，调整图层后得到的效果如图 9-86 所示。

Step8：将图层"黑洞""黑洞 2"和"黑洞 3"创建预合成，将得到的合成命名为"黑洞合成"。

Step9：调整不透明度，为"黑洞合成"图层制作一个由透明到显示的动画。"黑洞合成"图层的关键帧和图层进度条位置如图 9-87 所示。

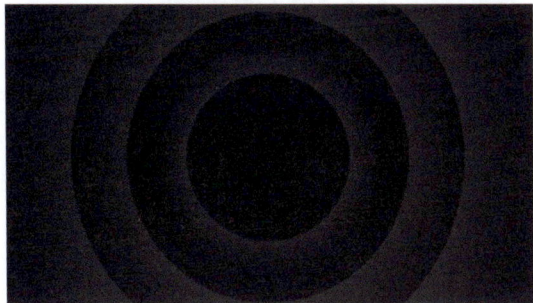

图 9-86　调整图层后得到的效果

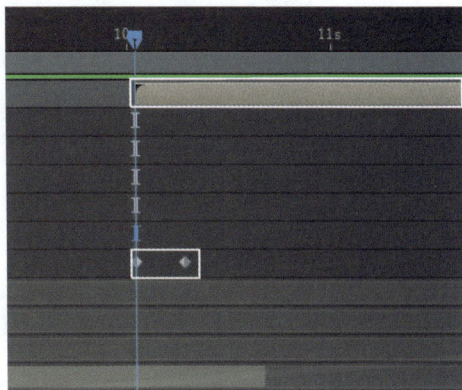

图 9-87　"黑洞合成"图层的关键帧和图层进度条位置

2. 调整文字动画

Step1：复制"分镜头 4"中的文字和动画效果，粘贴到总合成中。调整文字图层进度条至图 9-88 所示位置，视图区域的文字效果如图 9-89 所示。

图 9-88　调整文字图层进度条

图 9-89　视图区域的文字效果

Step2：根据文案内容，替换图 9-89 中的文字，效果如图 9-90 所示。

图 9-90　替换文字后的效果

Step3：导入素材"限定礼盒 .png"，生成图层。将生成的图层放置在图 9-91 所示位置。

图 9-91　生成的图层放置位置

Step4：为"限定礼盒 .png"图层添加一个大小由 0% 变为 185% 的缩放动画效果。

Step5：调整文字位置，如图 9-92 所示。

3. 制作光晕动画

Step1：新建颜色为黑色的纯色图层，命名为"光晕"。

Step2：选中黑色纯色图层，选择"效果"→"Video Copilot"→"Optical Flares"选项，为纯色图层添加该效果。

图 9-92　调整文字位置后的效果

Step3：打开"光学耀斑 操作界面"窗口，选择"预设浏览"→"Pro Presets"选项，如图 9-93 所示。

图 9-93　"Pro Presets"选项

　　Step4：进入文件中，选择"Bright Star"光晕，单击"好"按钮，添加选中的光晕。光晕选择界面如图 9-94 所示。

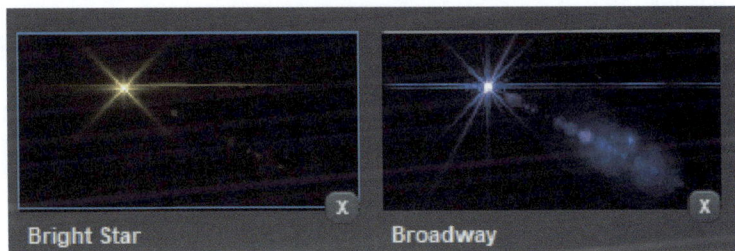

图 9-94　光晕选择界面

　　Step5：设置"Bright Star"光晕的"渲染模式"为"在透明"，并调整光晕的位置，效果如图 9-95 所示。

　　Step6：在文字出现的过程中，运用"缩放"属性为光晕添加出现和消失的动画效果。光晕动画效果关键帧如图 9-96 所示。

图 9-95　光晕调整后的效果

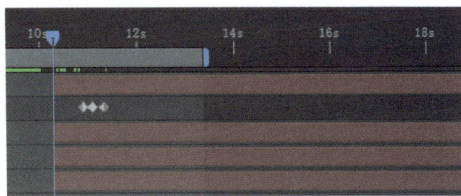

图 9-96　光晕动画效果关键帧

至此，分镜头 5 制作完成，选中分镜头 5 包含的所有图层，按 Ctrl+Alt+C 快捷键创建预合成，将预合成命名为"分镜头 5"。

任务 9-7　制作分镜头 6

本任务将按照任务分析和任务实现两个步骤完成分镜头 6 制作。

■ 任务分析

实操微课 9-7：
任务 9-7　制作
分镜头 6

观察动画效果，可以将分镜头 6 拆分制作，具体分析思路如下。

1. 制作背景

背景是由纯色和重复的圆点构成，具体制作方法如下。

① 创建纯色图层，添加"分形杂色"效果。

② 添加"马赛克"效果。

③ 绘制圆形并使用"中继器"进行复制，使圆形铺满纯色图层。

④ 为圆形所在图层设置亮度遮罩。

⑤ 添加"重复文字 .png"素材，并复制排列。

⑥ 再次创建纯色图层，运用"蒙版羽化"制作模糊效果。

2. 制作转场动画

可以将背景和人物创建预合成，制作飞入效果，作为转场动画，具体制作方法如下。

① 选中背景和人物创建预合成。

② 为预合成添加关键帧，制作飞入动画。

③ 添加素材"碎石 .mov"。

3. 制作显示内容

显示内容包括文字、点缀图案以及两个不同背景之间的切换效果，具体制作方法如下。

① 在第 1 个背景上添加文字，为文字添加由大到小的缩放动画效果。

② 在第 1 个背景上添加素材"飞溅 1.mov""飞溅 2.mov""飞溅 3.mov"。

③ 复制并粘贴第 1 个背景，得到第 2 个背景，并将第 2 个背景改为红色。

④ 在第 2 个背景上添加文字，为文字添加飞入动画效果。

⑤ 为第 2 个背景和内容所在的图层创建预合成，为预合成创建由下到上的飞入动画，作为过渡效果。

■ 任务实现

1. 制作背景

Step1：新建一个颜色为黑色的纯色图层。

Step2：选择"效果"→"杂色和颗粒"→"分形杂色"选项，为黑色图层添加杂色效果。"分形杂色"参数设置如图 9-97 所示。

Step3：选择"效果"→"风格化"→"马赛克"选项，为黑色图层添加马赛克效果。"马赛克"参数设置如图 9-98 所示。

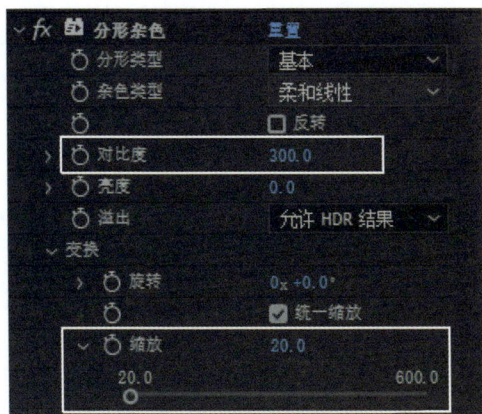

图 9-97　"分形杂色"参数设置

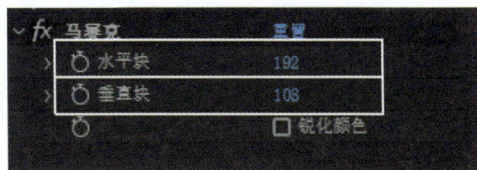

图 9-98　"马赛克"参数设置

Step4： 在黑色纯色图层上方绘制一个青色（RGB：78、243、255）的圆形。圆形大小和位置如图 9-99 所示。

Step5： 使用"中继器"复制圆形。将圆形图层的 X 坐标和 Y 坐标均设置为 0，使圆形铺满整个屏幕，如图 9-100 所示。

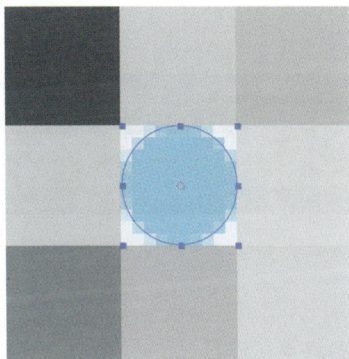

图 9-99　圆形大小和位置

图 9-100　圆形铺满整个屏幕

Step6： 将黑色纯色图层移至圆形所在图层上方，如图 9-101 所示。

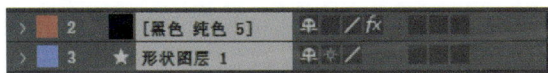

图 9-101　移动黑色纯色图层

Step7： 新建颜色为蓝色（RGB：5、168、255）的纯色图层，将该图层移至圆形所在图层的下方。

Step8： 为圆形所在图层设置亮度遮罩，效果如图 9-102 所示。

Step9： 导入素材"重复文字 .png"，生成文字图层。复制粘贴并调整文字图层至图 9-103 所示样式。

Step10： 在"重复文字 .png"图层上方新建颜色为蓝色（RGB：5、168、255）的纯色图层，通过蒙版羽化制作边缘模糊效果，如图 9-104 所示。

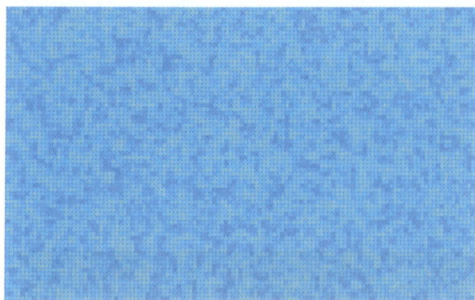

图 9-102　亮度遮罩效果

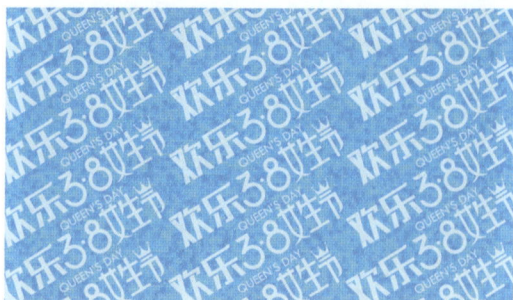

图 9-103　复制粘贴并调整文字图层

2. 制作转场动画

Step1：选中制作背景过程中的所有图层进行预合成，将得到的预合成图层命名为"转场"。

Step2：为"转场"图层添加一个由下到上的飞入动画效果。

Step3：导入素材"碎石.mov"，生成图层。"碎石.mov"图层进度条和飞入动画结束关键帧对齐，如图 9-105 所示。

图 9-104　边缘模糊效果

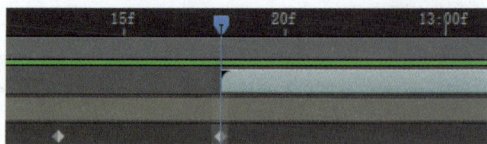

图 9-105　图层进度条和飞入动画结束关键帧对齐

3. 制作显示内容

Step1：复制蓝色背景包含的所有图层，将这些图层的进度条移至"碎石.mov"图层进度条的后方。

Step2：运用"横排文字工具"输入文字"3月3日—3月9日"，将得到的文字图层命名为"日期"。设置字体为"方正正粗黑简体"、大小为 158 px、颜色为黑色、描边为白色。文字效果如图 9-106 所示。

Step3：为"日期"图层添加一个由大变小的缩放动画效果，如图 9-107 所示。

图 9-106　文字效果

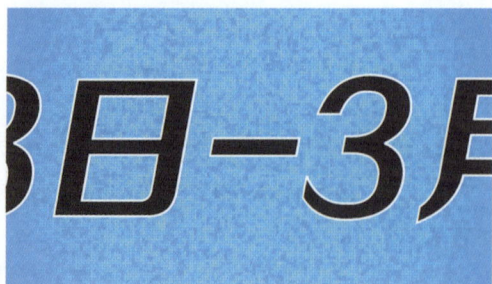

图 9-107　缩放动画

Step4：导入素材"飞溅 1.mov""飞溅 2.mov""飞溅 3.mov"，分别生成图层。3 个飞溅素材的位置如图 9-108 所示。

图 9-108   3 个飞溅素材的位置

Step5：再次复制蓝色背景包含的所有图层并将蓝色改为红色，效果如图 9-109 所示。

Step6：将红色背景包含的图层创建预合成，将得到的图层命名为"红色背景"。

Step7：为红色背景添加一个由下到上的飞入动画效果。

Step8：复制"分镜头 3"中的文字和动画效果，粘贴在图层编辑区的最上层，如图 9-110 所示。

图 9-109   红色背景效果

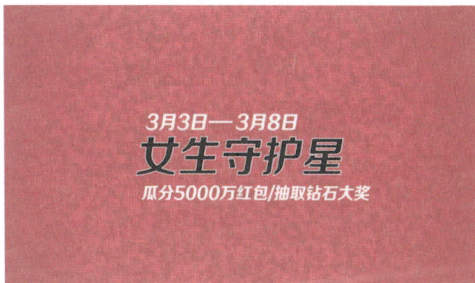

图 9-110   复制和粘贴文字

Step9：按照文案修改文字内容、字号和颜色，如图 9-111 所示。

图 9-111   修改后的文字效果

至此，分镜头 6 制作完成，选中分镜头 6 包含的所有图层，按 Ctrl+Alt+C 快捷键创建预合成，将预合成命名为"分镜头 6"。

任务 9-8 　制作分镜头 7

本任务将按照任务分析和任务实现两个步骤完成分镜头 7 制作。

■ 任务分析

实操微课 9-8：
任务 9-8　制作
分镜头 7

观察动画效果，可以将分镜头 7 拆分制作，具体分析思路如下。

1. 制作转场动画

分镜头 6 到分镜头 7 的转场可以直接使用给出的素材来制作，具体制作方法如下。

① 创建纯色图层。

② 添加素材"裂开 .mov"。

③ 为纯色图层创建"Alpha 反转遮罩"，使素材图层"裂开 .mov"能够露出纯色图层。

④ 添加素材"爪 .mov"，调整位置，制作撕裂效果。

2. 制作定格内容

定格内容包括文字和粒子效果，具体制作方法如下。

① 添加文字素材，制作由缩小到放大再恢复正常的动画效果。

② 添加粒子效果，调整粒子的参数，制作粒子飘散动画。

■ 任务实现

1. 制作转场动画

Step1：选中"分镜头 6"图层，将图层进度条结尾拖曳至背景音乐第 6 个节奏点处。

Step2：新建一个颜色为红色（RGB：219、0、0）的纯色图层。

Step3：导入素材"裂开 .mov"，生成图层。"裂开 .mov"图层进度条的位置如图 9-112 所示。

图 9-112　"裂开 .mov"图层进度条的位置

Step4：以"裂开 .mov"图层为遮罩图层，为红色纯色图层设置"Alpha 反转遮罩"。

Step5：导入素材"爪 .mov"，生成图层。"爪 .mov"图层进度条位置和"裂开 .mov"图层进度条的位置一致。

Step6：选中"爪 .mov"图层，选择"效果"→"颜色校正"→"三色调"选项，为"爪 .mov"图层添加"三色调"效果。

Step7：在效果控件面板修改"三色调"的"高光"属性，将颜色改为浅咖色（RGB：209、183、147），调整前后爪的颜色对比如图 9-113 所示。

2. 制作定格内容

Step1：导入素材"38 女生节 .png"，生成图层。将"38 女生节 .png"图层进度条放置在转场动画之后。

Step2：为"38 女生节 .png"添加由缩小到放大再恢复正常大小的动画效果，如图 9-114 所示。

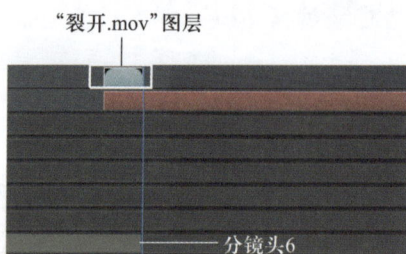

调整前　　　　　　　　　　　　　　　　　　　调整后

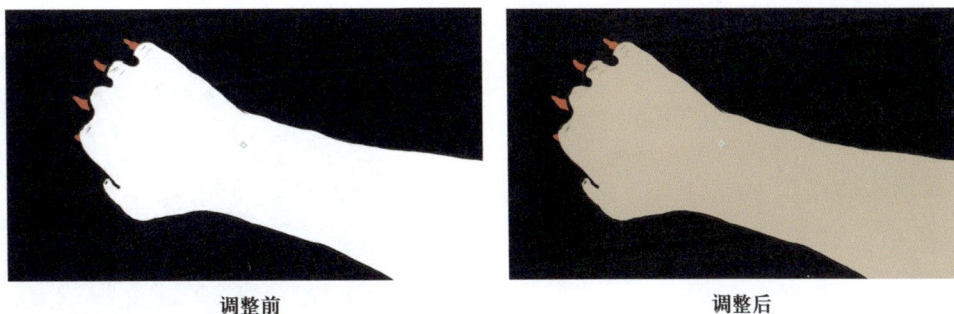

图 9-113　调整前后爪的颜色对比

　　Step3：新建纯色图层，将纯色图层命名为"粒子效果"。"粒子效果"图层进度条位置和"38女生节 .png"图层一致。

　　Step4：选择"效果"→"RG Trapcode"→"Particular"选项，为"粒子效果"图层添加粒子。

　　Step5：展开"Particular"效果的"Emitter"选项，设置"Emitter Type"为"Box"、"Particular/sec"为"150"、"Position"为"960.0, 540.0, 0.0"、"Emitter Size"为"XYZ Individual"、"Emitter Size X"为"1100"、"Velocity"为"490.0"。"Emitter"选项具体参数设置如图 9-115 所示，粒子效果如图 9-116 所示。

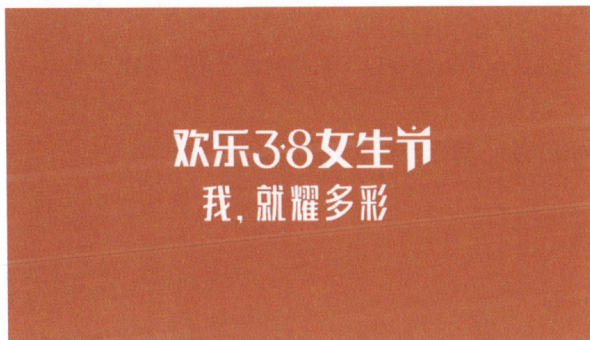

图 9-114　动画效果

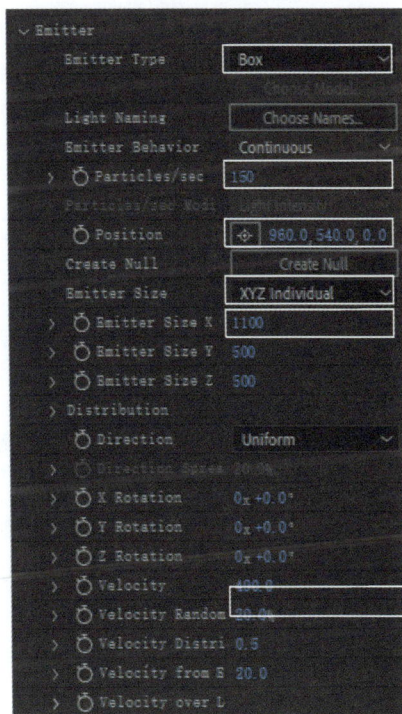

图 9-115　"Emitter"选项具体参数设置

　　Step6：展开"Particular"效果的"Particle"选项，设置"Life（seconds）"为"5.0"、"Size"为"4.0"、"Size Random"为"10%"、"Opacity"为"80.0"、"Color"为白色，"Particle"参数设置如图 9-117 所示。

图 9-116　粒子效果 1

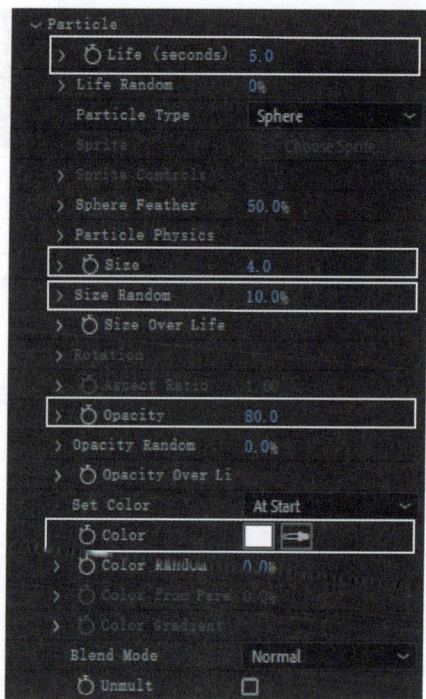

图 9-117　"Particle"参数设置

至此，分镜头 7 制作完成，选中分镜头 7 包含的所有图层，按 Ctrl+Alt+C 快捷键创建预合成，将预合成命名为"分镜头 7"。

任务 9-9　导出动画

当设计的分镜头全部制作完成，就可以导出动画了。本任务将按照任务分析和任务实现两个步骤导出动画。

■ 任务分析

实操微课 9-9：
任务 9-9　导出
动画

导出动画是整个项目的最后一个任务，可以按照以下思路完成动画的导出。

① 整体预览动画效果。

② 调整动画细节，如镜头之间的衔接、音乐节奏点的把控。

③ 将动画时长裁切为 30 秒。

④ 导出为无损的 AVI 格式动画。

■ 任务实现

Step1：选择"总合成"，将时间指示器拖曳到第 0 秒处，按空格键预览动画效果。

Step2：适当调整音乐节奏点和分镜头的位置，使音乐节奏和动画效果匹配。

Step3：将时间指示器移至第 30 秒，按 N 键，设为工作区域结尾。

Step4：按 Ctrl+M 快捷键，将制作好的动画添加到渲染队列中。

Step5：将"输出模块"设置为"无损"，文件格式为"avi"，名称为"女生节.avi"，如图9-118 所示。

图 9-118　渲染设置

Step6：渲染并导出动画。

至此，"综合实战项目——女生节"制作完成。

项目小结

项目 9 是一个电商风格类动画的综合实战项目，通过这个项目能够提升读者对图层、关键帧、形状、路径、蒙版、遮罩、文字、三维图层、内置效果、外部插件等知识内容的熟悉程度，使读者了解电商风格类动画的制作流程，掌握使用 After Effects 制作大型动画的基本方法。

项目实训：制作一个电商风格类动画

学习完前面的内容，接下来请根据要求完成项目实训。

要求：请运用前面所学知识，自拟题目，按照项目制作流程，使用 After Effects 制作一个电商风格类动画。

郑重声明

高等教育出版社依法对本书享有专有出版权。任何未经许可的复制、销售行为均违反《中华人民共和国著作权法》，其行为人将承担相应的民事责任和行政责任；构成犯罪的，将被依法追究刑事责任。为了维护市场秩序，保护读者的合法权益，避免读者误用盗版书造成不良后果，我社将配合行政执法部门和司法机关对违法犯罪的单位和个人进行严厉打击。社会各界人士如发现上述侵权行为，希望及时举报，我社将奖励举报有功人员。

反盗版举报电话　（010）58581999　58582371

反盗版举报邮箱　dd@hep.com.cn

通信地址　北京市西城区德外大街4号　高等教育出版社法律事务部

邮政编码　100120

读者意见反馈

为收集对教材的意见建议，进一步完善教材编写并做好服务工作，读者可将对本教材的意见建议通过如下渠道反馈至我社。

咨询电话　400-810-0598

反馈邮箱　gjdzfwb@pub.hep.cn

通信地址　北京市朝阳区惠新东街4号富盛大厦1座　高等教育出版社总编辑办公室

邮政编码　100029